DAS GIESSEN VON MESSINGBLÖCKEN

Von

R. Genders
D. Met., F. I. C.
Stellvertretender Direktor der auf die Metallkunde gerichteten Forschung in dem Research Department, Woolwich

und

G. L. Bailey
M. Sc.
Entwicklungsleiter in der British Non-Ferrous Metals Research Association. Früher Metallwissenschafter in dem Research Department, Woolwich

Mit einer Einführung von

Dr. H. Moore
Direktor der British Non-Ferrous Metals Research Association

Ins Deutsche übertragen von

Hermann Engelhardt
Dipl.-Ing. VDI
Wurzen

und

Werner Engelhardt
Dipl.-Ing. D.G.f.M. Leiter der Physik.-techn. Untersuchungsanstalt des Osnabrücker Kupfer- u. Drahtwerkes

Mit 123 Textabbildungen

Berlin
Verlag von Julius Springer
1936

Softcover reprint of the hardcover 1st edition 1936

ISBN 978-3-642-89161-8 ISBN 978-3-642-91017-3 (eBook)
DOI 10.1007/978-3-642-91017-3

Vorwort der Übersetzer.

Die planmäßige Durchforschung der metallkundlichen Fragen lenkt in der Gegenwart ihr Hauptaugenmerk ganz offensichtlich auf die physikalische Seite der Aufgabe. Es genießen daher vorwiegend technische Fragen, wie sie z. B. auf den meisten Gebieten der praktischen Gießereikunde auftreten, keineswegs diese bevorzugte Behandlung. Die Zahl der veröffentlichten Forschungsarbeiten bleibt hier klein, und der Gießereifachmann stößt seltener auf wirklich neue und verwertbare, von der Forschung ihm gegebene Erkenntnisse. Das mag an den Schwierigkeiten liegen, mit denen solche Untersuchungen verbunden sind. Sie benötigen umfangreiche Geräte, erfordern hohe Kosten und sind schon aus diesen Gründen den meisten Instituten verschlossen. Vielleicht liegen sie auch zu wenig im Zuge der durch Gegenwartsaufgaben geforderten technischen Entwicklung, so daß ihre geringere Berücksichtigung nicht getadelt werden könnte. Sicherlich sind in Deutschland Versuchsumfang und Versuchskosten in den verflossenen Jahren ein Hemmnis auf diesem Gebiete gewesen.

Nun findet sich in dem vorliegenden Werke ein Untersuchungsbericht, der nach unserer Überzeugung eine gediegene Bereicherung des Gießereischrifttums darstellt. Sein Wert bestimmte uns, ihn durch eine Übersetzung dem deutschen Leser leichter zugänglich zu machen.

Wir sehen die Stärke der vorliegenden Arbeit — abgesehen von den wichtigen Ergebnissen — in der ganzen Gestaltung der Untersuchungen und der Untersuchungsberichte. Die neuzeitliche, wissenschaftliche Veröffentlichung strebt immer mehr nach reiner Darstellung des Grundsätzlichen und läßt alle jene „Nebensächlichkeiten", wie Versuchsmißerfolge, Schwierigkeiten usw., die dem Leser und Mitforscher den Gegenstand erst recht lebendig machen, bei Seite. Ganz im Gegensatz dazu entwickelt die in Rede stehende Arbeit ihre Aufgabe wachstümlich von den Anfängen der Messingdarstellung her in vollkommener Weise bis hin zu dem Fragestellen gegenwärtiger Praxis. Sie stützt sich dabei immer — ebenfalls der Entwicklung folgend — auf die Gepflogenheiten und die Ausdrücke des Werkmannes und begründet oder verwirft seine Anschauungen durch seiner Praxis entsprechende Versuche, und dann durch deren vollständige Klärung und zahlenmäßige Feststellung mit Hilfe wissenschaftlicher Verfahren. So bleibt sie im allgemeinen in seinem Verständnisbereiche und macht ihm infolgedessen unmittelbare

Lust zur Anwendung der vorgeschlagenen Verbesserungen und bildet einen letzten Grund für weiteren Ausbau.

Bei der erheblichen Mannigfaltigkeit der Einflußgrößen im Gebiete des Messingsblockgusses, die bei der Betrachtung von verschiedenen Seiten immer wieder neu beleuchtet auftreten, ist die geschickte Aufgliederung zur leichteren Gewinnung eines Überblickes vornehmlich von Vorteil. Wir waren bemüht, diese ganz besondere Eigenart der Darstellung des englischen Urtextes dem Leser der deutschen Übertragung möglichst zu erhalten. Ein ursprünglich beabsichtigter, eingehender Vergleich unseres deutschen Textes mit dem englischen durch die British Non-Ferrous Metals Research Association (Britischer Verband für Nichteisenmetallforschung, kurz B.N.F.M.R.A.) konnte wegen Überlastung der letzteren mit anderen Arbeiten nicht durchgeführt werden, so daß wir uns allein für die Übertragung verantwortlich machen. Die Übersetzung bringt die englischen Zollmaße und Gewichte in abgerundeten Maßen des Dezimalsystems. Die Ausdrücke des „workman" sind den deutschen Bezeichnungen in Klammern nachgesetzt, um sie dem deutschen Leser, der sie zu einem Teil in den technischen Wörterbüchern nicht findet, an die Hand zu geben.

Wir haben der British Non-Ferrous Metals Research Association für die bereitwillig gewährte Erlaubnis zur Übersetzung ihrer Monographie und für vielfache Förderung unseres Vorhabens aufrichtig zu danken und erwähnen in diesem Danke ganz besonders Herrn H. Freytag (Auskunftsstelle B.N.F.M.R.A.) und auch Herrn B. Fullman (Leiter der Auskunftsstelle, B.N.F.M.R.A.) und Herrn G. L. Bailey (Mitverfasser des englischen Buches) als die Träger der gehabten Mühe.

Auch sind wir der Firma Julius Springer, Berlin sehr dafür verbunden, daß sie die Nützlichkeit dieser Übertragung für die deutsche Industrie mit treffendem Urteile anerkannte und durch Übernahme in ihren Verlag wirksam werden ließ.

Wurzen und Osnabrück, im März 1936.

H. Engelhardt
W. Engelhardt.

Einführung.

Der Guß des Blockes ist in der Metallbearbeitung eine Lebensfrage. Denn wenn auch Verbesserungen in der Beschaffenheit und Ersparnisse in der Weiterverarbeitung erzielt werden können, so kann es doch keine Vollkommenheit da geben, wo der Ausgang von allem, der Block, fehlerhaft ist. Infolgedessen muß das Erscheinen eines Buches willkommen geheißen werden, das sich mit der Erzeugung gesunder Blöcke aus Nichteisenmetallen, also mit einem bis vor kurzem verhältnismäßig vernachlässigten Gebiete beschäftigt. Der Hauptteil der vorgetragenen Arbeiten betrifft Legierungen einer bestimmten Art, nämlich knetbare Messingsorten, wie sie in ausgewalztem Zustande verwendet werden. Diese Materialien nun erstrecken sich über einen ganzen Bereich von verschiedenen Zusammensetzungen, werden in großen Mengen erzeugt und in einer ungeheuren Mannigfaltigkeit von Gegenständen in den täglichen Gebrauch gebracht, und sind deshalb höchst wichtige Industrieerzeugnisse. Man mochte wohl zu einer Zeit bei sich denken, daß die Herstellung eines gegossenen, rechteckigen, flachen, von allen Unvollkommenheiten freien Messingblockes eine einfache Sache sein müsse. Aber solche störende Einflüsse, wie die rasche Oxydation der geschmolzenen, luftberührten Metalloberfläche und die daraus folgende Bildung einer lästigen Oxydhaut, die Durchwirbelung des Metalls in der Form durch den Strahl, die Kristallisationsgeschwindigkeit und die Schrumpfung beim Erstarren — alles dies dem Gießen der in den Gewerben gebrauchten Metalle und Legierungen allgemein anhängende Einflüsse — führen unvermeidliche Fehlstellen im Blocke herbei. Gewiß sind für diese Beschwernisse leicht Abhilfen zu finden, aber, wie in so manchen Dingen des Lebens, öffnen Maßnahmen zur Beseitigung von Schwierigkeiten die Tore für andere nicht minder unangenehme. Dann darf ferner nie die Frage der Wirtschaftlichkeit von einem Fabrikanten vernachlässigt werden, wenn er die löbliche Absicht hat, die besten und preiswertesten Erzeugnisse herzustellen, hierzu gehört auch die strenge Prüfung der nach Einführung geplanter Neuerungen sich ergebenden Herstellungskosten.

Wie die fünf gewichtigen, schon von dem Heterogeneity of Steel Ingots Committee veröffentlichten, noch fortgesetzten Berichte, so ist auch dieses Buch ein Zeugnis von der wachsenden, auf die Güte solcher Blöcke jetzt gerichteten Aufmerksamkeit, die durch Walzen oder Hämmern weiter verarbeitet werden sollen. Die Güte wird nicht bloß durch die Beschaffenheit des flüssigen Metalls, sondern auch durch die ganze Folge der Gieß- und Erkaltungsvorgänge gewährleistet. Den mit dem Gießen von Stahl vertrauten Lesern werden trotz der großen Unterschiede im Maßstabe der einzelnen Vorgänge auffallende Vergleiche und Gegensätze begegnen. Man wird tatsächlich finden, daß die Ergebnisse der in diesem Buche vorgelegten Forscherarbeit keineswegs auf die benutzten Legierungen beschränkt sind, sondern daß sie einen viel weiter sich erstreckenden, wissenschaftlichen und praktischen Wert in ihrer Beziehung zu den Gießfragen im allgemeinen haben, und zwar sowohl innerhalb als außerhalb des Bereiches der Nichteisenmetallkunde.

Der Schreiber dieses hat das Vorrecht gehabt, in enger Beziehung zu den Arbeiten zu stehen, die den experimentellen Grundstock des Buches bilden. Er möchte gern seine Anerkennung dem Geschick und der Findigkeit der Verfasser im Anpacken einer langen Reihe verwickelter Fragen zollen, von denen sie keine Seite vernachlässigt haben. Die einzelnen berührten Industrien schulden ihnen Dank dafür, daß sie die in ihren Werken gepflegten Arbeitsweisen und die ihren Weg suchenden Neuerungen in der vorliegenden Übersicht in ein rechtes Licht stellten, das zugleich ein starker Aufruf an alle anderen, an den fesselnden Fragen des Metallgusses ernstlich Anteilnehmenden sein möchte.

H. Moore.

Vorrede.

Obwohl die Messingherstellung im ganzen genommen eine bedeutende Industrie auf dem Gebiete der Metalle darstellt, so lag sie doch bis vor kurzem fast vollständig in den Händen zahlreicher, kleiner Gießereien. Von diesen stützte sich jede einzelne auf Leute, die allein an der überlieferten Erfahrung geschult worden waren. Nötige Hilfsmittel für technische Untersuchungen fehlten in der Mehrzahl der Fälle. Bei dieser Lage kam es im Laufe der technischen Entwickelung während des 19. Jahrhunderts zu keiner durchgreifenden Änderung der Herstellungsverfahren. Die Fabrikation blieb im großen und ganzen von einer auf Erfahrungen aufgebauten, mechanischen Beobachtung überwacht. Das praktische Geschick des durchschnittlichen Messinggießers, und die seiner Arbeit gewidmete Sorgfalt, finden sich wieder in dem allgemeinen hohen Gütegrad des erzeugten Messingblechs und der Messingbänder. Beim Fehlen einer wissenschaftlichen Überwachung konnten aber die Ursachen der gewöhnlichen, zu Schwierigkeiten in der Verarbeitung führenden Mängel und die Wege zu Abhilfemaßnahmen nicht klar ermittelt werden. Die Aufstellung der notwendigen Kenntnis des Verfahrens erforderte in gleicher Weise eine vereinte Anstrengung wie das Schaffen der Bedingungen, die eine geschlossene Übersicht über die mancherlei örtlichen Abweichungen in den Gießverfahren erlauben sollten. Ein Weg für eine solche Zusammenarbeit wurde durch das Auftreten der British Non-Ferrous Metals Research Association im Jahre 1920 geschaffen, und das Gießen von Blöcken für Walzmessing war einer der ersten für die Untersuchung ausgewählten Stoffe.

Der Gegenstand der Untersuchung war im wesentlichen die Güteverbesserung des flachgewalzten Messings. Sie sollte hauptsächlich durch die Erforschung der Fehlstellen, durch das eingehende Studium des Verhaltens des Messings beim Gießen und durch die Entwickelung verbesserter Verfahren erreicht werden. Wenn auch die Kosten der Laboratoriumsversuche durch Arbeiten in verhältnismäßig großem Maßstabe sich steigern, so zog man doch in Betracht, daß für einen solchen Gegenstand, wie das Gießen von Messing, dieser Übelstand durch die der Praxis näher kommende Anwendbarkeit der Ergebnisse mehr als ausgeglichen würde. Messing 70/30 war nicht allein die wichtigste, sondern nach allgemeiner Ansicht auch eine der am schwierigsten zu hochwertigen Flachwalzstücken zu verarbeitenden, gebräuchlichen

Legierungen. Deshalb richtete sich auch die Versuchstätigkeit hauptsächlich auf diese Zusammensetzung. Die vielen, auf die Beschaffenheit der Oberfläche und auf die innere Gesundheit einwirkenden Einflüsse eröffneten ein genügend großes Feld für die Untersuchung, so daß Gesichtspunkte, wie mechanische Eigenschaften, nicht mit aufgenommen wurden.

Die durchaus in enger Fühlungnahme mit der Praxis gehaltene Untersuchungstätigkeit führten die Verfasser mit ihren Amtsgenossen im Research Department in Woolwich durch. Da kein früherer Versuch einer solchen planmäßigen Arbeit vorlag, gab es auch für das Vorgehen bei den Untersuchungen keine Einengung des Gesichtsfeldes. Aus einer vorläufigen, aber gründlichen Übersicht über die Werksgepflogenheiten ging anschaulich hervor, wie doch der Gießvorgang eine große Anzahl von Bestimmungsgrößen in sich schließt. Demgemäß wurde zuerst der Weg eingeschlagen, die Art und Weise aufzuhellen, in welcher jede einzelne dieser Größen wirksam würde. Die so erzielten Ergebnisse, und auch die aus einer Anzahl zusätzlicher, verwandter Untersuchungen, wurden den der Industrie angehörenden Mitgliedern der Association von Zeit zu Zeit in der Form von Berichten und Vorträgen entsprechend dem Fortschreiten der Arbeiten unterbreitet.

Der vorliegende Band legt die Ergebnisse der Untersuchung in zusammenfassender Form vor. Er erweitert sie durch eine Erörterung ihrer praktischen Verwertbarkeit und gibt in der Einleitung eine geschichtliche Darstellung zur Veranschaulichung der ganzen Entwickelung des Messinggießverfahrens zur jetzigen Werksgepflogenheit. Als Zugabe wurde ein kurzer Bericht über das Walzverfahren mit eingeschlossen. In dem die Zustandsbedingungen der Kupfer-Zinklegierungen behandelnden Anhang ist auch von aus anderen Quellen gewonnenen Werten Nutzen gezogen worden. Aber sonst stammt der gegebene stoffliche Inhalt ganz aus den in Woolwich in den Versuchsstätten der British Non-Ferrous Metals Research Association und in den Betrieben der Hersteller ausgeführten Arbeiten. Da aber im Laufe dieser Arbeiten anderswo wichtige Verbesserungen im Schmelz- und Gießverfahren auftraten, so mußte folgerichtig über diese berichtet werden. Der verfügbare Raum schloß jeden Versuch, eine vollständige Abhandlung über Messing zu schreiben, oder das Thema auf andere wichtige Gesichtspunkte auszudehnen, aus.

Die Verfasser hoffen, daß das Buch Aufmerksamkeit bei den Herstellern wie bei den Verbrauchern insofern finden möge, als es ihnen in vielem die Ursachen der Mängel an gewalztem Messing und die zu ihrer Beseitigung grundsätzlichen Maßnahmen klar darlegt. Wenn auch noch weitere Arbeit im Verfolg der allgemeinen, erreichten Abschlüsse zu tun sein wird, so kann doch die Art und Weise, in der die Güte von

Walzmessing durch die verschiedenen im Gießverfahren liegenden Einwirkungen beeinflußt wird, jetzt als vollständig begriffen angesehen werden. Obgleich absichtlich und tatsächlich das vorliegende Forschungswerk sich auf eine einzige Legierungsart richtet, so eröffnet es doch ein viel weiteres Feld. Deshalb können seine Ergebnisse von unmittelbarem Nutzen auch für die sein, die mit der Herstellung von Gußblöcken aus anderen Legierungen sich befassen, bei denen ähnliche Schwierigkeiten, wie die in der Messingfabrikation liegenden, auftreten.

Kurz, und somit sehr unzulänglich, ergreifen die Verfasser die Gelegenheit, ihre Erkenntlichkeit für ihre, in vielen Beziehungen liegende Verpflichtung gegenüber Dr. H. Moore, C.B.E. (früheren Direktor der metallkundlichen Forschung, Woolwich), und Professor R. S. Hutton, D. Sc. (früheren Direktor der British Non-Ferrous Metals Research Association), zum Ausdruck zu bringen. Das Gleiche gilt ihren Berufsgenossen, Dr. L. Northcott für die wertvolle Unterstützung in der Ausführung der Versuche, und Herrn H. Wrighton, B. Met., F.R.M.S., für die photographischen und photomikroskopischen Darstellungen. Sie wollen auch ihre Anerkennung der Hilfsbereitschaft von Mitgliedern des Research Sub-Committee Nr. 2 der Gesellschaft zollen, die unter Dr. H. W. Brownsdons Leitung viel Zeit auf die Förderung der Untersuchung gewandt haben und eine wertvolle Verbindung zur Industrie aufrecht erhielten. Die Verfasser wünschen ferner Herrn B. Fullman, B. Sc., für seine Zusammenstellung und sichtende Prüfung des älteren Schrifttums als Vorbereitung für den geschichtlichen Abschnitt zu danken, und ebenso der Swedenborg-Gesellschaft, welche ihnen in zuvorkommender Weise die Übersetzung eines Teils von Swedenborgs „Opera Philosophica et Mineralia“ zur Verfügung stellte.

Für eine Anzahl der Abbildungen in diesem Buche hat das Institute of Metals freundlich die Stöcke zur Wiedergabe geliehen. Auch ihm wünschen die Verfasser ihre Dankesschuld zum Ausdruck zu bringen.

London, im Januar 1934.

R. Genders.

G. L. Bailey.

Inhaltsverzeichnis.

I. Die Geschichte des Messings und die Entwicklung des Gießens von Messingblöcken.

Erster Nachweis. — Das Galmeiverfahren in der Messingherstellung. — Das Gießen von Blöcken bis zum 18. Jahrhundert.

Das natürliche Vorkommen der Metalle in freiem Zustande führte zu ihrer ersten Anwendung durch den Menschen. Die Verbreitung gediegenen Kupfers war in früheren Tagen viel ausgedehnter als jetzt, und die Menschen dieser Zeit gebrauchten es für ihre rohen Werkzeuge und Waffen, indem sie mit Steinhämmern kleine Klumpen davon in die gewünschte Form brachten. Man hat derartig hergestellte Gegenstände gefunden und schreibt ihnen eine Entstehungszeit bis zu 4500 Jahren vor Christi Geburt *(1)* zu. Dabei ist es unzweifelhaft, daß eine lange Zeit, in der nur diese Verarbeitungsart angewendet wurde, dem wirklichen Schmelzen und Gießen des Metalls vorangegangen ist. Die Entdeckung, daß Kupfer im Feuer geschmolzen werden, und die spätere und weitaus wichtigere Entdeckung, daß es aus bestimmten Gesteinsarten durch Erhitzen derselben ausgeschmolzen werden konnte, geschah wahrscheinlich zufällig und mag von einer Anzahl verschiedener, nach Zeit und Raum getrennter Völker unabhängig voneinander gemacht worden sein. Dabei wichen in verschiedenen Gegenden die verwendbaren Erze merklich voneinander ab, und die vorhandenen Beimengungen gelangten zum Teil in das Kupfer. Auf diese Weise wurden rein zufällig verschiedene Legierungen geschaffen. So enthielt ägyptisches Kupfer gewöhnlich Arsen, deutsches Nickel und indisches Zink, ungarisches Antimon usw. In manchen Gegenden traf es sich zufällig, daß Zinn sich dem Kupfer zugesellte. Deshalb war auch in den Anfängen des Kupferausschmelzens die Erzeugung schwach zinnhaltiger Bronzen nicht selten.

Ebenso wie Bronze kann Messing unter den frühzeitlichen Legierungen genannt werden und wurde unzweifelhaft hergestellt, lange bevor das zweite Metall in der Legierung nachgewiesen worden war. Der Zeitpunkt der ersten beabsichtigten Erzeugung von Messing ist unbekannt und durch den irreführenden Gebrauch des Wortes „Messing" im alten Schrifttum, wie z. B. in der Bibel, besonders unsicher. In ihr wird alles, Kupfer, Bronze und wahrscheinlich auch Messing als „Messing" beschrieben. Gegen das dritte Jahrhundert v. Chr. Geb. *(2)* erzeugten die Mossynaeci, ein an den Ufern des Schwarzen Meeres lebendes Volk, Messing, indem sie mit ihrem Kupfer eine „calmia" genannte Erdart, also wahrscheinlich Galmei zusammenschmolzen. In später geschriebenen Aufzeichnungen weisen Dioscorides und Plinius übereinstimmend auf diesen Stoff als auf „cadmia“ hin, und viele Jahrhunderte später kommt dieses Wort in der Beschreibung der Messingherstellung noch vor. Trotz alledem scheint kein Zweifel zu bestehen, daß calmia oder Galmei gemeint ist. Galen z. B., 166 n. Chr. Geb., beschreibt als „cadmia“ einen Stoff, der sicher Zinkoxyd ist *(3)*.

Abgesehen von dem vorsätzlichen Gebrauch des Galmeis wurde eine bestimmte Menge Messing aus Kupfer und Zink enthaltenden Erzen unmittelbar ausgeschmolzen. Solche „Messing-Bergwerke“ bestanden in Gegenden Indiens (vorzüglich Bidar in Haidarabad) und in Frankreich, aber die europäischen Vorräte waren schnell erschöpft.

Die Herstellung von Messing auf erfahrungsmäßigem Wege, ähnlich dem der Mossynaeci, wurde von den Römern in weitem Ausmaße entwickelt, welche die Legierung für Münz- und Schmuckzwecke benutzten. Gowland gibt in folgendem eine Beschreibung des römischen Vorgehens *(4)*:

„Der Galmei wurde gemahlen und zu passenden Teilen mit Holzkohle und Kupfer in Körnern oder kleinen Stücken gemischt. Das Gemenge ward in einen Tiegel getan und dann eine Zeit lang ganz vorsichtig auf eine Temperatur erhitzt, die wohl genügte, um das Zink im Erz in den metallischen Zustand zurückzuführen, nicht aber um das Kupfer zu schmelzen. Der Dampf des flüchtigen Zinks durchdrang die Kupferstücke und verwandelte sie in Messing. Die Temperatur wurde dann erhöht, bis das Messing schmolz und aus dem Tiegel in die Formen gegossen werden konnte.“

Das gleiche Verfahren wird von Theophilus im 11. Jahrhundert n. Chr. Geb. beschrieben *(5)*. Theophilus beschreibt auch ausführlich die angewandten Verfahren zur Läuterung solchen Kupfers, auf dessen Reinheit ein gewisser Wert gelegt wurde.

Viele Jahrhunderte hindurch gebrauchte man im wesentlichen, wie oben beschrieben, das Galmeiverfahren. Metallisches Zink war bis 1509 in Europa nicht erkannt worden, obgleich es in anderen Teilen der Welt früher bekannt war und tatsächlich in einzelnen Armbändern entdeckt wurde, die in den Ruinen von Kameiros gefunden wurden. Diese auf der Insel Rhodos gelegene Stadt wurde im 6. Jahrhundert v. Chr. Geb. zerstört *(6)*. Im Jahre 1509 stellte Erasmus Ebener von Nürnberg das Zink aus dem Galmei dar *(7)*. Ebener zeigte, daß Messing durch Mischung von Zink und Kupfer erzeugt werden konnte, aber er verfügte nur über eine geringe Menge des Metalls. Obgleich späterhin Zink in größeren Mengen greifbar wurde, verzögerte sich doch seine Verwendung für die Messingerzeugung noch immer auf längere Zeit. Erst 1781 wurde in England von James Emerson *(15)* ein Patent auf Erzeugung von Messing aus Kupfer und Zink genommen. Es verging fast ein weiteres Jahrhundert bis dieses unmittelbare Verfahren allgemein wurde. Man hielt Galmei-Messing bezüglich der mechanischen Eigenschaften dem unter Verwendung von metallischem Zink gewonnenen Messing für überlegen. Diese Anschauung kann man schwer rechtfertigen, es sei denn, daß das verwendete Zink sehr unrein gewesen wäre. Wahrscheinlich war aber das Beharrungsvermögen für die Beibehaltung des Galmei-Verfahrens verantwortlich zu machen. Was auch die Ursache sein möge, so scheint jedenfalls dieses Verfahren in der Mitte des 19. Jahrhunderts in Birmingham noch in Gebrauch gewesen zu sein. Die unmittelbare Legierung der Metalle für Sonderzwecke war auf dem Festland schon vor der Zeit des Emersonschen Patentes im Gebrauch, obgleich im allgemeinen der Galmeiprozeß verwendet wurde. Swedenborg beschreibt um 1734 *(8)* die Erzeugung von Messing und verweist unter dieser Überschrift allein auf das Galmeiverfahren. Er stellt fest, daß Abfallmessing dem Einsatz hinzugefügt werden müßte, um dem Metall eine gute Farbe zu geben, und daß der Tiegel bis an den Rand abwechselnd mit Schichten von „cadmia“ (Galmei?) gemischt mit Holzkohlenstaub und Bruchstücken von Kupfer gefüllt werden müßte. 46 Pfund Cadmia sollten mit 30 Pfund Kupfer und 20 oder 30 Pfund Messing gemischt und der Tiegel gegen 14 Stunden lang erhitzt werden. In demselben Werke beschreibt Swedenborg die Erzeugung von unechtem Golde aus Kupfer und Zink, gibt aber keine Andeutung, ob die Wesensähnlichkeit dieses Stoffes mit dem Galmeimessing erkannt worden war:

„Wenn Zink mit Kupfer gemischt wird, wird ein goldfarbenes Metall erzeugt, dessen Färbung entsprechend der Zusammensetzung der Mischung schwankt. Wenn das Kupfer durch Feuer geschmolzen ist, und Zink in die Schmelze geworfen wird, so verflüchtigt sich das Zink augenblicklich und geht verloren, wenn aber das Zink zuerst geschmolzen und das Kupfer ihm zugesetzt wird, dann schmelzen beide in das oben erwähnte Metall zusammen, genannt Prinz Ruperts Metall.“

Der erste metallurgische Ofen war wohl das Lagerfeuer, aus dem sich die neuzeitlichen Schmelzeinrichtungen durch nacheinander folgende Veränderungen entwickelt haben. Als erster Schritt in dieser Beziehung wurde im Feuerherd eine seichte Höhlung gebildet, in welcher das geschmolzene Metall sich sammeln und als Block von etwa 200 bis 250 mm Durchmesser erstarren konnte. Sobald dieser gerade fest geworden war, wurde er herausgenommen und dann aufgebrochen oder durch Hämmern in irgend welche Gestalt gebracht. Später wurde durch Nutzbarmachung des Windes ein stärkerer Zug für das Feuer erhalten, und darauf folgte die Einführung ureinfacher Blasebälge, von denen man Abbildungen in einem ägyptischen Grabe des 15. Jahrhunderts v. Chr. Geb. gefunden hat *(9)*. Man gebrauchte Ton zur Ausfütterung des Herdes, um ihm eine glatte Oberfläche zu geben, und später wurde dieser Stoff zur Anfertigung von Gefäßen und Schmelztiegeln verwendet. Diese Entwicklung gestattete nun das Gießverfahren, und Petri *(10)* verzeichnet den Guß dicker Kupferplatten in offenen Sandformen durch die Ägypter. Den Gußstücken angepaßte Höhlungen wurden später in Steinplatten eingemeißelt. Derartige feuerfeste Stoffe verwendete man als Gießformen bis zu der noch nicht so lange zurückliegenden Einführung solcher aus Metall. Eine reizvolle Ausnahme von diesem Brauche wurde von den Japanern vorgesehen, die Gowland *(11)* zufolge Kupferplatten in Leinwandformen gossen, die sie in ein Gefäß mit heißem Wasser tauchten.

Die Herstellung gegossener Blöcke für Messingbänder wurde im Schrifttum zuerst von Lazarus Ercker im Jahre 1574 beschrieben *(12)*. Im dritten, das Kupfer behandelnden Teile seines Buches beschreibt er, wie mittels des Galmeiverfahrens „aus Kupfer Messing gemacht werden muß“. Das Verfahren ist im wesentlichen das früher beschriebene der Römer, mit der Ausnahme, daß Alaun und Salz dem Gemisch aus Galmei und Holzkohle hinzugefügt wurden. Das Messing wird nach dem Niederschmelzen in acht kleinen Tiegeln in einen großen übergefüllt und dann vergossen. Ercker fügt hinzu: „Wenn Du aber Kessel zu machen wünschen solltest, dann gieße den Inhalt des Tiegels in für diesen Zweck besonders hergerichtete Steine, genannt Britannische Steine (weil sie von dorther stammen), um große Platten zu gewinnen. Diese können dann zerschnitten, zu Draht gezogen oder nach Wunsch ausgeschmiedet werden.“ Es erschien eine Anzahl späterer Ausgaben des Erckerschen Werkes, und die Darstellung nach Abb. 1 trat zuerst in der Ausgabe von 1580 auf. Doch ergab sich aus der zu dieser Abbildung gegebenen Beschreibung keine weitere Aufklärung, als die bereits oben angeführte.

Ein weit ausführlicherer Bericht europäischen Vorgehens wurde von Swedenborg im Jahre 1734 gegeben *(8)*. Zu dieser Zeit wird beim schwedischen Verfahren das Gemenge von Galmei und Kupfer usw. in acht kleinen Schmelztiegeln in einem Ofen erhitzt, wobei die Temperatur durch Regelung der Luftzufuhr beherrscht wurde. Die Tiegel und die Futter der Öfen waren aus wallisischem Ton gefertigt, und die Tiegel hielten 8 bis 10 Wochen, falls sie pfleglich behandelt wurden. In der Mitte des Feuers stand ein leerer Schmelztiegel, in den das Messing aus den acht kleinen übergegossen wurde, sobald es gar war. Das so angesammelte Messing „wurde zwischen zwei Sandsteintafeln gegossen, so daß es eine dicke Platte bildete. Diese Steintafeln, zwischen die die geschmolzene Messingmasse gegossen wird, sind 1500 mm lang, 800 mm breit und 225 mm dick. Sie werden durch sehr kräftige eiserne Bänder zusammengehalten und mittelst Flaschenzug gehandhabt, sie sind auch mit grobem Wolltuch bewickelt. Diese Steine werden mit Ton überzogen“. Die erwähnten Formen bestanden anscheinend aus französischem Sandstein. Die Anwendung metallener Formen war offenbar

Abb. 1. Schaubild der Messinggießerei, veröffentlicht im Jahre 1580 (Ercker *(12)*.

A. Anordnung der Tiegel im Ofen.
B. Der Ofen in Tätigkeit.
C. Gestalt der Tiegel.
D. Galmeischaufel.
E. Tiegelzangen.
F. Luftkanäle.
G. Form aus „Britannischem Stein".
H. Der Haupttiegel, in welchen die kleinen Tiegel ausgeleert werden.

schon zu dieser Zeit ins Auge gefaßt worden, denn Swedenborg fährt zu berichten fort: „Ein Versuch, das geschmolzene Messing zwischen eiserne Platten auszugießen, ist gemacht worden. Aber diese Platten sind unbrauchbar, weil sie sich nicht mit Ton überziehen lassen. Das einfließende Messing kann nicht bis zum anderen Ende des von ihnen umschlossenen Raumes gelangen, sondern gerinnt und hält plötzlich inne. Außerdem wird es voll von Löchern. Steine guter Beschaffenheit halten 4 oder 5 Jahre aus, solche minderer Güte nur 3 bis 5 Monate." Swedenborg gibt auch eine Beschreibung der Messingherstellung in den Baptist Mills in der Nähe von Bristol. Die hier gebräuchlichen Verfahren waren im wesentlichen dieselben wie die vorstehend beschriebenen, doch mag der folgende Bericht insofern Beachtung erwecken, als er wahrscheinlich einer der ersten Anläufe eines industriellen Unternehmens zur Errichtung einer Versuchsanstalt ist:

„Eine Versuchsanstalt ist errichtet worden, in der sie die verschiedenen Verfahren, Kupfer in Messing zu verwandeln, erproben. Sie enthält eine große Anzahl Probieröfen und Feuerungen. Die Maschinen werden durch Wasserkraft getrieben. Es findet sich auch ein kleiner Hammer zur Feststellung, wieviel Schläge das Messing ohne zu brechen aushalten kann. Ferner gibt es auch Zähne, mit denen das Messing geschlagen wird, aber immer nur einmal an jedem einzelnen Punkte."

Anscheinend fand sich in der gleichen Zeit in anderen Teilen der Welt ein beträchtliches Streben nach Ersatz der Steinformen durch Metallformen. In Ockran in Tirol — wieder Swedenborg zufolge — „goß man das Messing nicht wie anderwärts zwischen Steine, sondern auf eine eiserne, mit Tonbrei überzogene Platte und zwar in 31 dünne Platten oder Barren im Einzelgewicht von 2 kg." Da, wo er die in Hamburg gebräuchlichen Verfahren beschreibt, stellt er fest: „Ein Versuch, an Stelle von steinernen, eiserne Formen zu benutzen, ist auch hier gemacht worden, aber das Ergebnis war Messing gröbster Beschaffenheit."

Galon *(13)* gibt einige Jahre später (1764) eine Darstellung der Messingblockfabrikation in Namur. Obgleich sie im wesentlichen der von Swedenborg beschriebenen ähnelt, fesselt sie doch durch ihre Abbildungen. Die dieser Schrift entnommenen Abb. 2 und 3 zeigen das Innere der Gießerei. Bei A, B und C sind Schmelzöfen zu sehen, die acht oder neun Tiegel mit Galmeikupfergemisch aufweisen. Wenn der Einsatz gar war, wurden diese Tiegel vom Ofen genommen, in den Gruben G und H abgeschäumt und in den größeren Tiegel übergefüllt, um aus diesem in die Form gegossen zu werden. Nach Beendigung des Gusses ward die Form waagerecht aufgerichtet, das Oberteil mit dem Hebezeug abgehoben und der Messingblock entfernt. Ein anderes Bild in der Originalschrift stellt die in der Gießerei verwendeten Werkzeuge dar, Zangen usw., die fast genau den heute in Gebrauch befindlichen gleichen. Von Galon gegebene Einzelheiten in der Bauweise der Gußformen deuten darauf hin, daß das in Namur verwendete Material eine Granitart vom Mont St. Michel war. Zwei flache Platten bildeten die Hauptwandflächen der Form, drei eiserne zwischen sie gelegte Rahmen-

Abb. 2. Inneres der Gießerei in der Grafschaft Namur an der Maas im Jahre 1764. [Galon *(13)*].

Abb. 3. Schnitt durch die in Abb. 2 gezeigte Gießerei.

Es bedeuten in Abb. 2 und 3:
A, B und C. In Ziegelmauerwerk E und F aufgeführte Öfen.
G und H. Abschäumgruben für die Tiegel.
I, K und L. Mit Eisenrahmen zusammengehaltene Steinformen.
M, N und O. Mechanische Vorrichtung zum Öffnen der Formen.
P (Abb. 2). Klumpen Abfallmetall.
P (Abb. 3). Schere zum Kupferschneiden.
Q. Mörser, um die Abfälle zusammenzuballen.
R. Meßkübel für den Galmei.
S. (Abb. 2). Kleine Kupferwürfel.
T. Mischschaufel für den Galmei.
V. Mischgefäß für Galmei und Holzkohle.
W. Aschengrube.
X. Bett für die Gießer, die in der Gießerei volle fünf Tage von je 24 Stunden in der Woche verbleiben.
Y. Schürze zum Abfangen der Dämpfe.
Z. Deckel für die Öfen.

stücke die Seiten- und Bodenwände. Somit bestimmte die Größe des Eisenrahmens den Umfang und die Stärke des Blockes.

Diese Beschreibungen lassen erkennen, daß die Verfahren zum Gießen von Walzmessingblöcken vor einigen hundert Jahren im wesentlichen dem neuzeitlichen Schachttiegelofenbetrieb („pit furnace practice") ähnlich waren. Es sind wohl Verbesserungen in weniger bedeutsamen Einzelheiten getroffen worden, besonders in den feuerfesten, für die Tiegel gebrauchten Stoffen und durch die Einführung von Gußeisen als Baustoff für die Gußformen. Der Zeitpunkt der eben erwähnten Einführung der gußeisernen Formen ist nicht sicher festzustellen. Es ist nur bekannt, daß (Percy) *(14)* dies vor, und wahrscheinlich lange vor 1860 geschehen ist. Die allgemeine Verwendung des Gußeisens wurde erst möglich durch ein besser entwickeltes Ausfüttern der Gußformen, als mit dem von Swedenborg erwähnten Tonbrei.

Für die spätere Entwicklung des Gießereiverfahrens im 19. Jahrhundert findet sich keine verläßliche Darstellung, wahrscheinlich wegen der Verstreuung des Gewerbes in viele abgesonderte Landstriche und wegen der von den geschulten Arbeitern und ihren Arbeitgebern über die Verfahren beobachteten Verschwiegenheit.

Schrifttum.

1. T. A. Rickard: „Man und Metals" 1932, Bd. I, S. 109.
2. „De Mirabilibus Auscultationibus" Bd. 62, S. 175.
3. Galeni: „Opera Omnia", Bd. XIV, S. 7.
4. W. Gowland: J. Inst. Met., Lond., 1912, Bd. 7, S. 43.
5. Theophilus: „De Diversis Artibus", Bd. III, S. 68. Übersetzung Hendrie, S. 313.
6. M. Salzmann: „Rev. Archéologique" 1861, S. 472.
7. T. A. Rickard: „Man and Metals" 1932, Bd. I, S. 158.
8. E. Swedenborg: „Opera Philosophica et Mineralia" 1734, Bd. III.
9. Sir J. G. Wilkinson: „The Manners and Customs of the Ancient Egyptians" 1878, Bd. II, S. 316.
10. Sir Flinders Petrie: „The History of Tools", Report of Smithsonian Institution for 1918 S. 564. Auch Petrie: „Tools and Weapons" 1917, S. 6.
11. W. Gowland: J. Inst. Met., Lond., 1910, Bd. 4, S. 28.
12. L. Ercker: „Allerfürnemsten Mineralischen Erzt und Berckwerksarten", usw., 1574, Buch III, S. 118[1].
13. Académie des Arts et Sciences, Paris: „Description des Arts et Métiers" 1764/65, Bd. 4. (Besonders mit Seitenziffern versehen 1—44.)
14. J. Percy: „Metallurgy" 1861, S. 618.
15. J. Emerson: Brit. Pat. 1297, S. 1781.

[1] Dieses Buch wurde zuerst im Jahre 1574 veröffentlicht. Vier Ausgaben mit diesem Titel befinden sich in der Bücherei des Britischen Museums. Die vierte ist mit 1629 datiert. Später wurde das Buch von J. H. Cardalucius neu herausgegeben und der Titel geändert in „Aula Subterranea Domina Dominantium Subdita Subditorum, das ist, Untererdische Hofhaltung, usw." Im Jahre 1683 wurde eine der Ausgaben dieses Buches übersetzt von Sir John Pettus unter dem Titel: „Fleta Minor: The Laws of Art and Nature, in knowing, judging, assaying, fining, refining and enlarging the bodies of confined metals."

II. Die Ausübung des Tiegelofenbetriebes im Jahre 1921 und ihre spätere Weiterentwicklung.

Gußformen. — Auskleidung der Formen. — Schmelzen und Gießen. — Elektrische Öfen. — Neue Ausführungsarten der Formen.

Die seit den Tagen Galons im Gießverfahren errungenen Verbesserungen lassen sich vielleicht am besten aus einer Beschreibung des englischen Tiegelofenbetriebes erkennen, wie er zu Beginn der in diesem Buche niedergelegten Forschungen ausgeübt wurde. Die sorgfältige Aufnahme dieses Verfahrens in verschiedenen Werken zeigte wohl beträchtliche Abweichungen in den Einzelheiten, dennoch kann die folgende Darstellung eine richtige Vorstellung der durchschnittlichen englischen Ausübung um das Jahr 1921 geben.

Die benutzten Formen waren aus einem Grauguß, dessen Zusammensetzung erheblich schwankte. Im allgemeinen wurde Hämatiteisen bevorzugt. Doch zeigen die von einer Anzahl handelsüblicher Formen genommenen Analysen von 1,5 bis 4% schwankende Siliziumgehalte und 2,5 bis 3% Graphit. Der Schwefel und Phosphorgehalt war meist niedrig, nur in einem Falle wurde 1,2% Phosphor gefunden.

Während die Breite (von 75 bis 350 mm) und die Höhe (von 600 bis 1170 mm) des Blockes beträchtlich schwankten, hielt sich seine Stärke bei 25 mm, war mit 23 mm am kleinsten und mit etwa 38 mm am größten. In fast allen Fällen wurde den flachen Wänden der Gußform etwas Wölbung gegeben, um die Oberfläche des Gußstückes schwach konvex zu halten. Das überhöhte die Stärke der Blockmitte gegen die der Kanten bis zu 2,5 mm. Zeichnung und Abmessungen einer mustergültigen, handelsüblichen Form sind in Abb. 4 zu sehen. In diesem Fall sind die Wandstärken durchgängig gleich und zwar 38 mm. Im Gegensatz dazu war in einigen Werken das Oberteil oder die Deckplatte dünner als die Wand des Unterteils. Die beiden Hälften der Form wurden durch Ringe und Keile oder durch Schraubenklammern zusammengehalten. Im allgemeinen verwendete man die Formen, wie sie gegossen waren, also mit unbearbeiteten Innenflächen. Nur in einigen Werken wurden diese bearbeitet.

Beim Guß lehnte sich die Form im Winkel von 15 bis 30 Grad gegen die Senkrechte an eine Gießbank. So wurde der Metallstrahl gezwungen, beim Gießen an die Wände der Form anzuprallen. Infolgedessen zerrissen die Wandflächen im Innern unweigerlich bereits nach einigen wenigen Güssen. Die Zerstörung setzte sich, schrittweise tiefer eindringend, fort und wurde der die Lebensdauer der Form bestimmende Haupteinfluß. Die Risse füllte man üblicherweise mit Lehm oder Formentünche vor jedem neuen Gusse aus, um ein Festgehaltenwerden der Blockoberfläche und als Folge davon die Bildung von Schrumpfrissen zu vermeiden. Erfahrungsgemäß wurde die Rückwand der Form durchgehend schneller angegriffen als die Decke, weil sie während des Gießens örtlich mehr überhitzt wurde. Die Innenflächen der Form wurden im allgemeinen mit Hilfe eines dicken Überzuges oder einer „Schmiere“ vorbereitet. Sie bestand in der Hauptsache aus einem flüchtigen und brennbaren Stoffe. Ihre Beschaffenheit wechselte beträchtlich. Am gebräuchlichsten war Öl, Öl mit Holzkohlenstaub, Öl und Harz, geschmolzenes Harz, Talg und Öl.

Das Formausstreichen bezweckt, das geschmolzene Metall mit einer ausgedehnten Gashülle und -flamme in Berührung zu bringen. Sie soll den Metallstrahl und die Tiegelmündung umgeben und so das Metall vor der Berührung mit Luft schützen. In manchen Fällen wurden besonders große Mengen Kokillentünche auf den Boden der Form gegossen, um die Anfangsgasentwicklung zu steigern.

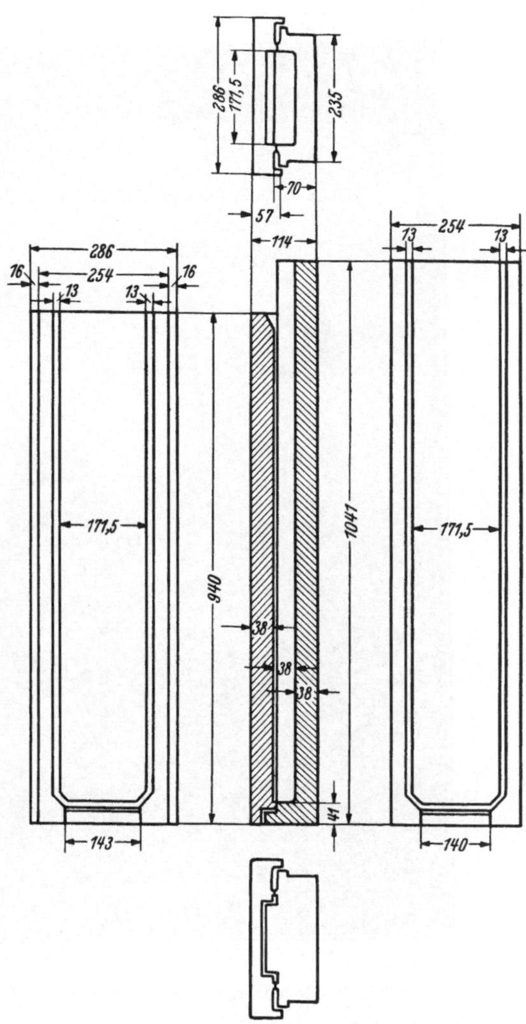

Abb. 4. Abmessungen einer mustergültigen Form für Walzmessingblöcke.

Das Schmelzen wurde in großen, einzelnen Tiegeln gewöhnlich in mit Koks gefeuerten Schachttiegelöfen durchgeführt. Die gebräuchlichen Rohstoffe bilden reines Kupfer und Zink mit veränderlichen Zuschlägen von Abfällen. Gelegentlich wurden auch gas- oder ölgefeuerte Öfen verwendet. Beim Zusammensetzen des vollen Tiegeleinsatzes, der im Gewicht zwischen 65 und 90 kg schwankte, wurden zuerst das Kupfer und die Abfälle miteinander eingeschmolzen. Erst wenn diese

Beschickung völlig flüssig war und eine ausreichende Temperatur erreicht hatte, wurde die nötige Menge Zink zugefügt. Etwaige Flußmittel waren von verschiedenartigster Zusammensetzung. Salz wurde am meisten bevorzugt und dem geschmolzenen Einsatz vor oder nach der Zugabe

Abb. 5. Gießen eines Messingblockes im Tiegelgußverfahren.

des Zinks oder auch unmittelbar vor dem Gießen beigefügt. In einigen Fällen ward auch Holzkohle mit oder ohne Salz, Borax oder ein anderes Flußmittel der Beschickung des Tiegels zugegeben.

Wenn die Gießtemperatur erreicht war, nahm man den Tiegel mit Hilfe eines Flaschenzuges vom Feuer und brachte ihn an die Gießbank, gegen welche die Formen gelehnt waren. Das Metall ward abgeschäumt, um das Flußmittel und die Schlacke zu entfernen, und dann wurde der

Tiegel durch den vor der Form stehenden Gießer gekippt, wobei sein Rand auf die rückwärtige Kante der Eingußöffnung zu liegen kommt. Diese Art des Gießens ist in Abb. 5 dargestellt, in der auch die lange Flamme der brennenden Kokillentünche deutlich zu sehen ist.

Die Gießtemperatur lag meist so hoch, wie in bequemer Weise ohne nicht zu empfindlichen Zinkverlust erreicht werden konnte, wenn dabei auch die Höchstgrenze nicht immer erhalten wurde. Die tatsächlichen Temperaturen waren für die verschiedenen Legierungen ungefähr die folgenden: Ms 70/30-1100° C, Ms 65/35-1070° C, Ms 62/38-1050° C. Die Gießgeschwindigkeit schwankte in den verschiedenen Werken und richtete sich natürlich auch nach der Blockgröße. Doch blieb die mittlere Geschwindigkeit des in der Form aufsteigenden Metallspiegels nahezu unveränderlich und betrug in allen gemessenen Fällen zwischen 25 und 50 mm in der Sekunde. Dabei war es allgemein üblich, die Geschwindigkeit während des Gießens jedes einzelnen Blockes zu ändern. Man füllte den Boden der Form schneller auf als ihren oberen Teil.

Schmale Blöcke goß man mit ungeteiltem, einzelnen Strahl. Wenn aber die lichte Weite der Form 100 bis 125 mm überschritt, wurde der Metallstrahl durch eine eiserne Stange oder ein Kohlestück geteilt, das man gegen die Tiegelschnauze hielt. Das Schrumpfen (Nachsaugen) beim Erstarren machte man durch kleine Nachgüsse aus dem Tiegel wett, in keinem Falle aber wurde ein vorgewärmter Speisekopf oder ein kurzer Einsatz aus feuerfestem Ton („dozzle") oben an der Form angewendet. Kurz nach dem Gusse ward die Form geöffnet, das Gußstück entfernt und dem Abkühlen an der Luft überlassen.

Auch heute stimmen die Hauptzüge der Herstellung von Tiegelgußmessing mit dem vorstehend beschriebenen Verfahren überein, wenn natürlich auch in einer Anzahl von Werken durch die Einführung von Verbesserungen Fortschritte erzielt worden sind. So stammt viel Walzmessing heutzutage von in elektrischen Öfen[1] erschmolzenen Blöcken, und die maschinellen und wirtschaftlichen Erwägungen, die mit dem Gebrauch großer Schmelzanlagen verbunden sind, haben Abänderungen in dem Gießverfahren gefordert. Einige von ihnen sind vom Gesichtspunkte des Metallurgen aus wichtig.

Ein hauptsächliches Merkmal elektrischer, für große Leistung und fortlaufende Erzeugung bestimmter Anlagen ist die Fähigkeit des

[1] Obwohl die meisten und hauptsächlichen Urformen elektrischer Metallschmelzöfen europäischen Ursprungs sind, und ihr Gebrauch in den Fabriken verschiedener europäischer Länder *(1)* größere Fortschritte gemacht hat, so erfolgte doch die Vervollkommnung und Anwendung dieser Öfen im Wirtschaftsleben am raschesten in Amerika, wo nach Gillet *(2)* der erste Ofen im Jahre 1906 für die Stahlerzeugung errichtet wurde. Der Gebrauch elektrischer Öfen für die Messingerzeugung begann nicht früher als etwa vor dem Jahre 1916. Doch von da an verbreiteten sich diese Anlagen

Ofens, gekippt werden zu können, und die Möglichkeit, die Formen zu leistungsfähigem Arbeiten unter die Schnauze des im Betrieb befindlichen Ofens zu bringen. Für den Guß von Walzmessingplatten üblicher Größe wird dies durch Aufstellung der Formen im Kreise auf einem Drehtisch erreicht. Ein zwischengeschalteter Trichter oder eine Verteilerrinne ist zum Überleiten des Strahls in die Form erforderlich und beide verlangen von der Form die senkrechte Aufstellung.

Ist ein Block gegossen, so dreht sich der Tisch und bringt die nächste Form in Stellung. Es werden gußeiserne Formen mit Scharnierdeckeln und schwenkbarem Trichter verwendet. Die Innenfläche bekommt einen aufgestrichenen flüchtigen Belag, genau wie beim Tiegelgußverfahren. Wenn man von der größeren Gleichmäßigkeit in Temperatur, Strahlgröße und Gußgeschwindigkeit absieht, so bestehen die hauptsächlichsten Unterschiede zwischen dem elektrischen und dem Tiegelofenbetrieb darin, daß die vom elektrischen Ofen bedienten Formen senkrecht stehen, und daß der Zufluß des Metalls über die ganze Blockbreite durch einen Trichter verteilt wird.

In den letzten Jahren geschahen auch wichtige Vervollkommnungen an den Gußformen. So führte Junker *(4)* in Deutschland mit Kupfer ausgekleidete, wassergekühlte Formen ein. Sie sollen in einem späteren Abschnitt ausführlich besprochen werden. Sie stehen insofern in bedeutsamer Verbindung mit den Gießereiverfahren, als in solchen Formen bequem sehr große Blöcke bewältigt werden, und sie imstande sind. den ganzen Einsatz eines Ajax-Wyatt-Ofens aufzunehmen und so ein Gußstück bis zu 450 kg zu ergeben. Die Verwendung so großer Gußstücke hängt natürlich von anderen Gesichtspunkten ab, wie z. B. von der Möglichkeit, sie warm walzen zu können, auf jeden Fall aber ergibt der Guß eines einzigen Stückes, anstatt einer Anzahl kleiner, eine große Ersparnis an Gießzeit. Sonst ist das Gießen in diesen großen Junkerformen im wesentlichen dasselbe, wie das mit den kleineren gußeisernen Formen auf dem Drehtisch. Auch hier werden flüchtige Ausstriche für die Formen benutzt. Eine neuzeitliche englische Anlage mit einem

---

stürmisch. Gillet behauptet, daß im Jahre 1927 625 elektrische Öfen für die Messingerzeugung in Tätigkeit gewesen seien und für 90% der amerikanischen Messingblockherstellung verantwortlich gemacht werden könnten *(3)*.

Für Messingwalzwerke mit ununterbrochenem Betriebe ist jetzt fast überall der stehende Ringinduktionsofen, Bauart Ajax-Wyatt, in Gebrauch. In England ging die Entwicklung der elektrischen Schmelzöfen langsamer als in Amerika vor sich, und im Jahre 1921, als diese umfassende Übersicht über die britische Werksgepflogenheit in der Messingerzeugung aufgestellt wurde, war für ihre Zwecke als einziger ein Baily-Widerstandsofen in Gebrauch. Der erste Ajax-Wyatt-Ofen wurde im Jahre 1922 aufgestellt. Gegenwärtig sind 74 solcher Öfen in Großbritannien in Verwendung. Ihre Mehrzahl faßt 275 kg und wird auf 60 kW geschätzt. Drei sind sogar mit einer Fassung von 1270 kg aufgestellt.

Ajax-Wyatt-Ofen von 450 kg Fassung und einer mit Kupfer ausgekleideten, wassergekühlten Form gleicher Aufnahmefähigkeit ist in Abb. 6 dargestellt.

Abb. 6. Elektrischer Ajax-Wyatt-Ofen, 450 kg Messing fassend, mit Junker kupferverkleideter, wassergekühlter Form gleicher Aufnahmefähigkeit. (Durch das Entgegenkommen der Herren I. C. I. Metals Ltd.)

Unlängst ist eine neue Bauart einer wassergekühlten Form von Erichsen befürwortet worden. Sie unterscheidet sich von der Junkerschen darin, daß die arbeitenden Flächen aus einer schlecht leitenden Nickeleisenlegierung bestehen und so befestigt sind, daß ihre Verwerfung nach dem Gusse auf den Block einen Druck ausübt und damit jedes Bestreben zum Saugen abfängt. Diese Neuerungen in der Formhandhabung und ihr metallurgisches Gesicht werden in einem späteren Kapitel behandelt werden.

Schrifttum.

1. H. Moore: J. Inst. electr. Engr. 1931, Bd. 69, S. 189.
2. H. W. Gillet: J. Industr. Eng. Chem. 1919, Bd. 11, S. 664.
3. H. W. Gillet: Trans. Amer. electrochem. Soc. 1927, Bd. 51, S. 101.
4. O. Junker: Z. Metallkde. 1926, Bd. 18, S. 312.

III. Messingblöcke für Walzwerke. Kennzeichnende Eigenschaften und Mängel.

Abmessungen der Gußstücke. — Oberfläche. — Gefüge. — Innere Fehlerlosigkeit. — Kleingefüge. — Nichtmetallische Einschlüsse.

Bei der Herstellung beliebiger Gußstücke ist die geforderte, endgültige Gestalt von beträchtlicher Bedeutung. Dabei gilt die allgemeine Regel, daß Blöcke von großem Querschnitt und geringer Länge die wenigsten Schwierigkeiten für das Gießen innerlich gesunder und äußerlich glatter Gußstücke bieten. Man war sich schon seit langem bewußt, daß die zur Messingherstellung verwendete Plattenform der Blöcke ungünstig für die Erzeugung hochwertigen Materials ist, betrug doch die Stärke dieser Blöcke gewöhnlich nur etwa 25 mm. Hauptsächlich der Wunsch nach Walzersparnis und die Tatsache, daß das gesamte 70/30 Messing kalt gewalzt wurde, hatten zu dieser Plattenform geführt. Die Unterwerfung unter diese wirtschaftlichen Gesichtspunkte war unvermeidlich. Um so bemerkenswerter ist es daher, daß es den Messinggießereifachleuten damals wie heute gelang, selbst in Gußstücken dieser ungeeigneten Gestaltung Messing von durchschnittlich hoher Wertstufe zu erzeugen. Der Hauptübelstand bei diesen dünnen, gleichmäßig starken Gußtafeln ist die schnelle Erstarrung des Metalls durch den ganzen Querschnitt hindurch, die Maßregeln zur Beherrschung des Schrumpfens, zur Erleichterung der Gasabführung und zur Entfernung der eingeschlossenen Unreinheiten in größerem Maße ausschließt. Bei einer früheren Bearbeitung der gleichen Frage in Woolwich *(1)* war auch dieser Gesichtspunkt veröffentlicht worden. Es wurde damals ein praktischer Versuch angestellt, um die Güte für Zündkanäle bestimmter Schlagröhren zu vergleichen, die aus Blöcken verschiedener Querschnitte hergestellt waren. Man fand, daß nichtmetallische Einschlüsse, die einen großen Anteil an den Fehlstellen der aus langen, dünnen Blöcken angefertigten Rohre hatten, durch die Benutzung viel stärkerer und kürzerer Blöcke vollständig vermieden wurden. Ein weiterer Übelstand des tafelförmigen Gußstückes ist eine im Vergleich zum Inhalt zu große Oberfläche, die doch frei von Falten und anderen Mängeln sein muß.

Diese Erscheinungen machen die in der Herstellung flacher Blöcke für Walzmessing liegenden Aufgaben sicher schwieriger, als die bei der Erzeugung massiver Blöcke auftretenden. Ein Verfahren, gesundes Walzmaterial herzustellen, ohne die Vorteile tafelförmiger Blöcke für das Walzen aufzugeben, wurde dem Vernehmen nach vor einigen Jahren versucht, indem man abgeschnittene Scheiben von Blöcken mit größerem, viereckigen Querschnitt benutzte. Das Vorgehen war aber offenbar wirtschaftlich nicht durchführbar. Es ist auch kein Fall seiner regelmäßigen Anwendung bekannt geworden.

Die Einführung des Warmwalzverfahrens (s. S. 14) verdrängte in einem Teil der Industrie die schwache Form des Tafelgusses durch stärkere und schwerere Blöcke. Der Guß dünner Blöcke darf aber auch heute noch als durchgehend üblich angesehen werden. Durch die Verwendung größerer Gußstücke ist ganz allgemein eine bestimmte Steigerung der Güte zu erwarten. Dennoch sind auch hierbei die Mißstände der Tafelform nicht ganz ausgeschaltet. Bei beiden Arten ist im wesentlichen auf die gleichen Gefahrenpunkte zu achten. Augenscheinlich wird die Güte auch dort zunehmen, wo zu elektrischer Schmelzung in fassungsfähigen Öfen übergegangen worden ist und doch die lange, dünne Form der Blöcke beibehalten wurde. Es ist dies wohl durch die günstigeren Möglichkeiten in der Gießtechnik begründet.

Die Leistung des geschickten, erfahrenen Gießers wird zum großen Teile an der Güte des gewalzten oder weiterverarbeiteten Erzeugnisses erkannt. Im Lichte langer Erfahrung kann dieser den Zusammenhang verschiedener Mängel mit der Handhabung beim Gießen feststellen. In vielen Fällen aber führt der Mangel an Kenntnis über die wahren Eigentümlichkeiten der Materialfehler bloß zu mehr oder weniger blindem Wechsel in Einzelheiten des Vorgehens. Oft wird das Vorkommen eines Satzes Walzmaterial von schlechter Beschaffenheit irrtümlicherweise mit dem gleichzeitigen Wechsel in der Bezugsquelle der Rohmetalle zusammengebracht.

Im Verlaufe ihrer Untersuchung über Messing hatten die Verfasser den Vorzug, selbst ausführliche und schriftliche Gußdaten und Prüfungsergebnisse von der laufenden Erzeugung einer großen Anzahl von Werken zu nehmen. Ein derartiger Überblick gewährt ein wertvolles Bild von den bestehenden Güteschwankungen und ihrem Zusammenhang mit den Werksgepflogenheiten und gibt die passendsten Richtlinien für eine planmäßige Forschungsarbeit.

Handelsblöcke unterscheiden sich in der Oberflächengüte schon bei unbedeutend voneinander abweichenden Gießverfahren. Die hauptsächlichsten Ursachen der Oberflächenunregelmäßigkeiten scheinen, dem Aussehen nach zu urteilen, die Folge abgenutzter Formen und das Festhalten kleiner, durch ungestümes Gießen veranlaßter Metallperlen an der Blockoberfläche zu sein. Im allgemeinen ist die Oberflächengüte der im gewöhnlichen Tiegelofenverfahren gewonnenen Blöcke in der unteren Hälfte des Gußstückes besser, während andererseits die Stirn- oder Deckelfläche glatter als die rückwärtige ist. Diese allgemeinen Beobachtungen erklären sich durch die große Gießgeschwindigkeit zu Beginn des Gusses, durch die Tatsache, daß der Metallstrom auf die Rückwand der Form auftrifft — er ruft dort Überhitzung und örtlichen Verschleiß hervor — und durch die Neigung der Form, die bewirkt, daß Falten entstehen, die an der tiefer gelegenen Rückwand leichter auftreten, weil an ihr der Neigungswinkel des Metallspiegels gegen die Wand der Form verhältnismäßig spitz ist.

An der Stelle, wo der Metallstrahl an die Formenwand prallt, kommt auch eine aus Oberflächenlöchern bestehende (oder anfänglich als örtlich rauhe Stelle auftretende) Fehlerhaftigkeit vor, die als „Bläser" („blowing") bekannt und ausreichend für die Faltenerzeugung im Walzmaterial in Anspruch genommen werden kann. Der erste Guß in eine Form, die eine Weile, und sei es nur wenige Tage, unbenutzt war, zeigt eine rauhe Oberfläche, die Wirkung entstehender Gasabgabe. Aber der zweite und die folgenden Güsse sind von normaler Beschaffenheit. Es wurde ferner beobachtet, daß bestimmte Formen häufiger blasige Blöcke als andere ergeben. Die Gießereifachleute haben diese Störung einem ungeklärten Vorgang an der Formenoberfläche zugeschrieben. Das Studium dieser Erscheinung bei gußeisernen Formen und das Ursachenspiel, das Blasigwerden („Schweizer Käse!") von Messingblöcken herbeiführt, wird in Abschnitt XII bei den Mitteilungen über Formenstoffe beschrieben.

Eine Betrachtung über die Beschaffenheit von Walzblöcken, und eine Untersuchung ihrer hauptsächlichen Gießdaten beweist, daß eine gute Oberfläche nur durch die Anwendung einer hohen Gießtemperatur und einer Gesamtgießgeschwindigkeit von nicht weniger als 38 mm Blocklänge je Sekunde zu erreichen ist. Bei niedriger Gießtemperatur sind die Blöcke gewöhnlich mit Falten, Überläufen oder mit Einschlüssen abgeflachter Metallperlen in der Oberfläche behaftet, die ursprünglich an die Wand der Form geplatscht waren und in der Folge in die Masse des Blockes teilweise wieder einschmolzen (s. Abb. 7). Die Aufnahmen (Abb. 8) zeigen die Oberfläche einer Anzahl von Messingblöcken. Sie geben ein Bild von der in der industriellen Praxis herkömmlichen Mannigfaltigkeit. Einzelheiten über die Verhältnisse beim Gießen und die Zusammensetzung des Metalls enthält die untenstehende Zahlentafel. Weitere Auskunft über dieselben Blöcke wird später (Seite 28) in Verbindung mit der Verteilung der Fehlerhaftigkeit erteilt.

Das durch Ätzung der Längs- und Querschnitte der 70/30 Messingblöcke freigelegte Großgefüge ist in allen Fällen veränderlich und läßt wenige gut begrenzte Gebiete von Stengel- oder von gleichachsigen

Abb. 7. Oberfläche eines bei niedriger Temperatur gegossenen Blockes. (Block H, Abb. 8) × 2.

freien Krystallen unterscheiden. Diese Gefügeveränderlichkeit ist, wie später gezeigt wird, mit der Bewegung des Metalls in der Form während des Gießens verknüpft. Die alleräußerste Schicht des Blockes besteht im allgemeinen aus sehr feinen gleichachsigen Kristallen, die eine Zone

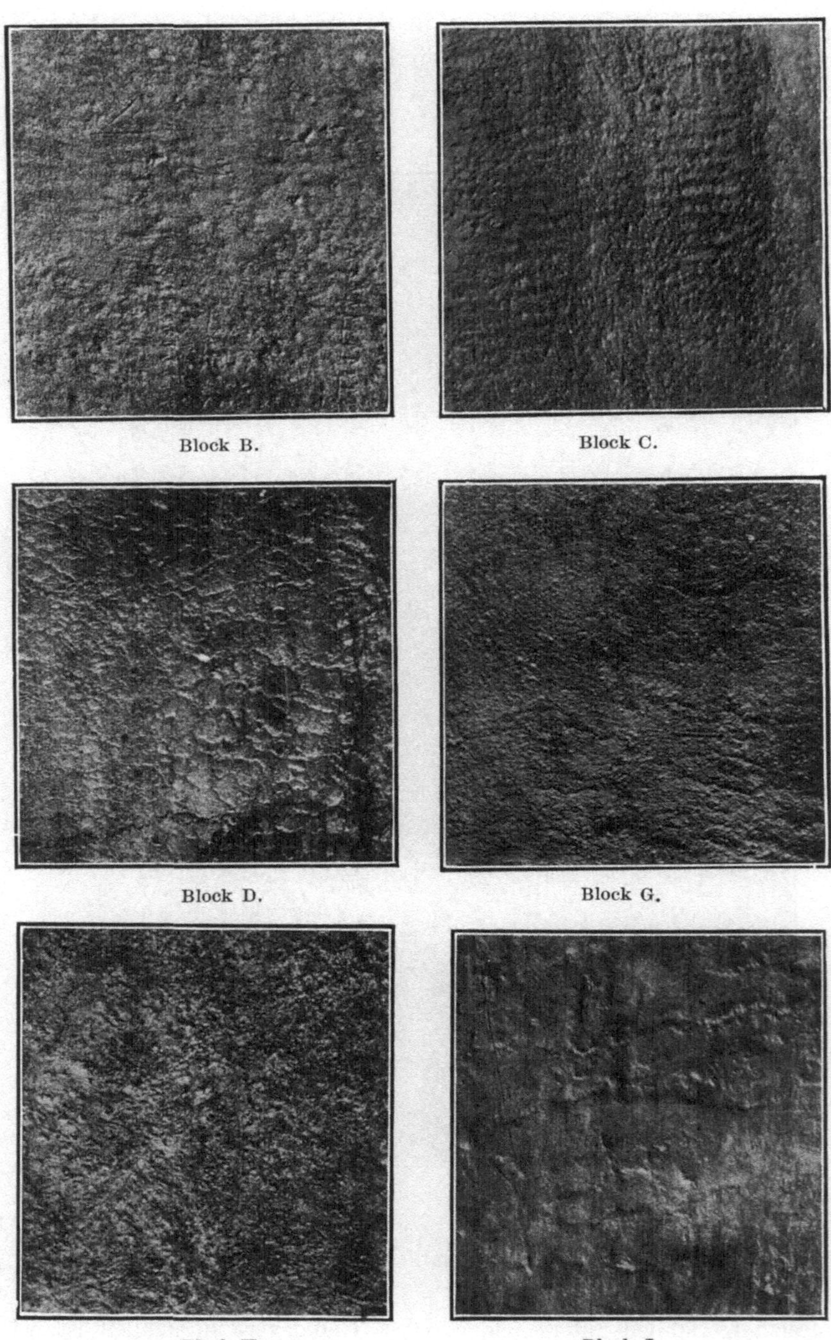

Abb. 8. Oberflächenaussehen von Musterbeispielen einiger Messingblöcke handelsüblicher Herstellung. Natürliche Größe.

unregelmäßiger Stengelkristalle mit einem weiter nach der Mitte gelegenen Bereich von sowohl groben als feinen gleichachsigen Kristallen umschließen. Das untere Ende des Blockes strebt mehr nach dem Stengelgefüge als der obere Teil, der häufig fast ganz gleichachsig, wenn auch merklich unregelmäßig bezüglich der Kristallgröße ist.

Zahlentafel 1.
Zusammensetzung und Gießverhältnisse von Musterbeispielen einiger Handelsmessingblöcke.

Blockbezeichnung	Blockgröße in mm	Kupfergehalt in %	Kennzeichnende Gußverhältnisse in den Lieferwerken	
			Ungefähre Gieß-temperatur °C	Gießgeschwindigkeit. Aufsteigen des Metalls in der Form in mm/sec.
A	889 . 229 . 32	65,2	1080	38—51
B	787 . 191 . 25	69,4	1100	51
C	864 . 203 . 25	64,6	—	36
D	990 . 127 . 28	62,0	1050	40
E	787 . 241 . 22	70,9	—	30
F	685 . 178 . 25	68,8	—	33
G	559 . 323 . 19	62,4	—	36
H	711 . 216 . 25	68,1	1070	30
JE (Elektr. Ofen)	787 . 292 . 41	62,2	—	33
JT (Tiegel-Ofen)	787 . 292 . 41	62,6	—	—

In Abb. 9 dargestellte Querschnitte durch die Blöcke zeigen die gewöhnlich vorkommenden Veränderungen. Es ist schwierig, die Abbildung eines einzigen Blockes als allgemein kennzeichnend zu betrachten, weil äußerst umfangreiche Abweichungen in Handelsblöcken gefunden werden, obgleich sie nach nur in kleinen Einzelheiten voneinander abweichenden Verfahren gegossen worden sind. Weiterhin zeigt sich kein Zusammenhang zwischen dem Gefüge des Gußstückes und verhältnismäßig weiten Abweichungen in Verfahren, wie sie vorkommen, wenn sowohl im Tiegel als elektrisch geschmolzenes Metall in demselben Werke gegossen wird.

Ein bestimmter Zusammenhang besteht aber zwischen Gefüge und Zusammensetzung der Legierung. Bei Messing niedrigen Kupfergehalts (d. h. um 62%) ist das Gefüge mehr säulenförmigen Charakters. In sehr dünnen Blöcken dieser Zusammensetzung besteht das ganze Gefüge aus Stengelkristallen mit Ausnahme der äußerst dünnen Außenschicht feiner Abschreckkristalle und eines, das gewöhnliche veränderliche Gefüge zeigenden Teiles am Kopfende (s. Abb. 10).

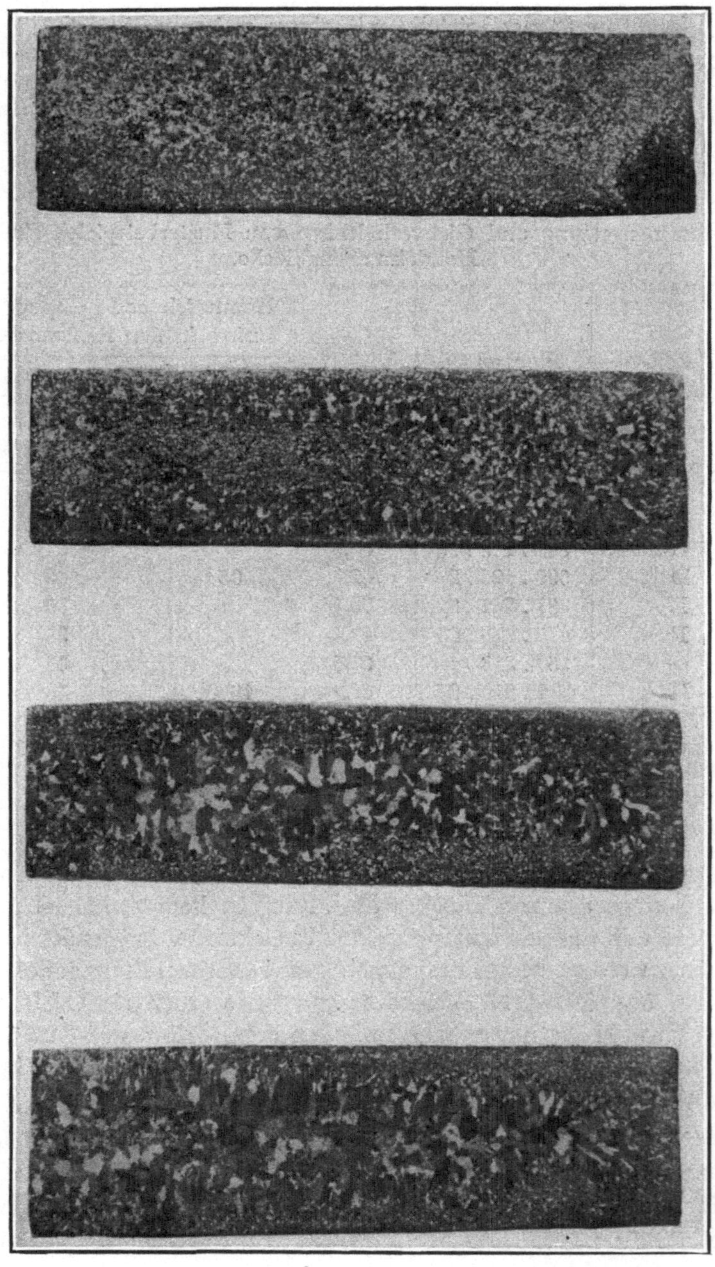

Abb. 9. Halbe Querschnitte des Blockes B (69 % Cu), zeigen charakteristische Gefüge veränderungen in verschiedener Blockhöhe. Natürliche Größe.

Abb. 10. Halbe Querschnitte des Blockes G (62 % Cu), zeigen das stenglige Gefüge. Natürliche Größe.

Was nun innere Undichtheit anbelangt, so zeigen Walzmessingblöcke, auch wenn sie weitgehend voneinander verschieden sind, stets drei Sorten von Löchern oder Hohlräumen. Sie teilen sich ein in Schwindungshohlräume, unter der Oberfläche liegende Hohlräume und sehr kleine zerstreute Hohlräume gleichartiger Form.

Schwindungshohlräume von kennzeichnendem Aussehen sind in Abb. 11 zu sehen. Sie werden an ihrer unregelmäßigen und oft zackigen Außenlinie erkannt und haben diese der Tatsache zu verdanken, daß sie die zwischen den dendritischen (Tannenbaumform) Messingkristallen gelassenen Lücken sind. Diese Lücken bilden sich gegen das Ende der Erstarrung der Blockmasse durch Absinken der Mutterlauge, die dem in benachbarten Gebieten stattfindenden Schwinden Material zuführt. Sie kommen immer in der Mittelachse des Blockes vor und können sich über den ganzen Längsschnitt erstrecken. Ihr Gepräge schwankt erheblich mit der Zusammensetzung des Messings. In Messing mit 70%

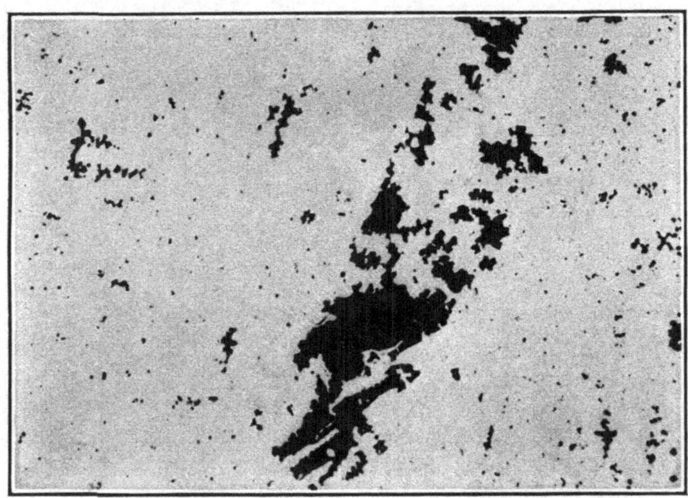

Abb. 11. Schwindungshohlräume in einem 70/30 Messingblock von charakteristischem Aussehen. × 25.

Kupfergehalt bedecken die Hohlräume einen in der Mitte gelegenen Streifen bestimmter Breite, aber sie sind klein und werden gewöhnlich als „Schwamm" („sponginess") erwähnt. Mit abnehmendem Kupfergehalt neigt der schwammige Streifen zur Verringerung seiner Breite. Bei einem Kupfergehalt von etwa 62% sind die Schwindungshohlräume in der Mittelebene des Gußstückes zusammengezogen und bilden den Treffpunkt der Stengelkristalle, die von den beiden Oberflächenseiten aus aufeinander zuwachsen. Im allgemeinen machen sich die Schwindungshohlräume in der unteren Hälfte des Blockes mehr bemerkbar. Dies kommt nicht unerwartet, angesichts der Schwierigkeit, über eine eng zusammengeschnürte lange Bahn Ersatzmaterial für die Schrumpfung zuzuführen und angesichts der gewöhnlichen Gepflogenheit, beim Gießen aus dem Tiegel den unteren Teil der Form mit größerer Geschwindigkeit als den oberen aufzufüllen, um am unteren Blockende eine gute Oberflächenbeschaffenheit zu erhalten. Die Prüfung verschiedener Arten von Schwindungshohlräumen zeigt, daß einige im Innern rein sind, während andere mißfarbig aussehen.

Die Gestalt der dicht unter der Oberfläche liegenden („unterschichtigen") Hohlräume ist immer eine rohe Kugelform. Diese Fehlstellen sind wohl durch den ganzen Block zerstreut, finden sich aber hauptsächlich nahe der Oberfläche. Treffende Beispiele sind im mikroskopischen Schliffbild Nr. 12 dargestellt. Das Aussehen und die Art der Verteilung dieser Hohlräume läßt darauf schließen, daß sie entweder durch eingeschlossenes oder aus dem Metall ausgetretenes Gas gebildet wurden. Anzahl und

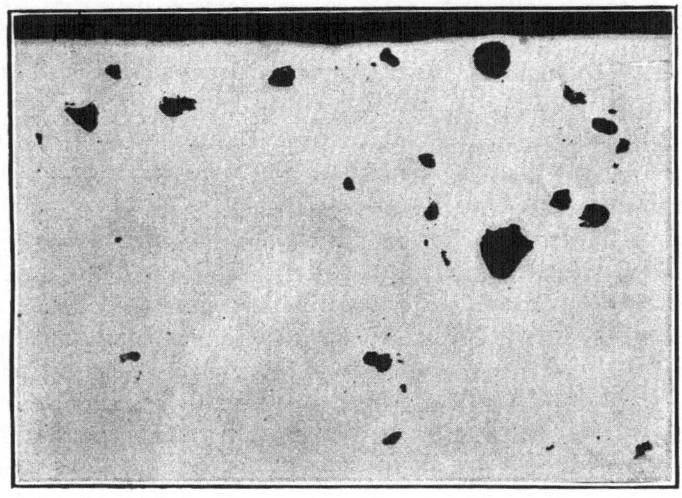

Abb. 12. Hohlräume unter der Oberfläche, die von eingefangenem Gase herrühren. × 25.

Größe der unter der Oberfläche liegenden Hohlräume in zum Auswalzen bestimmten Blöcken zeigen klar, daß Oberflächenmängel an dem gewalzten Material zum größten Teil dieser Quelle entstammen.

Die Anwendung von Röntgenstrahlen zur Prüfung ganzer Blöcke ist, obwohl möglich, dennoch nicht in der Lage, mit Deutlichkeit einzelne kleine, der soeben beschriebenen Hohlräume aufzudecken. Für Forschungszwecke hat man daher das Verfahren angenommen, dünne Scheiben der Blöcke durch Röntgenstrahlen zu untersuchen. Sie werden parallel zur Oberfläche geschnitten, eine Fläche des Schnittes bleibt die ursprüngliche Blockoberfläche. Dies ist das befriedigendste Vorgehen. Es ist benutzbar, um die unter der Oberfläche bestehende Beschaffenheit der Blöcke zu bestimmen und auch den Grad der Unregelmäßigkeiten auf der Blockoberfläche darzustellen. Die Undurchdringlichkeit eines Metalls gegen Röntgenstrahlen wächst im Verhältnis zur Dicke des betreffenden Stückes. Wenn man Proben bemißt, so, daß die Tiefe der Oberflächenunebenheiten schätzungsweise der Dicke entspricht (3 mm ist zulässig), so werden die Unebenheiten im Röntgenbild in den Umrissen wiedergegeben und ihre verhältnismäßige Tiefe ist an dem Betrage der Schwärzung im Röntgenbild zu erkennen.

Röntgenbilder von Probestücken aus den in Abb. 8 dargestellten Gußblöcken sind in Abb. 13 zu sehen. Die Glätte des Blockes B ist aus der Flauheit der Färbung klar zu erkennen. An den Blöcken D und H sind große Vertiefungen an den helleren Gegenden zu ersehen. Kleine weiße Kreisflächen (in den Blöcken D, H und J) zeigen die Anwesenheit von unter der Oberfläche liegenden Höhlungen auf und geben ein Bild von ihrer Mannigfaltigkeit in Größe und Zahl, in denen sie schon in einem verhältnismäßig kleinen Teil des Blockes auftreten können. Die Größe eines Hohlraumes, der zuverlässig in einer von der Blockoberfläche abgeschnittenen, 3 mm starken Metallschicht entdeckt werden kann, ist noch nicht genau bestimmt worden. Aber mit Rücksicht auf das Vermögen der Oberflächenrauhigkeit, die „unterschichtige“ Mangelhaftigkeit zu verwischen, werden schätzungsweise nur innenliegende Hohlräume mit mehr als 0,5 mm Durchmesser klar sichtbar.

Um sehr kleine Hohlräume zu entdecken, muß man für die optische Untersuchung besonders bearbeitete Oberflächen schaffen. Das von den Verfassern für diesen Zweck benutzte Verfahren besteht in der Bearbeitung der Blockoberfläche parallel zur rohen Oberfläche mit leichten, etwa 0,25 mm betragenden Schnitten unter Benutzung eines sehr scharfen Stahls, der etwaige Hohlräume nicht zuschmiert. Auf diese Weise entsteht ein, wenngleich mühsames, so doch feineres und aufschlußreicheres Prüfmittel, als das mit der Herstellung quer durchgeführter Schnitte. Eine auf diesem Wege geschaffene, kennzeichnende Schnittfläche ist in Abb. 14 dargestellt. Quergenommene Schnitte können keine genügende Anzahl innengelegener Hohlräume aufdecken, um einen mengenmäßigen Eindruck vom Grade der vorliegenden Fehlerhaftigkeit zu geben.

Die Prüfung einer großen Anzahl von Handelsblöcken mit diesem Verfahren hat beträchtliche Mannigfaltigkeit in der Zahl der „unterschichtigen“ und anderer durch die Blockdicke verstreuten Hohlräume gezeigt. Im allgemeinen ist der Block um so gesünder, je niedriger der Kupfergehalt ist, während die Anwendung einer hohen Gießtemperatur auf Freiheit von unter der Oberfläche liegenden Fehlstellen hinzielt. Kleine Löcher von 0,25 mm oder weniger Durchmesser sind augenscheinlich in wahrnehmbarer Menge in allen von oben gegossenen Blöcken vorhanden, und im Gegensatz zu den größeren Löchern sind sie nicht auf die Oberflächenschichten beschränkt, sondern sind leidlich gleichmäßig über die ganze Stärke des Blockes verstreut.

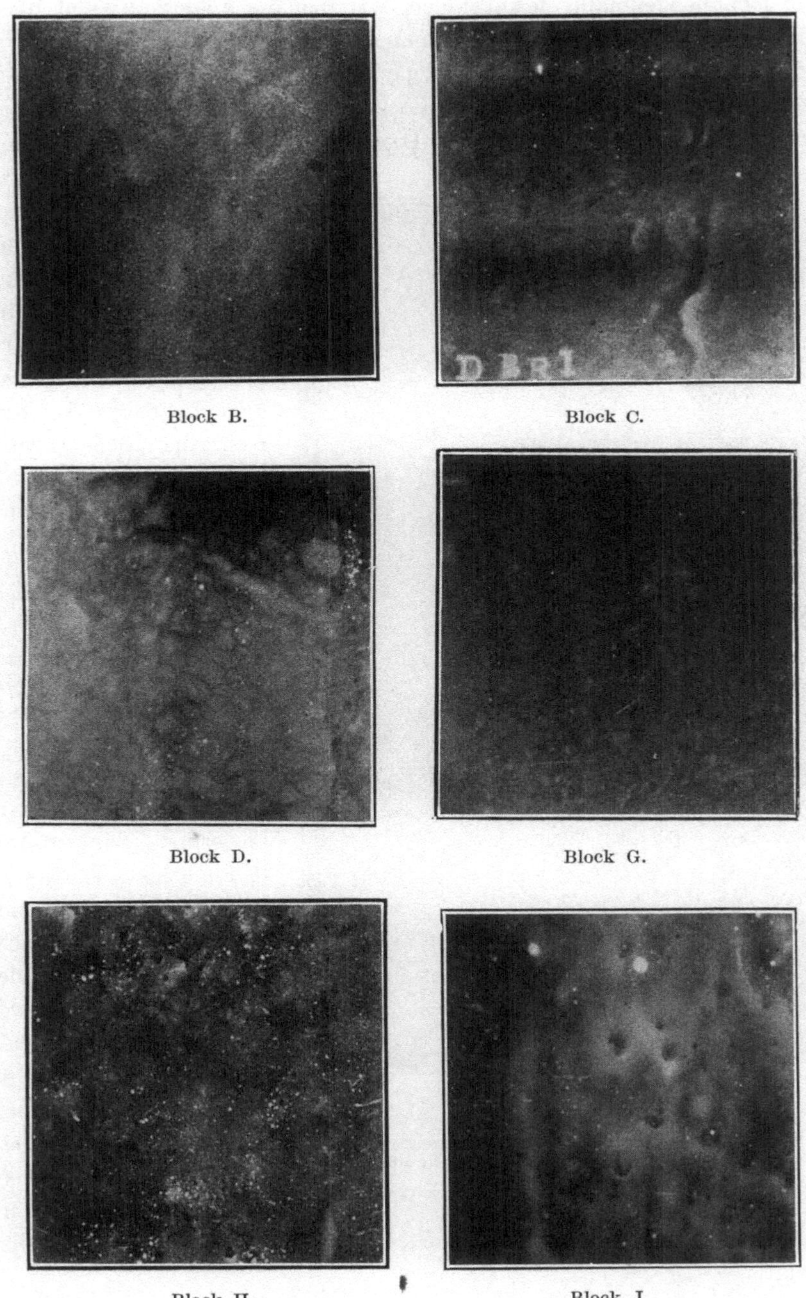

Block B. Block C.

Block D. Block G.

Block H. Block J.

Abb. 13. Röntgenbilder der Oberflächenschichten von Musterbeispielen einiger Messingblöcke. Sie stimmen mit denen auf Abb. 8 überein und zeigen die Unregelmäßigkeiten an der Oberfläche und die Fehlerhaftigkeit unter ihr. Natürliche Größe.

Um mengenmäßig festzustellen, wie sich die Fehlerhaftigkeit über das ganze Gußstück verteilt, hat man die Dichtheitsprobe von Zylindern eingeführt, die man aus verschiedenen Stellen herausschneidet. Abb. 15 zeigt die Ergebnisse solcher an Blöcken verschiedener Herkunft (siehe Zahlentafel 1) vorgenommener Dichtheitsbestimmungen. Die kennzeichnenden Merkmale der Oberfläche und der unter ihr liegenden Schicht dieser Blöcke sind schon früher in Abb. 8 und 13 dargestellt worden. Diese Ergebnisse und die Kenntnis der Erzeugungsmethoden verbinden sich zu einigen, allgemeine Aufmerksamkeit verdienenden Ausblicken. Das unterste Fußstück des Blockes war gesund. Mit einer Ausnahme fand sich das Metall an den Blockkanten sogar fast von der höchsten Dichtheit der Legierung. Die größte Undichtheit bestand im allgemeinen gerade unter der Mitte des Blockes, während die Gegenden am Kopfe verhältnismäßig gesund waren. Deshalb gibt sicherlich ein gesunder, durch Abschlagen des Blockkopfes erhaltener Bruch keine Gewähr für die Beschaffenheit des ganzen Blockes, selbst wenn er keine Lunkerstelle zeigt.

Abb. 14. Schnittfläche, die das Verfahren zeigt, mit Hilfe feiner Bearbeitung kleine Hohlräume in Blöcken sichtbar zu machen.

Eine weitere, aus den Werten für die Dichtheit herauszulesende Erkenntnis ist das hohe Maß von Fehlerlosigkeit, das Blöcke von verhältnismäßig niedrigem Kupfergehalt aufweisen. Dies deutet zusammen mit den sichtbaren Anzeigen an, daß in Messing von dieser Zusammen-

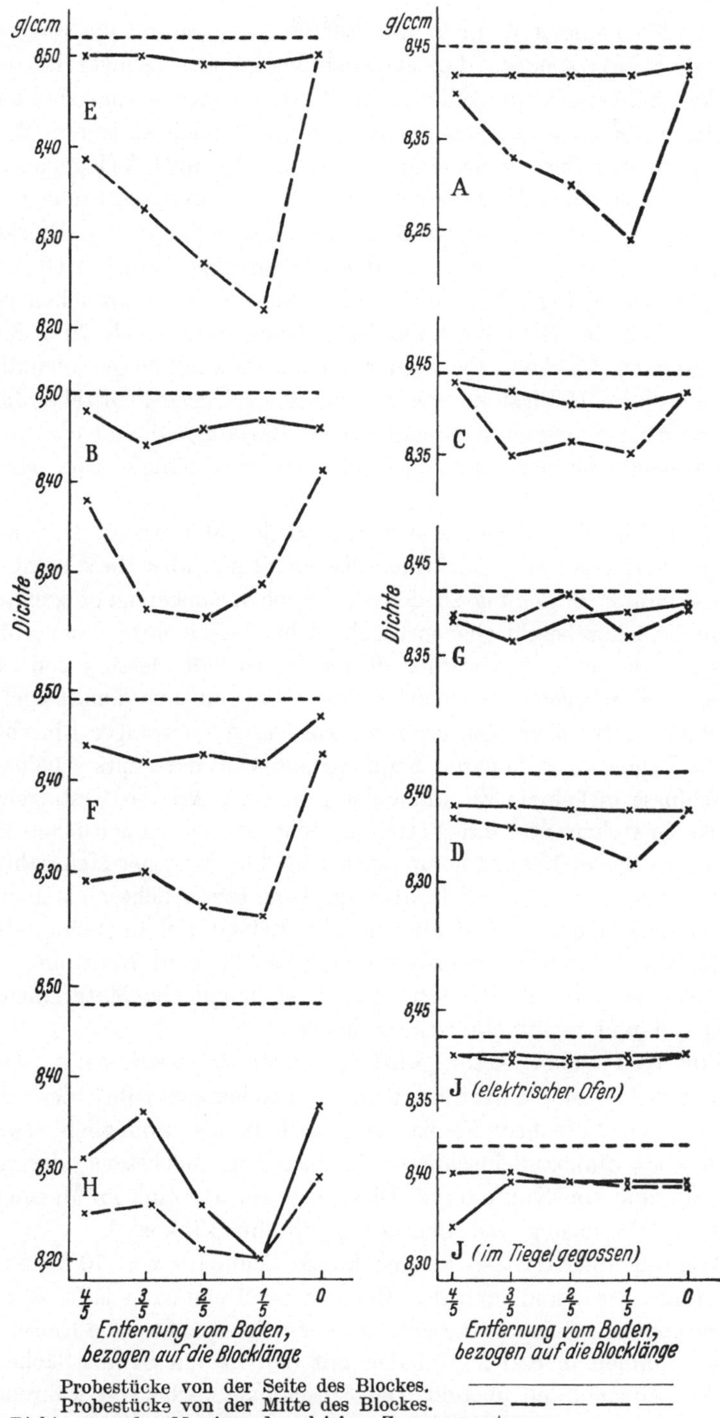

Probestücke von der Seite des Blockes.
Probestücke von der Mitte des Blockes.
Dichte gesunden Messings der gleichen Zusammensetzung.

Abb. 15. Schwankungen der Dichte in mustergültigen Handelsblöcken.

setzung die Fehlerstelle nicht nur fast vollkommen auf die Blockmitte beschränkt ist, sondern daß sie auch im ganzen geringer ist, als in Blöcken höheren Kupfergehaltes, in denen die Schwindungshohlräume als ein in der Mitte gelegener schwammiger Bereich auftreten. Weitere Auskunft über diese Erscheinung wird in Abschnitt VII gegeben.

Das Kleingefüge der Messingblöcke erfordert an dieser Stelle geringe, dem Gegenstand im Anhang B hinzugefügte Erläuterung. Blöcke für Walzmessing zeigen ohne Ausnahme das für abgeschreckte Gußstücke normale Kleingefüge. Das einzige bemerkenswerte Kennzeichen ist die Anwesenheit des Beta-Bestandteiles in allen weniger als 70% Kupfer enthaltenden Blöcken. Es ist der großen Abkühlungsgeschwindigkeit zuzuschreiben. Hohlräume, die in der Mitte gelegene Fehlstellen bilden, sind deutlich von zwischendendritischer Gestalt, während die nahe an der Außenfläche vorkommenden gänzlich unabhängig vom Kristallgefüge sind.

Handelsblöcke zeigen eine beträchtliche Mannigfaltigkeit in der Menge eingeschlossener, nichtmetallischer Stoffe, aber diese steht nicht in bestimmter Beziehung zu den wechselnden Gießereigepflogenheiten. Wenn die schon beschriebenen Blöcke A bis J als kennzeichnend für das Vorstehende betrachtet werden dürfen, so enthält Messing von nur 62 bis 63% Kupfergehalt — gleichgültig, ob es nun aus dem Tiegel oder aus dem elektrischen Ofen gegossen worden ist — weniger Einschlüsse, als die Legierungen höheren Kupfergehaltes. Andererseits scheinen die Einschlüsse in keinem Zusammenhang mit der Art des Erstarrens der Blöcke zu stehen, und ihre Verteilung folgt keinem einheitlichen Plane. Die Farbe der in Messing gefundenen Einschlüsse ist der Mehrzahl nach dunkelgrau, nicht unähnlich, aber im Tone etwas lichter als Blei. Die vorhandene Menge Blei ist aber im allgemeinen viel zu gering, als daß sie für die zahlreichen beobachteten Einschlüsse in Rechnung käme. Die alleinigen, für ihre Zusammensetzung möglichen Materialien sind Zinkoxyd und nichtmetallische Schlacke.

Zinkoxyd selbst bleibt gänzlich unbenetzt, wenn es in das geschmolzene Messing eingeführt wird. Wahrscheinlich rührt dies von der adsorbierten Luft her. Es hat sich deshalb als unmöglich erwiesen. künstliche Zinkoxydeinschlüsse herzustellen, höchstens durch die Hinzufügung von Kupferoxyd. Dies wirkt auf das Zink im Messing und ergibt in Berührung und Benetzung mit ihm Zinkoxyd.

Wenn Kupferoxyd so in eine kleine Schmelze von 70/30 Messing eingeführt wird, und man das Metall schnell erstarren läßt, so zeigen mikroskopische Schnitte der entstandenen Masse zahlreiche Einschlüsse. Diese stimmen in den Merkmalen mit den in den Schnittflächen der Blöcke beobachteten überein. Die Einschlüsse verbleiben während des Polierens an Ort und Stelle und zeigen kein Bestreben, über die Oberfläche sich zu verschleppen, wo hingegen in ähnlicher Weise erzeugte Einschlüsse von Borax und Glas viel größere Schwierigkeiten beim Polieren ergeben, weil sie kleine Löcher und Kratzer in der Oberfläche zurücklassen. Diese Wahrnehmung läßt stark vermuten, daß die in den Blöcken gefundenen Einschlüsse hauptsächlich aus Zinkoxyd bestehen.

Andere, zur Aufklärung bestimmte Versuche, in welchem Maße Zinkoxyd normalerweise in geschmolzenem Messing zurückbleiben könnte, wurden in einem langen, stehenden zylindrischen Ofen kleinen Durchmessers gemacht. Das Kupferoxyd führte man dabei auf dem Boden der Schmelze ein. Das Messing wurde vor der Erstarrung verschieden lange Zeit geschmolzen erhalten. Auf diese Weise erzeugte Zinkoxydeinschlüsse stiegen mit so großer Geschwindigkeit an die Oberfläche der Schmelze, daß in der geschmolzenen und beruhigten Messingmasse keine Zinkoxydeinschlüsse erheblicher Größe verblieben sein konnten, ausgenommen vorübergehend durch die Flüssigkeit schwebende. Es folgt daher, daß die tatsächlich in den Messingblöcken gefundenen Einschlüsse sich in der Hauptsache während des Gießens des Metalls bilden und leicht vollständig durch geringere Erstarrungsgeschwindigkeit ausgeschieden werden können.

Kennzeichnende Einschlüsse in Messingblöcken sind in Abb. 16 zu sehen. Synthetische Zinkoxydeinschlüsse, die man in einer kleinen Schmelze entstehen und im Tiegel mit erstarren ließ, zeigt Abb. 17. Sie konnten sich ungezwungen in dem geschmolzenen Messing bilden und sind daher in der Gestalt von den in den Blöcken gebildeten unterschieden, denn letztere wurden der Wirbelung während des Gießens ausgesetzt.

Die chemische Feststellung des Zinkoxyds im Messing durch Reduktion mit Wasserstoff ist bei der Flüchtigkeit des Zinks in den hohen, dazu erforderlichen Temperaturen umständlich, und ein abgeändertes Verfahren wurde in Fühlung mit der Arbeit der Verfasser von Evans und Richards *(2)* erdacht. Bei diesem Verfahren wird in einem geeigneten Apparat Wasserstoff über das erhitzte Messing geleitet, und das flüchtige metallische Zink auf Kupfergaze festgehalten. Der aus der Einwirkung des Wasserstoffs auf das Zinkoxyd sich ergebende Wasserdampf wird in geeigneter Weise gesammelt und gewogen. Nach diesem Verfahren erhaltene Feststellungen ergeben, daß im Handelsmessing der Zinkoxydgehalt normalerweise 0,025% nicht übersteigt.

Diese Menge ist sehr klein und läßt annehmen, daß gänzliche Freiheit von Einschlüssen schon bei geringem Abweichen von dem normalen Gießverfahren durch die Verzögerung des Erstarrungsbeginnes erzielt werden kann. Nichtmetallische Einschlüsse kommen jedenfalls selten in so ausreichender Menge vor, um zu einer Quelle von Fehlstellen in

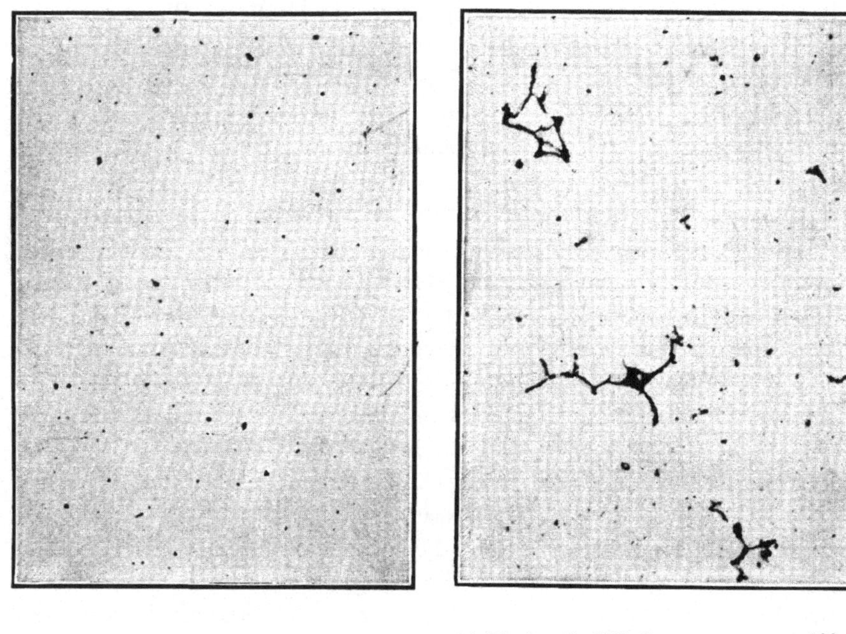

a) Block mit 62 % Cu. × 100 b) Block mit 68 % Cu. × 100

Abb. 16. Charakteristische nichtmetallische Einschlüsse im Messingblock.

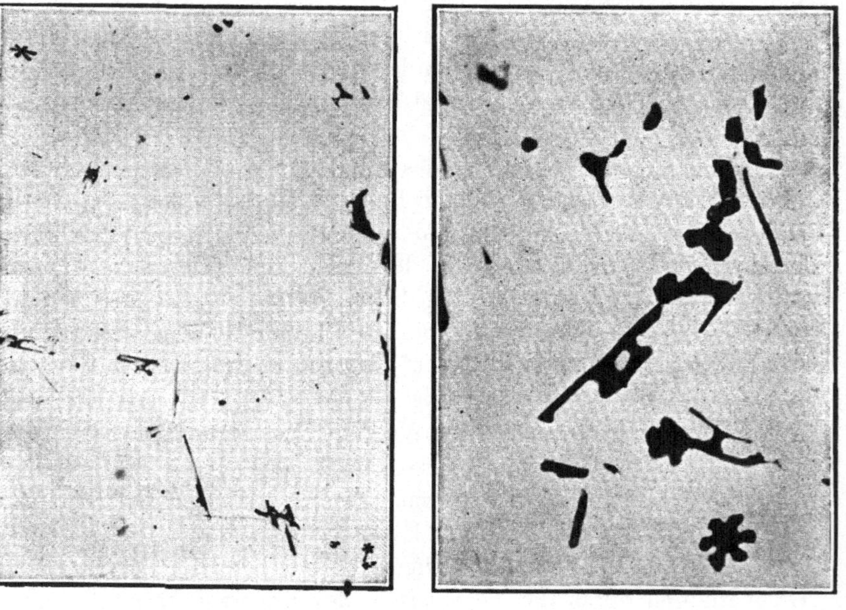

× 100 × 500

Abb. 17. Einschlüsse synthetischen Zinkoxyds in 70/30 Messing.

Messingblöcken zu werden. In dieser Hinsicht sind die mit dem Messingguß zusammenhängenden Fragestellungen einfacher als die in der Stahlerzeugung, in der Einschlüsse die mechanischen Eigenschaften maßgebend beeinflussen.

Schrifttum.

1. R. Genders: J. Inst. Met., Lond. 1921, Bd. 26, S. 139.
2. B. S. Evans und H. F. Richards: J. Inst. Met., Lond. 1926, Bd. 35, S. 173.

IV. Walzmessing. Oberflächenbeschaffenheit. Kennzeichnende Mängelerscheinungen.

Fehlstellen in den Blockoberflächen. — Spritzer. — Blasen. — Striche. — Faserung. — Prüfverfahren zur Feststellung innerer Mängel. — Beziehungen zwischen der Beschaffenheit der Blöcke und der des Walzmaterials.

An dieser Stelle muß ein etwas ausführlicher Bericht über Walzmaterial als notwendige Ergänzung zur Schilderung der Blockeigenschaften gegeben werden, um die Einwirkung des Walzens auf die verschiedene Gestaltung des gegossenen Materials zu verfolgen und die jeweilige Bedeutung der verschiedenen Blockfehler in ihrer nach der Verarbeitung verbleibenden Form einzuschätzen. Solche Betrachtungen bestimmen zum großen Teile die Richtlinien für das Aufsuchen besserer Verfahren und das Maß, bis zu welchem ein Ausgleich der sich widerstreitenden Forderungen beim Gießen und Walzen in neuen Verfahren durchführbar ist[1].

Das erste Erfordernis an Walzmessing ist eine reine Oberfläche, weil das Material meist kalt gezogen oder anderweitig vorgearbeitet für die Herstellung von Gegenständen benutzt wird, von denen man eine sauber geglättete Oberfläche verlangt. Aber selbst die peinlichste Besichtigung kann in der Entdeckung aller Fehlstellen versagen, und die praktische Erfahrung zeigt, daß es sogar durch die nachfolgenden Bearbeitungsstufen möglich ist, verborgene Fehlstellen zu Flecken zu entwickeln, die eine vollendete Politur des fertigen Gegenstandes schwierig machen. Wenn viele von diesen aus unsichtbaren Oberflächenmängeln im Walzmaterial herrühren mögen, so entstehen doch auch manche von ihnen aus inneren Fehlstellen. Irgendwelche Maßnahmen zur Verbesserung der Eigenschaften von Walzmessing müssen offenbar der Prüfung beider, der Glätte der Oberfläche und der Fehlerlosigkeit im Innern gewidmet sein.

Während die dazu angewandten Verfahren in den Einzelheiten je nach der Beschaffenheit des Erzeugnisses und der Einrichtung des be-

[1] Die Entwicklung der Walzwerke und die allgemein gebräuchlichen Verfahren in der Fabrikation von Walzmessing und Messingblech sind im Anhang A Seite 171 beschrieben.

treffenden Werkes voneinander abweichen, so wird das gewalzte Messing doch stets wenigstens an zwei bestimmten Stellen des Bearbeitungsvorganges geprüft. Diese liegen, die erste nach dem Herunterwalzen des Blockes bis auf ungefähr 50% seiner ursprünglichen Stärke, und die zweite nach dem Fertigwalzen. Der vor oder während des Walzens vorgearbeitete oder nicht vorgearbeitete Block wird nach den ersten wenigen Walzstichen einer genauen Besichtigung unterzogen, um entdeckte Fehlstellen in der Oberfläche auszumerzen. Solche aus Rissen in der Außenhaut der Blöcke entstandene schadhafte Stellen bilden nach sorgsamer Beseitigung flache Senken, welche sich später vollkommen ohne verbleibende Spur im fertigen Stück auswalzen. Abhobeln oder Abdrehen des Blockes nach dem Gusse oder nach den ersten Walzstichen vermeidet den oben beschriebenen Arbeitsaufwand für die Fehlerentfernung und mag als sparsamer dort befunden werden, wo schwere, dicke Blöcke anzufertigen sind, oder wo es schwierig ist, eine gute Oberfläche auf dem Gußblocke aus einer Sonderlegierung zu erzielen. Erfahrungsgemäß wird Walzmessing mit einer vorzüglichen Oberflächenglätte stetiger gewonnen, wo man das Abdrehen oder Abhobeln gewohnheitsmäßig anwendet.

Schadhafte Stellen, die bei den ersten Stichen auftreten, hängen meistens mit Narben, Spritzern oder anderen Unregelmäßigkeiten in der Oberfläche des Gußstückes zusammen. Sie sind also rein mechanischen Gepräges und stellen im allgemeinen gelegentlich vorkommende Mängel dar, die sich stellenweise in der sonst glatten Blockoberfläche bilden. Wenn sie in einer frühen Stufe des Walzens vollständig beseitigt werden, ist ihre Bedeutung für das fertige Stück vernachlässigbar. Aber die Möglichkeit, daß ein Rest zurückbleiben kann, und die dann doch erforderlichen Kosten der Entfernung, sind nicht zu übergehen. Jedenfalls würde die vollständige Vermeidung solcher Fehlstellen durch die ursprüngliche Erzeugung einer fehlerlosen Blockoberfläche eine sichere Ersparnis an Herstellungskosten ergeben.

Die Prüfung fertigen Bleches oder der Bänder führt zu Verwerfung oder Annahme. Hierbei festgestellte Mängel sind mit einigen Ausnahmen Weiterbildungen vorher unsichtbar gewesener Fehler, die durch das Weiterwalzen aufgedeckt worden sind. Die Beseitigung solcher, bei einer gesunden Blockoberfläche vorhandener innerer Mängel, kann allein durch vollständiges Begreifen des Gießprozesses erzielt werden.

Große Mengen Walzmaterial sind während der vorliegenden Untersuchungen geprüft worden. Die dem Auge wahrnehmbaren Anzeichen erwiesen sich dabei als wertvolle Ausgangspunkte für die ausführliche metallurgische Prüfung von Musterbeispielen guten und mangelhaften Walzmaterials aus verschiedenen Werken und von Blöcken verschiedenen Walzgrades. Die kennzeichnenden Merkmale der gewöhnlichen Arten von Fehlstellen sind nachfolgend beschrieben.

Spritzer („Spills“). — Sie erscheinen am Walzmaterial als ein unvollkommen anhaftendes Häutchen von Metall, das von der Oberfläche des Stückes durch oxydiertes Material getrennt, häufig abgeschält werden kann und dann eine dunkel gefärbte, oxydierte Einsenkung hinterläßt. Ihr Name stammt vermutlich daher, daß bei unvorsichtigem Gießen Metall in die Form „schwappt“ oder „platscht“, und so spritzerartige Fehler und Überläufe in die Blockoberfläche hineinbringt. Die gleiche Ursache ist lange auch der häufig in fertigen Walzstücken

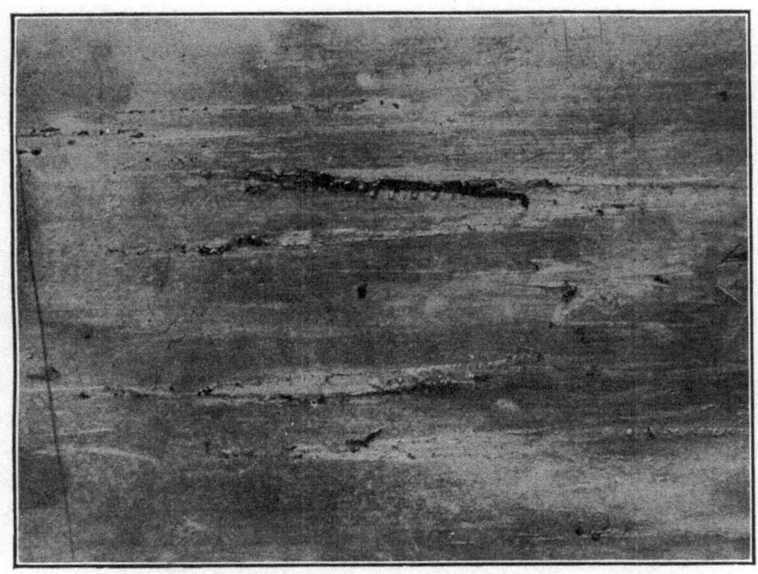

Abb. 18. Musterbeispiel eines „Spritzer“-Fehlers in gewalztem Messing. Natürliche Größe.

gefundenen kleinen Spielart dieser Fehlstellen zugewiesen worden. Kennzeichnende Musterbeispiele der besprochenen Fehler sind in Abb. 18 zu sehen. Obwohl noch ganz kleine Spritzer in der Regel leicht auf der glatten Oberfläche des Messings zu entdecken sind, so können gewisse Sorten aber auch schwer sichtbar sein. Sie bleiben dann sehr schmal, sind aber dennoch häufig ausgedehnt genug, um zum Ausscheiden der Stücke in den nachfolgenden Bearbeitungsgängen zu führen.

Das mit den Spritzern verbundene Oxyd bringt beim Beizen in dem dazu gebräuchlichen Schwefelsäurebad rotfleckige Höfe um die Fehlstellen hervor. Die Prüfung des gebeizten Materials enthüllt somit auf andere Weise nicht leicht sichtbare Mängel auf der gewalzten Oberfläche.

Über das Vorkommen von Spritzern kann wenig Allgemeines gesagt werden. Die Fehlstellen sind oft vereinzelt oder örtlich gruppiert mit keiner genauen Beziehung zu irgendeiner besonderen Lage im Gußstück. Band- oder Blechmaterial aus nach dem Tiegelgußverfahren hergestellten Blöcken ist meistens erheblich fehlerhafter in dem dem Deckel der Form zugekehrten Teil („lid face“) der oberen Blockhälfte als an anderen Stellen. Elektrisch geschmolzenes und in der senkrecht stehenden Form gegossenes Material zeigt keinen derartigen Unterschied zwischen den beiden Begrenzungsflächen. Es ist eine ziemlich allgemeine Fabrikationserfahrung, daß beim Messingwalzen die mangelhaften Stellen mit der abnehmenden Dicke des Blockes an Zahl zu wachsen scheinen, daß aber über eine gewisse Stufe hinaus Weiterwalzen des Materials zu sehr dünnen Abmessungen eine reine Oberfläche ergeben kann. Im Zusammenhange mit anderen Merkmalen zeigt dies, daß die ursprünglichen Fehlstellen, aus denen sich „Spritzer“ bilden, meist im Inneren und in den Randzonen der Blöcke verborgen liegen. Diese werden nach und nach gegen die Oberfläche hin geöffnet und schrittweise durch fortgesetztes Walzen und Ausglühen verwischt.

Nach vielen vorliegenden Werkserfahrungen sind mit steigendem Kupfergehalt im Messing Spritzer immer schwieriger zu vermeiden. Der höhere Schmelzpunkt des an Kupfer reicheren Messings begründet hauptsächlich diese Erscheinung. Das Anwachsen des Temperaturbereichs der Erstarrung gibt einen weiteren wichtigen Gesichtspunkt ab.

Die mikroskopische Untersuchung von Schnitten aus fehlerhaftem Walzmessing zeigt, wie die Spritzer aus Spalten bestehen, die nahe der Oberfläche und ungefähr parallel zu ihr verlaufen. Sie öffnen sich an einer oder mehreren Stellen nach außen. Beispiele zeigen die mikroskopischen Aufnahmen in Abb. 19. In den meisten Fällen ist ein fremder Körper, wahrscheinlich Oxyd, in den Rissen eingeschlossen. Viele Spritzer bestehen aus vielfältigen, gleichlaufenden Rissen, während andere sich verzweigen und eine veränderliche Breite aufweisen. Eine große Zahl dieser Fehlstellen ist untersucht worden. Ihre gemeinsamen Eigentümlichkeiten bestätigen die Ansicht, daß sie hauptsächlich das Erzeugnis geschlossener, ursprünglicher Spalten nahe der Blockoberfläche sind. Sie neigen dazu während des Walzens aufzubrechen, wenn die darüber liegende Schicht dünn genug geworden ist. Man kann häufig im gewalzten Messing verborgene Fehlstellen der gleichen Art entdecken, die gegen die Oberfläche verschlossen bleiben und deshalb von außen nicht erkannt werden können. Diese würden die Quelle offener Spritzer gebildet haben, wenn das Material weiter gewalzt worden wäre. Die mikroskopischen Bilder Nr 20 zeigen solche Fehlstellen.

Blasen. — Mängel dieser Art, die aus örtlichen Ausbauchungen an einer oder an beiden Seiten des Walzmessings bestehen, erscheinen an diesem in drei Abarten. Messing in nur gewalzter („as rolled“) Form

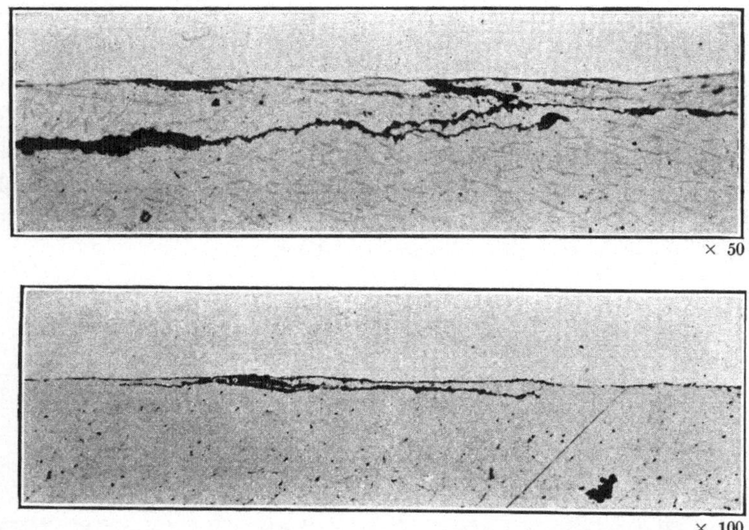

Abb. 19. Mikroskopische Schnitte kennzeichnender „Spritzer“-Fehlstellen in gewalztem Messingband.

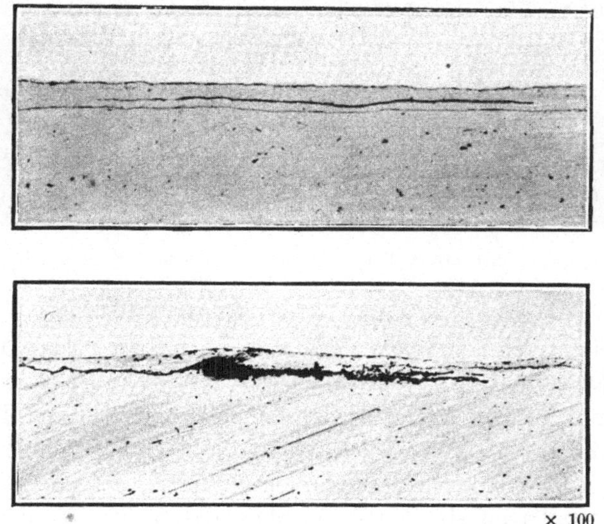

Abb. 20. Mikroskopische Schnitte, die innere, nicht nach außen offene Fehlstellen in gewalztem Messingband zeigen.

zeigt selten Oberflächenblasen. Wenn aber das Metall durch Biegen, Strecken oder Drücken verformt wird, können schmale, längliche Blasen an der Oberfläche erscheinen. Sie zeigen, daß örtliche nicht zusammenhängende Flächen dicht unter der Oberflächenschicht bestehen. Diese stellen dann die unmittelbare Vorstufe zu ihrer Weiterentwicklung zu sichtbaren Spritzern dar, die durch Reißen des überliegenden Häutchens entstehen. Solche unter der Oberfläche liegende Fehlstellen sind schon beschrieben worden. Wenn man bei der Verformung sich zeigende Blasen öffnet, so ist das Innere oft dunkel gefärbt und in gewissen Fällen mit kohlenstoffhaltiger Masse bedeckt. Dagegen hat man auch viele Blasen beim Öffnen innen rein gefunden. Andere wieder waren nur schwach oxydiert.

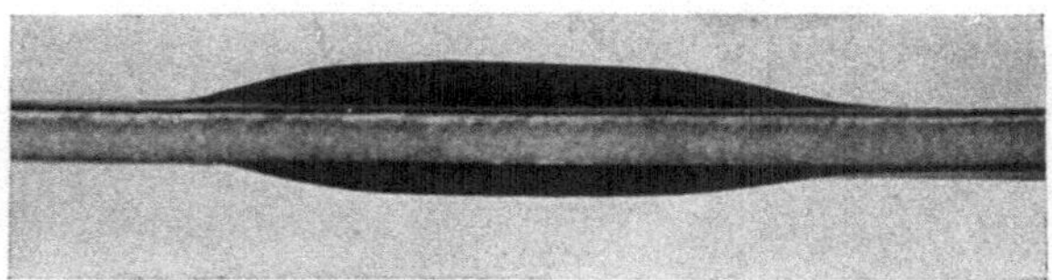

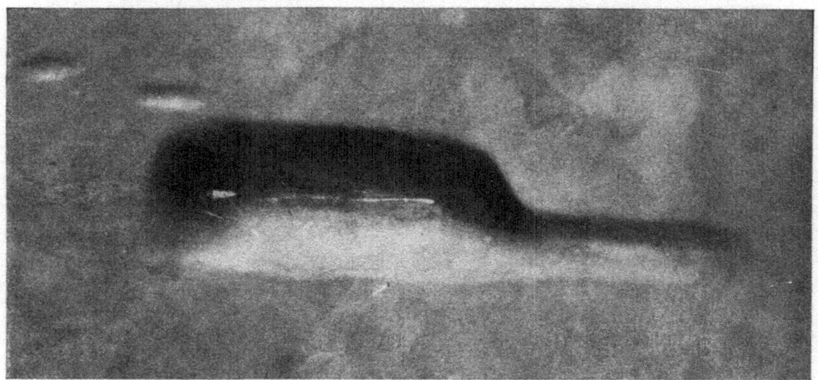

Abb. 21. Ungewöhnlich große Blase in gewalztem Messing. ½ natürlicher Größe.

Eine zweite und von den anderen verschiedene Blasenart kommt an beiden Seiten des gewalzten Materials nach dem Ausglühen vor. Beim Weiterwalzen wird sie plattgedrückt, löst sich aber ohne erneutes Glühen nicht wieder. Ein außergewöhnliches Beispiel einer Fehlstelle dieser Art ist in Abb. 21 zu sehen. Es wurde besonders für die Prüfung des darin eingeschlossenen Gases ausgewählt. Die Blase entstand während des Warmwalzens von Messing, das 59,7% Kupfer, 0,42% Blei und 0,002% Phosphor enthielt. Die Ausbauchung betrug 6,8 mm auf der einen Seite und 5,23 mm auf der anderen, das Band war dabei 7,11 mm stark. Beide Seiten der Blase wurden unter Wasser angebohrt, und das ganze austretende Gas gesammelt. Es ergab 33,5 ccm bei normalem Druck und normaler Temperatur. Der Inhalt der Blase betrug 21 ccm, und infolgedessen der Gasdruck in ihr, vor der Öffnung bei 0^0 C gemessen, 1,6 Atmosphären. Die Analyse des Gases zeigte die folgende Zusammensetzung:

Kohlensäure CO_2	0,24 vom Hundert
Kohlenoxydgas CO	0,36 „ „
Sauerstoff O_2	2,29 „ „
Stickstoff N_2	6,62 „ „
Methan CH_4	2,07 „ „
Wasserstoff H_2	88,40 „ „

Das Innere der Blase (siehe Abb. 22) war mit einem glatten, gelblichen Oxydhäutchen mit dunkelbraunen Streifen nahe den Rändern und mit Adern von weißem Zinkoxyd bedeckt. Die Blase rührt sicherlich aus einem Gaseinschlusse im Block her und ist während des Warmwalzens entstanden, als die sie umschließende Wandschicht zu dünn

Abb. 22. Innenansicht der in Abb. 21 dargestellten großen Blase.

wurde, um dem Gasdruck im Innern widerstehen zu können. Die Zusammensetzung des Gases läßt vermuten, daß es während des Gießens im Blocke eingefangen wurde und zwar als Wasserdampf, Wasserstoff und als Kohlenwasserstoffe. Das Messing wurde elektrisch geschmolzen, und die einzige Quelle solcher Gase ist daher augenscheinlich das zum Ausschmieren der wassergekühlten Kupferform gebrauchte Öl.

Blasen von gleichartigen Merkmalen und gleichen Ursprungs wie das beschriebene Beispiel, aber bedeutend kleiner (gewöhnlich geringer als 25 mm in der Länge), kommen in großen Messingblöcken niedrigen Kupfergehaltes gern vor. Unter gewissen Bedingungen begegnet man in der Mitte gelegenen sich nach beiden Außenflächen ausdehnenden Blasen auch an geglühtem, aus Blöcken hohen Kupfergehaltes (z. B. „Goldtombak") kalt gewalzten Messing. Diese mögen dem Einschluß von Gasen zuzuschreiben sein, die inmitten des Blockes bei der Erstarrung aus dem geschmolzenen Metall frei wurden.

Eine dritte Sorte Blasen wird in über Kreuz gewalztem Blech gefunden. Sie bildet eine bekannte Quelle von Schwierigkeiten in der

Weiterbearbeitung. Die Fehlstellen treten als kleine Blasen von roher Kreisform am Blechrand verstreut auf. Die inneren Oberflächen sind fast durchgängig rein. Nach der bis zum Erscheinen der Blasen vom Block erlittenen Bearbeitung müssen die ursprünglichen Fehlstellen

Abb. 23. Kleine Blasen in über Kreuz gewalztem Blech. ×3.

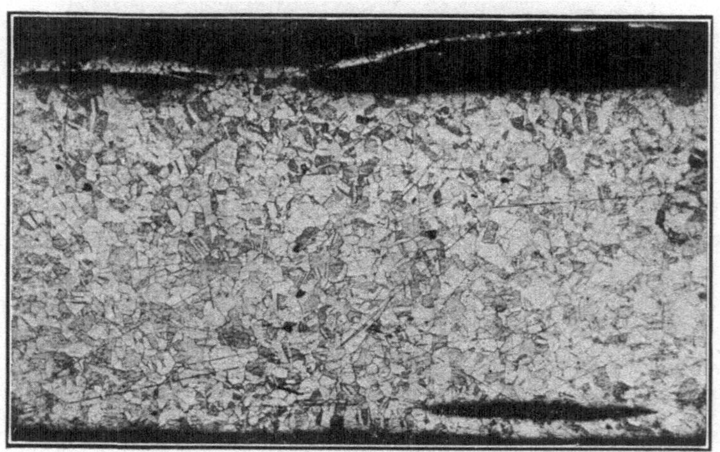

Abb. 24. Schnitt durch kleine Blasen in Messingblech. ×50.

von sehr kleinen Abmessungen gewesen sein. Musterbeispiele solcher Blechblasen werden in Abb. 23 gezeigt, im Schnitt in Abb. 24. Das Gepräge dieser Fehlstellen unterscheidet sich von den oben beschriebenen, an Walzmessing gefundenen Blasenarten insofern als immer eine Blase nur auf einer Seite auftritt. Blöcke, welche sonst von den beiden ersten freies Walzmaterial ergeben, zeigen oft kleine Blasen der dritten Gattung, wenn sie über Kreuz gewalzt werden.

Striche (Kometen) („Lines“). — Beim Beizen von Walzmessingstücken können gerade, dunkle Striche verschiedener Länge, seichten Rinnen gleichend, an der Oberfläche sichtbar werden. Man hat diese durch ausgestreckte Einschlüsse nichtmetallischer Stoffe verursacht angesehen, die unter der Oberfläche liegen und durch Entfernung der Deckschicht beim Beizen erkennbar werden. Ein Beispiel zeigt Abb. 25. Wenn diese Art Fehlstellen in nicht zu großen Mengen auftreten, werden sie wahrscheinlich keine größeren Schwierigkeiten beim Polieren verursachen. Es wurden mikroskopische Untersuchungen an Längsschnitten von Messing verschiedenen Walzgrades durchgeführt. Sie zeigten, daß nichtmetallische Einschlüsse zuerst in gewissem Ausmaße

Abb. 25. Feine Längsmarken auf gewalztem Messingband, durch nicht metallische Einschlüsse veranlaßt. Natürliche Größe.

breit gequetscht und in die Länge gezogen werden, später aber sich in getrennte Stücke aufteilen. Sie bilden Schnuren, die beim Walzvorgang ausgezogen werden. Eine lehrreiche Reihe von Walzgut aus demselben Block zeigt diese fortschreitende Wirkung in Abb. 26. Das benutzte mikroskopische Beweisstück läßt vermuten, daß das die Teilchen trennende Metall beim Kaltwalzen nicht vollständig gebunden hat, und daß die Schnuren des eingeschlossenen Fremdkörpers sich wahrscheinlich als ununterbrochene schwache Stellen auf die mechanischen Eigenschaften des Walzmaterials auswirken werden. Dieser Gesichtspunkt steht in Übereinstimmung mit der geringeren Energieaufnahme bei Kerbschlagprüfungen, die quer zur Walzrichtung vorgenommen werden, im Vergleich zu den Ergebnissen solcher in der Längsrichtung ausgeführten.

Dennoch deuten die an verschiedenen Walzstücken gemachten Beobachtungen an, daß im großen und ganzen nichtmetallische Ein-

Abwalzung 50 %.

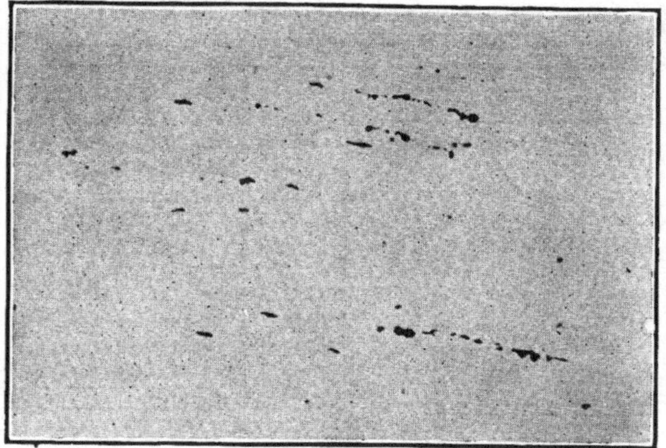

Abwalzung 94 %.

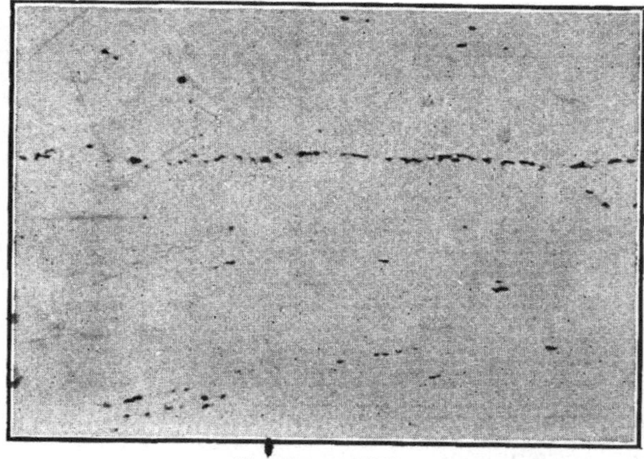

Abwalzung 97 %.

Abb. 26. Mikroskopische Darstellungen des Verhaltens nichtmetallischer Einschlüsse beim Walzen. ×100.

schlüsse keine wesentliche Quelle von Schwächung oder Mangelhaftigkeit in gewalztem Messing bedeuten. Der Grad, bis zu welchem Einschlüsse in Messing vorhanden sind, ist überhaupt viel kleiner als in manchen anderen Handelsmetallen und Legierungen.

Faserung. („Lamination"). — Zu den unter der Oberfläche liegenden Unganzheiten, wie entstehende Blasen, tritt eine als Faserung bezeichnete weitere Art Fehlstellen. Sie kommt gewöhnlich inmitten der Walzstücke vor. Diese Bildungen sind in 70/30 Messing verhältnismäßig selten. Sie werden hauptsächlich in Messing niederen Kupfergehaltes gefunden und rühren wahrscheinlich von sauberen Schrumpfungshohlräumen her, die beim Kaltwalzen sich nicht wieder verbanden. Besonders dann, wenn man an dem vom Kopfende des Blockes stammenden Streifen den Abfall abschneidet, entdeckt man Fehlstellen dieser Art als Linien auf der Schnittfläche. Sie liegen oft im Kern des Materials. Abb. 27 zeigt einen Bruch durch Messingband mit solchen Fehlstellen.

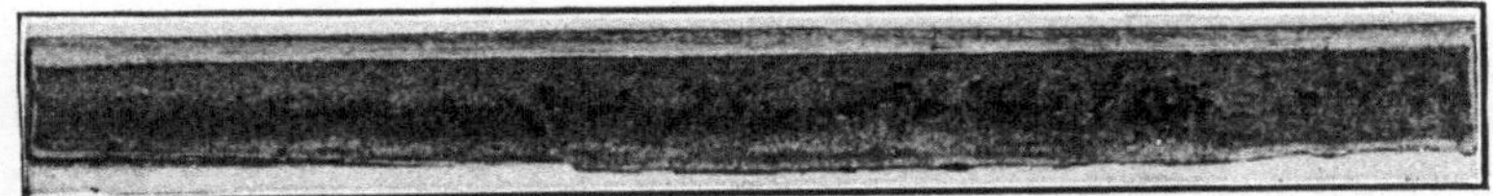

Abb. 27. Bruchstelle eines gewalzten Messingstreifens. Enthält in der Mitte gelegene Fehlstellen.

Durch kleine Faserbildung werden selten größere Beanstandungen verursacht. Sie setzt auch der Weiterverarbeitung keine wesentlichen Schwierigkeiten entgegen. Nur an den Rändern und Enden gedrückter Gegenstände treten, besonders bei dünnen Abmessungen des Metalls, Verwerfungen auf.

Die Verformung gewalzten Materials vermag also die Oberflächenschicht soweit zu lockern, daß sie unter ihr liegende Fehlstellen freigibt. Das regt eine Anzahl einfacher Versuche an, mit denen man diese Mängel aufzudecken vermag. Durch geringes Strecken, Biegen oder Drücken von Band- oder Blechproben ist es möglich, den Umfang der unter der Oberfläche liegenden Fehler ungefähr zu schätzen. Das Beispiel einer durch Drücken aufgedeckten Fehlstelle wird in Abb. 28 gezeigt. Eine ausgedehntere Bearbeitung des Materials ist unnötig und enthüllt auch nicht mehr Fehlstellen, als schon nach der ersten bleibenden Verformung sichtbar waren. Wenn man Messingbleche verschiedener Zusammensetzung aufeinanderlegt und aus ihnen Becher drückt, so erfahren die verschiedenen Schichten keine Veränderung in Lage oder Dicke zueinander. Also kann das Drücken auch keine tief unter der Oberfläche sitzende Fehlstelle zutage bringen. Das Bestehen von Faserung und unter der Oberfläche liegenden Mängeln ist leicht zu erkennen, wenn man das Blech oder den Streifen nach geringem Beizen der Oberfläche in Salpetersäure und darauf folgendem Eintauchen in Quecksilber oder Quecksilbernitratlösung biegt. Das Messing wird

Abb. 28. Vorher unsichtbare Spritzer in 70/30 Messingblech, beim Drücken zu Tage getreten.

rasch rissig und bricht schon unter geringerem Druck in deutlich erkennbarem Faserbruch. Denn unter dem Einflusse von Spannungen dringt das Quecksilber in das Messing ein. Durch Unterbrechungen des Materialzusammenhaltes und damit des Spannungsflusses wird das Eindringen gehemmt. Der Wechsel in der Spannungsverteilung führt infolgedessen den Bruch in einer Stufenreihe herbei. Ein in dieser Weise behandeltes Probestück zeigt Abb. 29.

Abb. 29. Faserbruch in gewalztem Messingband, durch Quecksilbernitratprobe aufgeschlossen.

Aus den vorstehend beschriebenen Merkmalen an Blöcken und an dem daraus gewalzten Material kann man wohl brauchbare Wechselbeziehungen erkennen. Indessen sollten auf diese Weise gewonnene Schlüsse auf dem Erfahrungswege bestätigt werden, indem man den Block nach dem Guß und das Walzstück auf den einzelnen Stufen des Walzens planmäßig untersucht. Ein günstiges Verfahren hierfür besteht in der Längsteilung des Blockes in seine Hälften. Von der einen werden die Schnitte zur Prüfung genommen, die andere Hälfte wird ausgewalzt. Man schneidet eine passende Länge auf jeder Walzstufe vom Stück ab und prüft sie. So erhält man einen vollständigen Einblick in den Werdegang des Materials. Die folgende Übersicht stellt die Beziehungen der Blockeigenschaften zu den Eigenschaften des aus dem Block gewalzten Materials dar und gründet sich auf derartige Versuche an einer Anzahl Gußblöcke.

Bei der Weiterverarbeitung von nicht über Kreuz gewalztem Material sind die wichtigsten Quellen von Fehlstellen wie Spritzer und Blasen Unregelmäßigkeiten auf der Blockoberfläche und Hohlräume unter dieser. Handelsüblich ist die Oberfläche des gegossenen Blockes im ganzen glatt und von hoher Güte. Zufällig unterlaufene örtliche Fehlstellen können weitgehend durch geschicktes Ausschaben („chipping“) oder Fräsen auf einer frühen Walzstufe beseitigt werden. Nicht auf diese Weise entfernte Oberflächenmängel geben im allgemeinen Anlaß zu Spritzern im gewalzten Material. Unter der Oberfläche liegende Hohlräume gelangen auf einer Herstellungsstufe des Walzmaterials an die Oberfläche, die natürlich von der Entfernung der Hohlräume von der Blockoberfläche und vom Walzgrade abhängt, da ja die der Höhlung überlagerte Metallschicht auf eine sehr geringe Stärke herabgemindert werden muß, bevor Bruch oder Verzerrung die Fehlstelle sichtbar machen. Sollte solch ein Hohlraum nahe der Oberfläche, aber vom Walzen uneröffnet bleiben, so wird er bei der Weiterbearbeitung des Materials zum Vorschein kommen.

Die sehr kleinen in den Blöcken verstreuten Hohlräume berühren selten die Güte der Walzerzeugnisse, aber wo sie in zwei Richtungen wie beim Über-Kreuz-Walzen von Blech ausgestreckt werden, sind sie die Hauptquelle der Blasenbildung. Geringe, nicht verlängerte Spritzer können auf Blech von kleinen aufgebrochenen Blasen herrühren und finden sich in jeder Blechstärke.

In Messing geringen Kupfergehaltes (etwa unter 63%) und auch in den kupferreichen Legierungen, wie im „Goldtombak“, können sich verhältnismäßig große, Gas enthaltende Höhlungen nahe der Mittelebene des Blockes bilden. Diese sind möglicherweise die Ursachen der Blasen, die eine Ausbauchung an beiden Seiten des Walzmateriales bilden. Beim Glühen erfolgt eine Ausdehnung der Blasen durch den Gasdruck. Sie machen in der Weiterverarbeitung insofern nur geringen Verdruß, als große, gasgefüllte, in der Mitte gelegene Hohlräume selten vorkommen.

Schwindungshohlräume scheinen dort keinen Einfluß auf das Verhalten des Metalls beim Walzen zu haben, wo sie über den Mittelbereich des Blockes verteilt sind, wie bei den als Schwamm („sponginess“)

bezeichneten ungesunden Stellen. Nur wenn sie in der Mittelebene des Blockes in großer Häufung auftreten, besonders in Blöcken von niedrigem Kupfergehalt (nahe 60%), dann läßt dies auf eine geschwächte Mittelschicht im gewalzten Material schließen.

Einschlüsse nichtmetallischer Stoffe in den Blöcken — in der Hauptsache Zinkoxyd — haben gleichfalls einen fast vernachlässigbaren Einfluß auf die Güte des Walzerzeugnisses, nur setzen sie die Querbeanspruchungsfähigkeit etwas herab. Sie bilden sich während des Gießens, sind im allgemeinen klein im Umfang und führen nicht zu Seigerungen.

Es ist somit klar, daß von der Güte des fertigen Messingstückes aus gesehen, alle in Größe und Verteilung zwar verschiedenen, aber in Hinsicht ihrer Entstehung gleichermaßen von Gaseinschlüssen herstammenden Hohlräume die wichtigsten Mängel der Messingblöcke bilden. Wo, wie häufig im Handel, die Anforderung an die Oberflächengüte hoch ist, wird die unter der Oberfläche liegende Fehlerhaftigkeit als Hauptursache eines mangelhaften Walzproduktes betrachtet.

V. Das flüssige Metall.

Eigenschaften. — Oberflächenbeschaffenheit. — Wirkung von Zusatzstoffen.

Vor dem Versuch einer Zergliederung des Gießvorganges muß der Zustand des gußfertigen, flüssigen Metalls im Tiegel und sein Verhalten während des Überströmens in die Form betrachtet werden. Die Schlacke ist von geringer Bedeutung. Bis zur Entfernung des Tiegels vom Ofen bildet sie eine Schutzschicht und wird dann als erster Schritt beim Gießen abgeschöpft oder anderweitig auf mechanischem Wege entfernt. Von den meisten Messinglegierungen wissen wir mit Sicherheit, daß mit dem Metall eingeschüttete Schlackenteile schnell nach oben zu steigen streben, und, wie früher gezeigt, daß nichtmetallische Einschlüsse in gegossenem Messing kaum von größerem Betrage sind. Daher wird Schlacke keine besondere Mühe beim Messingguß bereiten. Immerhin kann Nachlässigkeit im Abschöpfen gelegentlich Fehlstellen, besonders in der Oberfläche des Blockes, ergeben.

Die Zähigkeit sämtlicher Metalle ist bekanntlich bei allen Temperaturen über dem Schmelzpunkt niedrig. Vom praktischen Gesichtspunkt aus kann diese Eigenschaft deshalb gänzlich vernachlässigt werden, weil ja ihr Schwanken das Verhalten des geschmolzenen Metalls nur unter besonderen Umständen beeinflussen würde. Solche können dann vorkommen, wenn große Mengen von Fremdkörpern in der Schwebe bleiben oder feste Metallteilchen auftreten, weil die Legierung unter die Liquidustemperatur abgekühlt wurde.

Die wahre Oberflächenspannung des Messings ist ebenso wie bei allen anderen geschmolzenen Metallen hoch. Sie ist aber nicht genügend veränderbar, um mit ihr wie mit anderen in der Praxis auftretenden Oberflächenerscheinungen einen im Vergleich maßgebenden Einfluß auf das Gießverhalten des Metalls auszuüben.

Reines, flüssiges, der Luft ausgesetztes Messing bedeckt sich schnell mit einem Oberflächenhäutchen von Oxyd, das vom Messing benetzt („wetted“) wird und eng an ihm anhaftet. Es hemmt zweifellos die Zinkverdampfung. Wenn das Häutchen zerstört wird, so steigt der Zinkdampf lebhafter auf. Es bildet sich aber sofort über der verletzten Stelle eine neue Haut, und die Entwicklung der Zinkdämpfe nimmt wieder stark ab. Der Einfluß der Oxydhaut ist also ein mechanischer. Im Vergleich zur flüssigen Metalloberfläche ist das Häutchen nicht ausdehnbar. Man kann daher von seiner Anwesenheit nicht sagen, daß sie eine Haupteinwirkung auf die Erniedrigung oder auf die Erhöhung der wahren Oberflächenspannung der flüssigen Legierung hätte. Denn nach einigen Meßverfahren soll durch sie die Größe der Spannung erhöht, nach anderen aber erniedrigt werden. Ihr wirkliches Verhalten ist offenbar das eines mehr oder weniger starren Überzuges, der die Bewegung in seiner Nähe einschränkt und bei Zerstörung sofort durch frische Oxydation wieder ersetzt wird. Bei den Metallen ist es dennoch herkömmlich den Einfluß des Häutchens als eine scheinbare Erhöhung der Oberflächenspannung und als ein Hemmnis des glatten Metallflusses während der Blockbildung zu betrachten. Gußfehler, die man gewöhnlich Schwankungen in der Flüssigkeit („fluidity“) oder Zähigkeit zuschreibt, werden in vielen Fällen Oxyd- oder andere Häutchen auf der Oberfläche des geschmolzenen Metalls zur Ursache haben. Aus dem Aussehen der Oberflächenmängel von Messingblöcken des Handels und aus ihrem Vergleich mit solchen an künstlich unter starker Oxydation hergestellten Blöcken (siehe Abb. 30), geht ganz offensichtlich hervor, daß Fließhemmung die Hauptursache für die nachteiligen Einwirkungen der Oxydation während des Messinggießens bildet. Diese schließen Oberflächenunregelmäßigkeiten und Falten ein, die durch aufeinanderfolgende, an der Wandfläche der Form aufsteigende Metallwellen gebildet wurden, ferner halb eingeschweißte Kügelchen von verspritztem Metall und innere Einschlüsse von Oxydhaut. Ein nahe der Oberfläche eines oxydierten Blockes entnommener Schliff ist in Abb. 31 wiedergegeben und zeigt eingeschlossene Oxydhaut.

Beim Schmelzpunkt von 70/30 Messing ist die Dampfspannung des Zinks niedrig. Aber bei Temperaturen um 1100^{0} C, wie sie beim Gießen üblich sind, wird der Teildruck hoch genug, um ein Zerreißen des Oxydhäutchens an der Oberfläche und damit lebhaftes Entweichen von Zinkdampf zu verursachen. Die Oxydation dieses Zinkdampfes geschieht außerhalb des Oxydhäutchens und erzeugt freie Zinkoxydteilchen, die entweder durch den heißen Luftstrom über der Schmelze hinweggerissen werden, oder lose und ohne anzuhaften auf ihrer Oberfläche liegen bleiben. Es ist schon gezeigt worden *(1)*, daß diese nicht

Abb. 30. Fehlstellen in der Oberfläche eines Messingblockes, durch Oxydhaut hervorgerufen. $\times 2$.

im Zusammenhang mit dem Metall gebildete Art Zinkoxyd bei späterer Berührung mit geschmolzenem Messing nicht von diesem benetzt wird und auch keine zusammenhängende Haut bildet. Wenn es in eine Schmelze eingeführt und mit ihr innig vermischt wird, kann es in ihr nur unter besonderen, im Versuch schwer herzustellenden Bedingungen schwebend erhalten werden. Deshalb darf man den Einfluß solchen, außerhalb der Schmelze gebildeten Oxydes auf die Blockgüte als vernachlässigbar ansehen, wenn, wie üblich, sorgsam abgeschlackt worden ist. Wenn man Oxydationsfehler in Messing vermeiden will, so muß man das Augenmerk nur auf das anhaftende Oberflächenhäutchen richten.

In der Praxis wird Oxydation durch Bildung einer reduzierenden Gashülle in und um die Form weitgehend vermieden. Es findet sich in einigen Gießereien auch der Brauch, auf die Oberfläche des geschmolzenen Metalls ein Holzscheit zu legen, das ebenfalls eine reduzierende

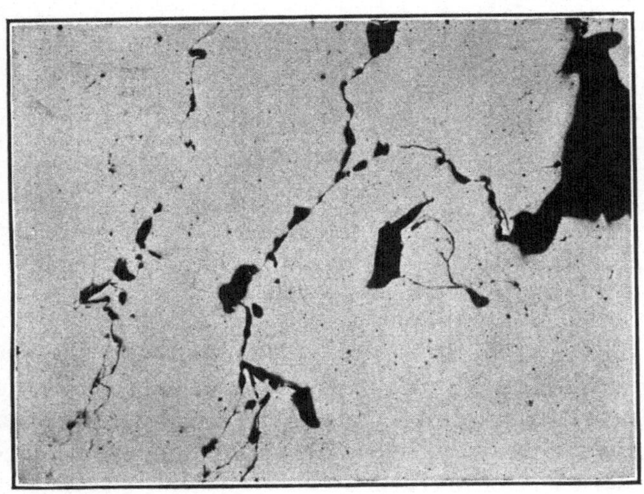

Abb. 31. Schnitt nahe der Oberfläche eines oxydierten Messingblockes, zeigt die eingeschlossenen Oxydhäutchen. ×50.

Atmosphäre innerhalb des Tiegels erzeugt. Deshalb sind durch Oxydation begründete Fehlstellen im allgemeinen selten und treten nur da auf, wo vorübergehende Einwirkungen vorliegen, wie sie durch augenblicklichen Mangel an der reduzierenden Gashülle verursacht werden. Er kann durch Luftzug in der Gießerei entstehen. Die so zufällig hervorgerufenen Mängel können aber dann beträchtliche Störungen in der Fabrikation bewirken, deshalb geht auch das Streben dahin, zur Entwicklung des reduzierenden Schutzgases einen reichlichen Überschuß des vergasbaren Ausstreichmaterials in die Form zu geben. Dieser Brauch hat aber andererseits bestimmte, später zu erörternde Nachteile. Hier ist unzweifelhaft noch Spielraum für andere zuverlässigere Verfahren zur Beseitigung der Oxydationsschwierigkeiten gelassen.

Die Wirkung von Zusatzstoffen auf den Verlauf der Oberflächenoxydationen flüssigen Messings kann mit Einschränkungen vom Vergleich ihrer Oxydationswärmen (Wärmeeinheiten für das Gramm-Atom Sauerstoff) mit der des Zinks abgeleitet werden. Werte für einige, häufig verwendete Stoffe sind in Zahlentafel 2 angegeben.

Zahlentafel 2.
Bildungswärmen der Metalloxyde.

Grundstoffe	Oxyde	Bildungswärme des Oxyds	
		Wärmeeinheiten für ein Gramm-Molekül	Wärmeeinheiten für ein Gramm-Atom Sauerstoff
Magnesium . .	MgO	144	144
Aluminium . .	Al_2O_3	380,2	127
Silizium	SiO_2	193	95,5
Bor	B_2O_3	282,1	94
Mangan	MnO	90,8	90,8
Chrom	Cr_2O_3	267,5	89,3
Zink	ZnO	85,4	85,4
Phosphor . . .	P_2O_5	369,4	73,9
Zinn	SnO_2	137,8	68,5
Eisen	FeO	65,7	65,7
Nickel	NiO	57,9	57,9
Kupfer	Cu_2O	40,8	40,8

Sie beziehen sich auf gewöhnliche Temperaturen und mögen als weitliegender Anhalt für das jeweilige Verhalten dieser Stoffe im geschmolzenen Messing dienen[1]. Man kann daher aus ihnen erwarten, daß Zink von allen denen in der Aufstellung unter ihm aufgeführten Stoffen bevorzugt oxydiert, und daß Magnesium und Aluminium die Oberflächeneigenschaften flüssigen, von oxydierenden Gasen berührten Messings am wirksamsten verändern. Der Einfluß des nichtmetallischen Phosphors wird später besonders erörtert werden.

Man könnte vorausnehmen, daß in Messing die Gegenwart eines oxydationsfähigeren Grundstoffes als Zink auf den Ersatz des Zinkoxydhäutchens durch das Oxydhäutchen des Zusatzmetalls hinauslaufen würde. Der Hauptgesichtspunkt für den praktischen Wert würde dann im Stärkeverhältnis der einzelnen Oberflächenhäutchen liegen. Wäre das neue schwächer als eines aus Zinkoxyd, so würde der hinzugefügte Grundstoff die Gefahr von Gußfehlstellen vermindern.

[1] Die Anwendung der Thermodynamik auf die Fragen der Desoxydation usw. hat nur wenig grundlegende Bearbeitung in bezug auf Nichteisenmetalle gefunden, es ist aber bemerkenswert, daß in einer jüngst veröffentlichten Abhandlung über die Desoxydation flüssigen Stahls *(2)* der Verfasser schließt, es seien die desoxydierenden Kräfte von Magnesium, Aluminium, Silizium, Mangan und Chrom in Stahl bei 1600° C von derselben Größenordnung, wie die in Zahlentafel 2 für die Bildungswärmen der Oxyde bei gewöhnlicher Temperatur angegebenen Werte.

Aluminium ist stark unbeliebt bei den Fachleuten für den Messingguß aus Tiegeln. Mit großer Sorgfalt schließen sie Aluminium und aluminiumhaltigen Abfall aus den in der Fabrikation verwendeten Rohstoffen aus. Selbst in kleinen Mengen ist die Anwesenheit von Aluminium leicht auf der Kopfoberfläche eines Blockes an einem deutlichen, metallischen Glanze und der Abwesenheit von schwarzem oder grauen Oxyd zu erkennen. Die Wirkung der Zugabe von Aluminium zu geschmolzenem 70/30 Messing ist beträchtlich. Es bildet sich Aluminiumoxyd und erzeugt ein dünnes Oberflächenhäutchen. Die Entwicklung von Zinkdampf bei einer Temperatur von 1100° C ist merklich vermindert und hört bei 1050° C fast ganz auf. Etwaiges durch Zerstörung des Aluminiumoxydhäutchens gebildetes Zinkoxyd bleibt abgesondert und verändert weder dessen Eigenschaften noch bleibt es an seiner Oberfläche hängen. Aluminium enthaltende, nach gebräuchlichen Gießverfahren hergestellte Blöcke zeigen ausgesprochene Oberflächenmängel, die denen in Abb. 30 entsprechen. Die gewöhnlichen, zur Verhinderung des Oxydierens angewandten Mittel sind unwirksam, wenn Aluminium gegenwärtig ist. Man sieht, das Aluminiumoxydhäutchen ist dünn, aber doch viel kräftiger als das auf reinem Messing sich bildende Zinkoxydhäutchen. Darum kann das einzig befriedigende Verfahren, aluminiumhaltiges Messing zu gießen nur ein ruhiges, jede Wirbelung oder ausgeprägte Bewegung in der Form ausschließendes Fließen sein, wobei das Häutchen weder umgeschlagen noch schnell zerteilt wird.

Die Gegenwart von bis zu 1% Magnesium in 70/30 Messing zeigt sich in einer deutlich bevorzugten Oxydation des Magnesiums, weil ein durch die Luft gegossener Strahl der Legierung keine Zinkflamme aufweist. Das gebildete Häutchen ist schwach, und an der Luft gegossene Stücke Magnesiummessing sind in gleicher Weise gegossenen Reinmessingstücken an Oberflächengüte überlegen. Dennoch ist das Material nicht frei von Oxydhauteinwirkungen und vielen inneren Einschlüssen. Diese machen sich schon in der Schmelze bemerkbar, weil das Material beim Gießen deutlich träge ist. Die Beigabe von Magnesium ist daher kein befriedigendes Mittel, die Frage des Oxydhäutchens auf geschmolzenem Messing zu lösen.

Silizium bildet auch ein Häutchen, wahrscheinlich aus einem Silikate, und Siliziummessinge ergeben nach Mitteilungen von Vaders *(3)* außerordentlich reine Oberflächen in Kokillenabgüssen.

Der Fall Phosphor stellt insofern etwas besonderes dar, als Phosphor und sein Oxyd bei der Temperatur des geschmolzenen Messings gasförmig sind. Eine gewisse Einwirkung auf die Oberflächenbeschaffenheit muß daher vorausgesetzt werden, obgleich die Oxydation von Phosphor nicht vor der des Zinks bevorzugt ist. Messingarten mit einer so kleinen Beigabe wie 0,05% Phosphor zeigen eine wesentlich größere Zinkverdampfung als reines Messing, Aluminium- oder Siliziummessing. Dies läßt vermuten, daß das erzeugte Häutchen außerordentlich schwach ist. Die Zinkoxydbildung geschieht in staubförmiger, nicht anhaftender Art. Die wahre Natur der Veränderungen auf der luftberührten Oberfläche von geschmolzenem, phosphorhaltigen Messing ist unbekannt. Möglicherweise bildet sich eine dünne äußere Schicht gasförmigen Phosphors oder ein flüssiges Phosphat, durch welche Zinkdampf leicht entweichen und dann in Berührung mit der äußeren Luft sich entzünden kann.

Gießversuche mit phosphorhaltigem Messing in Luft zeigen, daß die volle Wirkung noch mit einem so kleinen Phosphorgehalt wie 0,04% erreicht wird. Der Strom des geschmolzenen Metalls ist auf der ganzen Strecke in eine Zinkflamme eingehüllt, aber es bildet sich kein anhaftendes Zinkhäutchen, und das entstehende Gußstück ist glatt und frei von Oberflächenfehlern (siehe Abb. 32). Eine Besonderheit phosphorhaltigen, geschmolzenen Messings ist die ausgesprochene Neigung des Materials zu platschen. Das wird der Tatsache zugeschrieben, daß die scheinbare Oberflächenspannung nicht durch ein zurückhaltendes Häutchen vermehrt wird. Der Nachteil des Platschens in der Form sollte aber aller Erwartung nach durch die Leichtigkeit wieder ausgeglichen werden, mit der das oxydfreie Metall in die Hauptmasse wieder eingeschmolzen wird.

Die vorstehenden Beobachtungen geben nur ein breiteres Bild von den wirksamen Einflüssen der beigegebenen Grundstoffe. Es ist sehr schwierig, die Stärke des Oberflächenhäutchens unmittelbar zu messen, aber gerade bei Messing kann man die günstige Tatsache benutzen, daß durch das Häutchen ein Abdampfen des Zinks vom Metall verzögert wird. Infolgedessen kann man durch einheitliches Messen der Zinkverdampfung eine verhältnismäßige Größenschätzung von den Stärkeveränderungen des Oberflächenhäutchens erhalten, die durch Beigabe anderer Grundstoffe verursacht werden. Das von den Verfassern benutzte Verfahren besteht in der Erhitzung von etwa 30 g der Legierung auf die gewünschte Temperatur in einem Röhrenofen, durch den während 30 Minuten ein geregelter Luftstrom fließt. Es wird auch Stickstoff benutzt mit einem geringen Hundertsatz Sauerstoff, um eine Atmosphäre zu schaffen, die durch einen verhältnismäßig dünnen Oxydfilm hindurch die Entwicklung von Zinkdampf erlaubt. Wasserstoff wird verwendet, um die Verdampfung des Zinks aus der Legierung bei Abwesenheit jedes Schutzhäutchens zu zeigen. Man beizt das Metall leicht nach der Erstarrung, um anhängendes Oxyd zu entfernen, dann wird es erneut gewogen. Die Ergebnisse einiger so gestalteter Versuche an 70/30 Messing sind in Zahlentafel 3 angeführt.

Wie zu erwarten war, ist die Zinkverdampfung bei 800° C bemerkenswert größer in flüssigem Messing als in festem. Das dünnere, in Stickstoff mit geringem Sauerstoffgehalt gebildete Häutchen erlaubt ein weiteres Anwachsen der Verdampfung. Doch ist der erreichte Wert viel geringer als bei der durch Erhitzung in Wasserstoff ganz vermiedenen Schutzhaut. Der Einfluß einer kleinen Menge Aluminium (0,2%) dient dazu, das Häutchen in bestimmtem Umfange zu verstärken.

Abb. 32. Oberfläche eines in Luft gegossenen Blockes aus Phosphormessing, frei von Oxydhaut. ½ natürlicher Größe.

Die Zinkverdampfung wird bei Gegenwart von Sauerstoff stets beträchtlich gemindert.

Durch weiteren Zusatz von Aluminium bis zu 2,5% wird das Oxydhäutchen genügend verstärkt, um den Zinkverlust auf ein vernachlässigbares Maß herabzudrücken, und zwar selbst dann, wenn die vorhandene Sauerstoffmenge über der Schmelze sehr gering ist. Siliziumzusatz erzielt ähnliche Ergebnisse wie bei reinem Messing. Phosphor enthaltendes geschmolzenes Messing verliert Zink in einem praktisch von der

Natur der Schmelzraumatmosphäre unabhängigen Maße. Man muß also voraussetzen, daß die Legierung ohne jegliche Bildung irgendeines zusammenhängenden Häutchens oxydiert, und dieser Umstand macht es beim Guß der Blöcke unnötig, Schutzmittel gegen die Oxydation vorzusehen. Denn die unerwünschte Hemmung des Flusses kann bei Gegenwart von Phosphor nicht eintreten.

Zahlentafel 3.

Oxydation und Zinkverlust von 70/30 Messing mit verschiedenen Zusätzen anderer Grundstoffe, 30 Minuten in Luft, Stickstoff und Wasserstoff erhitzt.

Legierung	Behandlung °C	Verlust %
70/30 Messing	800° in Luft	0,25
	1050° in Luft	1,7
	1050° in Stickstoff (+ 2% Sauerstoff)	4,7
	1050° in Wasserstoff	12,6
Aluminiummessing (0,2% Aluminium)	800° in Luft	0,27
	1050° in Luft	0,92
	1050° in Stickstoff (+ 2% Sauerstoff)	2,52
	1050° in Wassersoff mit Flußmittel	13,8
Aluminiummessing (2,5% Aluminium)	800° in Luft	0,003
	1050° in Luft	0,007
	1050° in Stickstoff (+ 2% Sauerstoff)	0,071
	1050° in Wasserstoff	15,3
Siliziummessing (2,0% Silizium)	800° in Luft	0,12
	1050° in Luft	0,67
	1050° in Stickstoff (+ 2% Sauerstoff)	6,0
	1050° in Wasserstoff	12,8
Phosphormessing (0,05% Phosphor)	800° in Luft	0,36
	1050° in Luft	15,1
	1050° in Wasserstoff	16,4

Diese Beobachtungen passen auf Messingarten, die, abgesehen von den angeführten Grundstoffen, von hoher Reinheit sind. Phosphor verhindert nicht notwendigerweise die Bildung eines Oxydhäutchens in Messing mit noch anderen Zusätzen. Wenn z. B. Phosphor und Aluminium zusammen in einem Messing vorhanden sind, so wird jede Einwirkung des Phosphors auf die Metalloberfläche durch das Aluminium verdeckt. Die Verwandtschaft von Aluminium zu Sauerstoff ist bei diesen Temperaturen um so viel höher als die des Phosphors, daß sich ein Aluminium-Phosphor-Messing genau so verhält, wie ein reines Aluminiummessing.

Die Einwirkung der Zuschläge von Aluminium und Phosphor auf die mechanischen und physikalischen Eigenschaften der Kupfer-Zinklegierungen in festem Zustande sind in den Anhängen C und D (S. 189 und 200) jeweilig mitgeteilt.

Schrifttum.

1. R. Genders und M. A. Haughton: Trans. Faraday Soc. 1924, Bd. 20, S. 124.
2. J. Chipman: Amer. Soc. Steel Treating, Preprint Nr. 13, Okt. 1933.
3. E. Vaders: J. Inst. Met., Lond. 1930, Bd. 44, S. 363.

VI. Der Metallstrom zum Block. Das Blockgefüge.

Verhältnisse in der Form während des Gießens. — Versuche über die Blockbildung.

Unter idealen Bedingungen könnte ein soeben gegossener Block aus geschmolzenem, in eine Form gefüllten Metall von gleichmäßiger Temperatur bestehen. Wäre das so, so dürfte man mit physikalischen Gesetzen den Verlauf eines irgendwie angewandten Erstarrungsvorganges verständlich machen können[1]. Nun gewähren die gebräuchlichen Gießverfahren wohl eine angenäherte gleichmäßige Verteilung der Temperatur, wenn bei ihnen durch Formen aus Sand oder aus anderen feuerfesten Materialien dem Block die Wärme nur langsam entzogen wird. Gießt man aber in Formen aus leitendem Metall, so muß bei der damit verbundenen Abschreckung das vergossene Material natürlich eine sehr unterschiedliche Temperaturverteilung aufweisen. Daraus folgt hauptsächlich, daß auch voneinander verschiedene Gießverfahren Gußstücke erzeugen, die in vielfältiger Hinsicht eine voneinander abweichende Beschaffenheit des Gefüges und der Fehlstellenverteilung zeigen. Neben den Auswirkungen der Eigenschaften des geschmolzenen Metalls selbst muß deshalb der Werdegang eines Gußstückes vom ersten in die Form fallenden Tropfen an verfolgt werden. Aus dieser Betrachtung geht auch klar hervor, welche bedeutende Rolle im Verlauf des Erstarrungsvorganges die fließende Bewegung des Metalls innerhalb der Form bilden muß. So ist das Studium der Blockbildung wahrscheinlich eine wertvolle Quelle von Erkenntnissen, die dazu dienen können, sowohl die Verfahren zu vergleichen, als auch Schlüsse auf die Bildung der Gießfehler zu ziehen.

Den Stromverlauf einer in eine Form gegossenen Flüssigkeit kann man durch absatzweises Eingießen farbiger Flüssigkeitsmengen in eine

---

[1] Solche Verhältnisse sind praktisch mit niedrig schmelzenden Metallen einschließlich Aluminium und mit Hilfe von besonders erfundenen Apparaten erreichbar. Sie sind die Grundlage für das kürzlich entwickelte R.W.R.-Gießverfahren *(1)*. Bei Legierungen mit verhältnismäßig hohem Schmelzpunkt aber sind die zu überwindenden technischen Schwierigkeiten sehr groß, und gegenwärtig ist ein solches Verfahren noch nicht industriell für Messing und viele andere der gebräuchlichen Legierungen ausführbar.

Glasform darstellen. Diese anschaulichen Verfahren sind aber in dem einen unbefriedigend, als sie den wichtigen Punkt der gleichzeitig mit dem Gießen vor sich gehenden Abkühlung außer acht lassen, selbst wenn Wachsarten oder niedrig schmelzende Metalle verwendet werden. Wie in manch anderen Fällen, so sind auch in diesem daher Versuche an dem wirklich zu studierenden Metall selbst das einzige zufriedenstellende Mittel, um zuverlässige Kenntnis zu erlangen.

Das von den Verfassern gebrauchte Verfahren *(2)* bestand in der Herstellung von Blöcken aus zwei Legierungen mit gleichem Erstarrungspunkt und gleicher Dichte, aber verschiedener Farbe. Diese Erfordernisse werden nahezu durch eine fast kupferrote Kupfer-Zink-Legierung mit 90% Kupfergehalt erfüllt, wie durch ein praktisch weißes Neusilber („nickel silver") aus 50% Kupfer, 30% Zink und 20% Nickel. Der Liquiduspunkt liegt in beiden Fällen bei 1050° C und der Soliduspunkt bei annähernd 990 bezüglich 950° C. Zwei Tiegel werden benötigt. Sie enthalten die beiden 1200° C warmen Legierungen. Über der Form hängt ein 150 mm langer Karborundumtrog oder Trichter, an dessen einem Ende eine kreisförmige Schnauze angebracht ist, durch die das Metall in die Form fließt. An jede Seite des Troges wird ein Tiegel gehalten. Zuerst wird das Messing gegossen. Das Neusilber folgt, bevor noch das letzte Messing den Trichter verläßt. So können Blöcke aus einem ununterbrochenen Metallstrahl erzeugt werden, wobei aber die den Strom bildende Legierung an jeder vorher bestimmten Stelle geändert werden kann, wenn man die Metallmengen in den beiden Tiegeln anders zueinander bemißt. Auf diese Weise können verschiedene Reihen von Gießverhältnissen, die sich mit den meisten in der Industrie gebräuchlichen decken, untersucht werden. Für jede Gruppe dieser Verhältnisse ist es ratsam, drei Blöcke anzufertigen, die beide Legierungen im Verhältnis 25:75, 50:50 und 75:25 enthalten. Die Blöcke werden dann durch einen in der Mitte geführten Längsschnitt geteilt und die Hälften durch quergeführte Schnitte wieder in acht gleiche Teile zerlegt. Durch Polieren und Ätzen der Schnittflächen werden drei Farbbereiche, rot, gelb und weiß unterscheidbar. Die gelbe und möglicherweise auch ein Teil der anstoßenden weißen Zone stellen die Mischungsbereiche der beiden flüssigen Legierungen dar. Dabei muß allerdings erwähnt werden, daß die photographische Wiedergabe von Schnitten derartig zusammengesetzter Blöcke im allgemeinen nicht befriedigt. Denn es ist recht schwierig, die verschiedenen Färbungen durch Ätzen deutlich zu machen. Die geeignetste Darstellung arbeitet mit abgestufter Bedruckung, indem die rote Legierung als schwarze Fläche, der Mischbereich punktiert bedruckt und die Gegend der weißen Legierung unbedruckt gelassen wird. Bei dieser Art der Wiedergabe ist es auch möglich, einen Schnitt durch die Mittelebene beizugeben, der dann im rechten Winkel zum ersten, den Block teilenden Längsschnitt liegt. Dieser wird an Hand der Messungen an den Längs- und Querschnitten zusammengestellt. Abb. 33 bis 37 zeigt an einer Reihe von Blöcken die Verteilung der beiden Legierungen und damit die Wirkung der veränderten Gießbedingungen, die nun folgend beschrieben und besprochen werden sollen. Alle gezeigten Blöcke wurden in gußeisernen Formen von 305 × 152 × 25 mm Größe gegossen. Die Gießgeschwindigkeit entsprach der Praxis. In der Form stieg das Metall ungefähr 25 mm in der Sekunde auf.

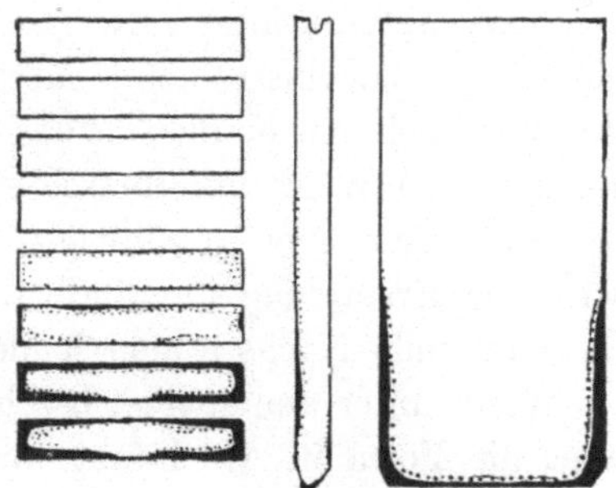

Von oben gegossen.
Form senkrecht stehend. Messing 25 %.
Einzelstrahl durch die Formmitte.

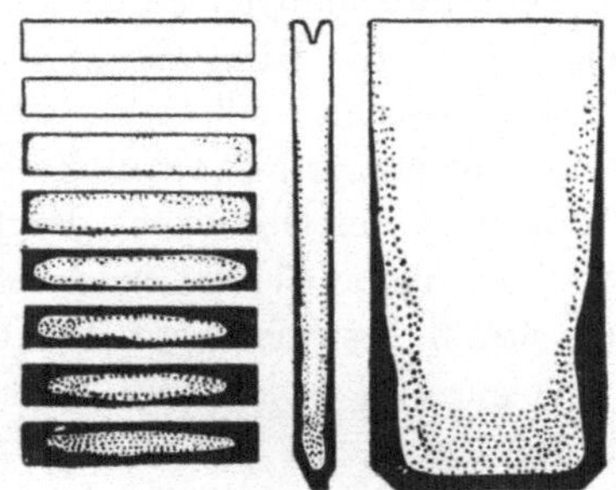

Von oben gegossen.
Form senkrecht stehend. Messing 50 %.
Einzelstrahl durch die Formmitte.

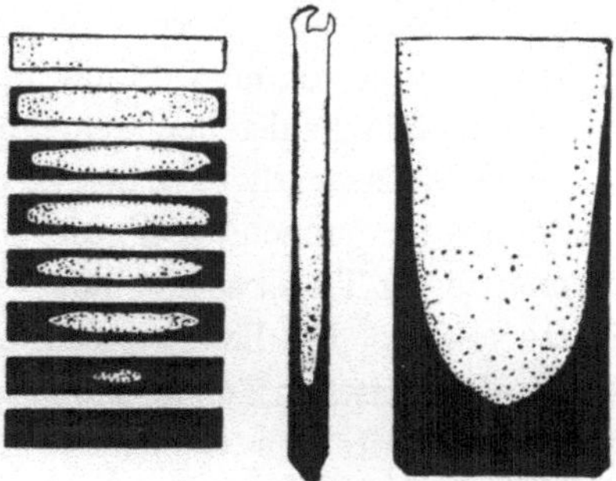

Von oben gegossen.
Form senkrecht stehend. Messing 75 %.
Einzelstrahl durch die Formmitte.

Abb. 33.

Abb. 33 zeigt in senkrechter Form gegossene Blöcke. Das Metall floß durch die Mitte der Form ohne ihre Wände zu berühren. Wenige Sekunden nach der Vollendung des Gießens war die Erstarrung voll zogen. Zusammenfassend erkennt man, wie die Strömung des Metalls innerhalb der Form eine Gestaltung des Blockes und einen Verlauf der Erstarrung erzeugt, die von den bisher gültigen Anschauungen weit abweichen. Vom etwaigen Füllen der Form mit aufeinanderfolgenden Schichten ist keine Spur zu sehen. Vielmehr fällt besonders auf, daß einfließendes Metall noch bis in die Nähe des Bodens der Form dringt, wenn diese schon zu drei Vierteln gefüllt ist, und daß Spuren der ersten eingegossenen 50% des geschmolzenen Materials an den Wänden der Form bis zu dem obersten Ende des Blockes anliegend gefunden werden.

Überblickt man den Werdegang der Blockbildung, so möchte dieser als eine ununterbrochene Verdrängung mit gleichzeitiger, heftiger Wärmeabfuhr von den Oberflächen erscheinen. Das erste in die Form einströmende Metall beginnt zu erstarren und die Temperatur der flüssigen Mittelschicht sinkt dem Erstarrungspunkt zu. Doch wird die Schicht durch den einfallenden Strahl durchspült. Das sie bisher bildende Metall drängt aufwärts und seitwärts an die Wände der Form. So kommt das einströmende Metall auf seinem Wege mit dem kühleren zur Vermischung. Kühler als der Strahl wird die neugebildete Mischung in derselben Weise mit fortschreitendem Gießen verdrängt. Sie bildet so eine rasch sich abkühlende Außenschicht oder Kruste. Dagegen wird die Erstarrung innerhalb dieser Schicht stets von neuem durch das dauernde Nachströmen heißen, flüssigen Metalls aufgehalten.

Wenn unter den soeben beschriebenen Bedingungen gegossen wird, aber die Form in Anlehnung an die Gepflogenheit der Fabriken um 15^0 gegen die Senkrechte geneigt wird, so ergibt sich die Materialverteilung nach Abb. 34. Während dabei in den Querschnitten keine großen Abweichungen gegen die frühere Versuchsgruppe auftreten, so zeigen doch die Längsschnitte, daß der Weg des an der Hinterwand herabgeflossenen Gießstrahles von einem Teil des zuletzt eingegossenen Metalls besetzt ist, und daß die Verdrängung der Flüssigkeit durch den Strahl nach der Oberfläche der Form an der Gegenseite mehr hervortritt. Bei dieser Gießart wird die Rückwand der Form dauernd durch den Strahl bestrichen, so daß bis zum Ende des Gießens an dieser Stelle nur eine kleine oder gar keine Erstarrung eintreten kann. Aber an der Gegenseite wird dem Strom kühleres Metall aus den tieferen Teilen der Form ergänzend zugeführt, und die Erstarrung vermag früher stattzufinden. Auf diese Weise wird der Block unsymmetsrich durch seine Dicke hindurch erstarren, weil die an der Vorder- und an der Rückseite der Form gelegenen Räume auf ganz verschiedene Temperaturen kommen. Somit werden dem Verlauf der Strömung zuzuschreibende Fehlstellen unsymmetrisch verteilt sein müssen.

Abb. 35 zeigt Blöcke, die wieder unter den gleichen Verhältnissen in senkrecht stehender Form gegossen wurden. Anstatt der einen Schnauze am Tiegel sorgte eine Verteilerrinne für die Metallzufuhr. Sie hatte vier auf ihre Länge verteilte schmale Löcher. In Verbindung mit großen elektrischen Schmelzanlagen war dies geschilderte Gießverfahren schon verbreitet im Gebrauch. Es ist auf Grund der Ergebnisse der ihm gewidmeten Untersuchung jetzt auch von einigen Tiegelgießereien angenommen worden. Da die Verteilung des Strahls in eine Anzahl schwächerer die Gewalt des flüssigen Metalls im ganzen mindert, kann man schon voraussagen, daß diese Methode die durch Verdrängungserscheinungen hervorgerufenen Temperaturunterschiede günstig herabsetzen muß. Durch die zusammengesetzten Blöcke in Abb. 35 wird dieser Einfluß bestätigt. Deutlich ist die viel geringere Durchspülung des geschmolzenen Metalls in der Form durch den hereinschießenden

Strahl zu sehen. Immerhin ist grundsätzlich die Art der Blockbildung die gleiche wie beim Einzelstrahl. Nur scheint die Annahme gerecht-

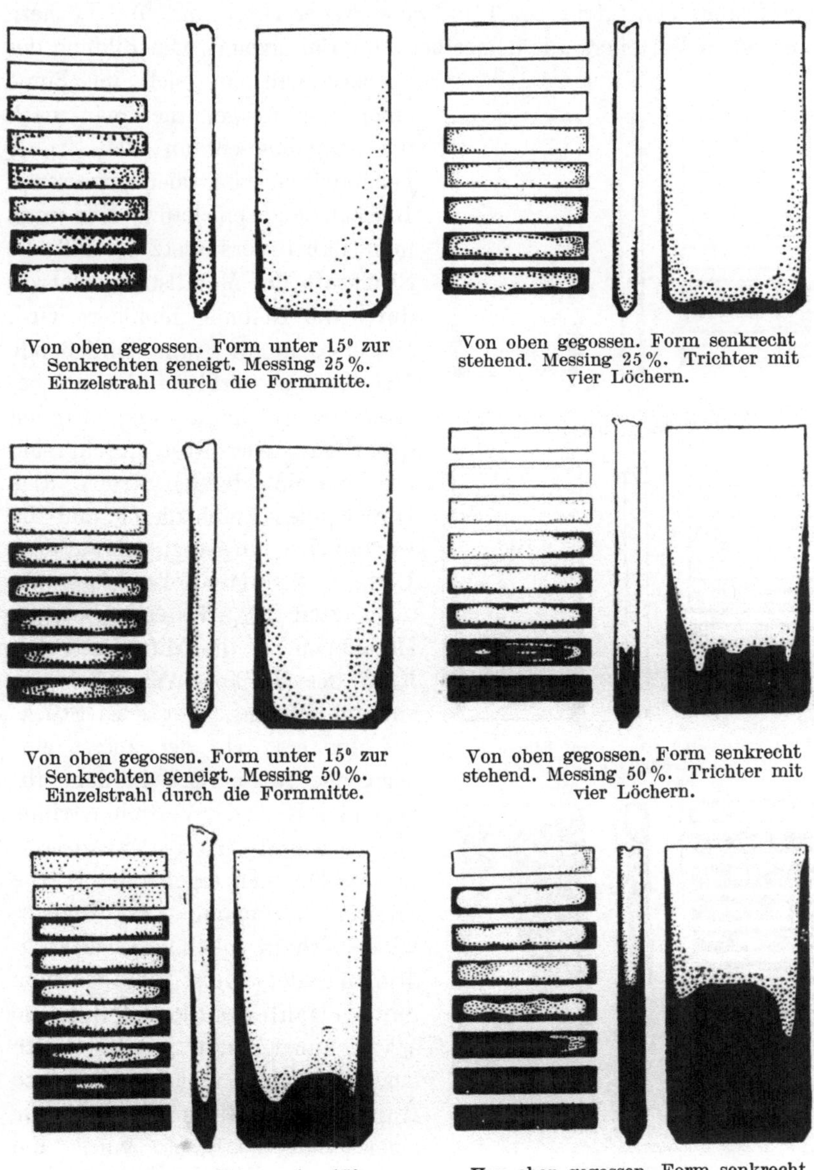

Von oben gegossen. Form unter 15° zur Senkrechten geneigt. Messing 25 %. Einzelstrahl durch die Formmitte.

Von oben gegossen. Form senkrecht stehend. Messing 25 %. Trichter mit vier Löchern.

Von oben gegossen. Form unter 15° zur Senkrechten geneigt. Messing 50 %. Einzelstrahl durch die Formmitte.

Von oben gegossen. Form senkrecht stehend. Messing 50 %. Trichter mit vier Löchern.

Von oben gegossen. Form unter 15° zur Senkrechten geneigt. Messing 75 %. Einzelstrahl durch die Formmitte.

Abb. 34

Von oben gegossen. Form senkrecht stehend. Messing 75 %. Trichter mit vier Löchern.

Abb. 35.

fertigt, daß der Erstarrungsverlauf in den unteren Lagen des Blocks nicht mehr so sehr durch die Beimischung des heißen Metalls der oberen Schichten beeinflußt wird.

Abb. 36 zeigt eine Gruppe von unten gegossener Blöcke. Sie wurden mit Hilfe eines stehenden, behelfsmäßig hergestellten Eingusses aus feuerfestem Ton („trumpet“) und eines wagerechten, mit fünf Löchern versehenen Verteilers aus demselben Material erzeugt. Die Bildung des Blockes vollzieht sich im Sinne einer Voraussage, die man nach den Ergebnissen an den früher behandelten, von oben gegossenen Blöcken machen kann. Nur muß man dabei voraussetzen, daß die Stoßkraft des Metallstromes etwas durch die Reibung gemildert wird. Die erste in die Form einfließende Metallmenge verbleibt bis zu bestimmter Stärke an den Wänden der Form. Der Rest mischt sich mit dem eintretenden Strome. Das Durchspülen durch diesen und die weitere Mischung setzt sich mit dem Fortschreiten des Gießens fort, und die letzten 25% des eingegossenen Metalls bilden die Mitte und den Kopf des Blockes. Abb. 37a zeigt ein zu langsam gegossenes Stück. Bei ihm erstarrte der zuerst eingegossene Rottombak in dem abliegenden Ende der Verteilungsrinne und verstopfte zwei der Auslauflöcher. Die sich ergebende örtliche Zusammendrängung des Stromes wirkte sich in vollständiger Durchdringung der zuerst eingegossenen unteren Hälfte des Blockes durch die später hinzugefügte zweite Hälfte aus, die zuletzt nahezu die ganze Kopfhälfte des Blockes bildete. Für einen anderen Block wurde die Verteilerrinne zum Guß von unten mit einem Schlitz anstatt mit Löchern versehen. So entstand wieder ein vereinigter, geschlossener Metallstrom bis zu dem am weitesten vom Einguß abliegenden Ende der Rinne. Abb. 37 b. Jetzt findet die Mischung zwar in weitem Ausmaß statt, aber der Oberteil der Form ist auch in diesem Falle von den letzten 50% des eingegossenen Metalls erfüllt.

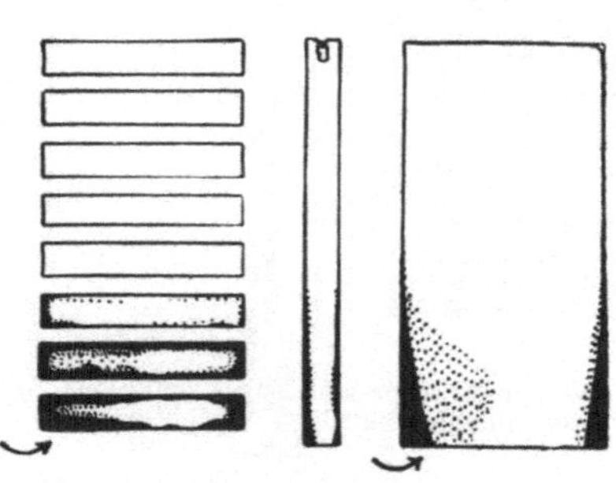
Von unten gegossen. Fünf Eingüsse. Messing 25 %.

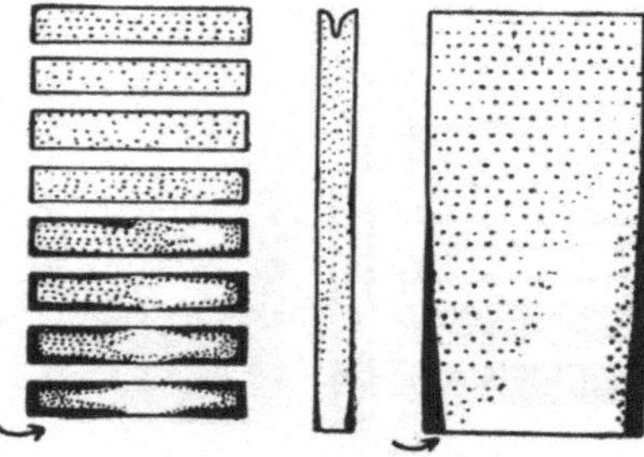
Von unten gegossen. Fünf Eingüsse. Messing 50 %.

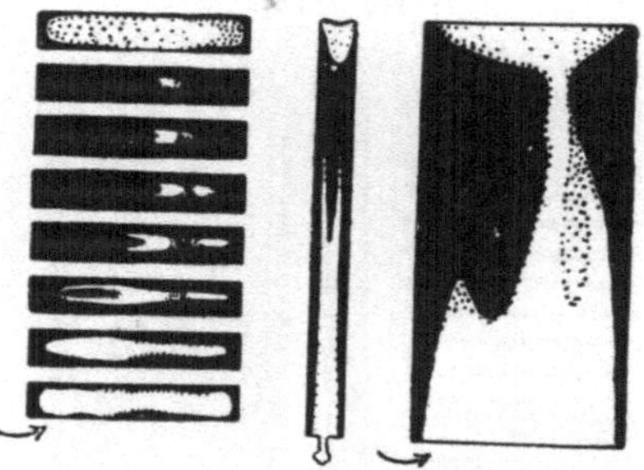
Von unten gegossen. Fünf Eingüsse. Messing 75 %.

Abb. 36.

In einem von unten gegossenen Stück steigt die Oberfläche der Flüssigkeit sanft auf, ohne daß der Strahl an die Wand der Form antrifft. Es gibt dabei kein unmittelbares nach oben Drängen des vorher eingegossenen Metalls. Unter gewissen Umständen müßte also das Gießen von unten eine größere Annäherung an Temperaturausgeglichenheit im Gußstück geben, als das gewöhnliche von oben Gießen. Im Zusammenhang damit sei jedoch, dank der aufgezeigten Ergebnisse, betont auf die Wichtigkeit richtig angelegter Eingüsse beim Gießen von unten hingewiesen.

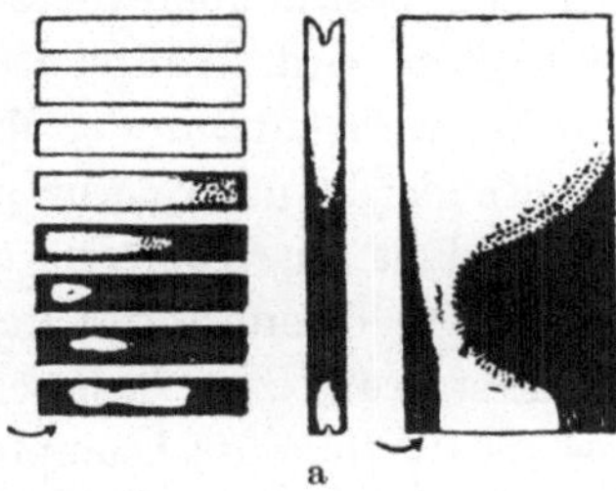

a

Von unten gegossen. Fünf Eingüsse. Messing 50%. Gießzeit 25 Sekunden. Kupfer erstarrt in dem vom Eingang abliegenden Ende der Rinne.

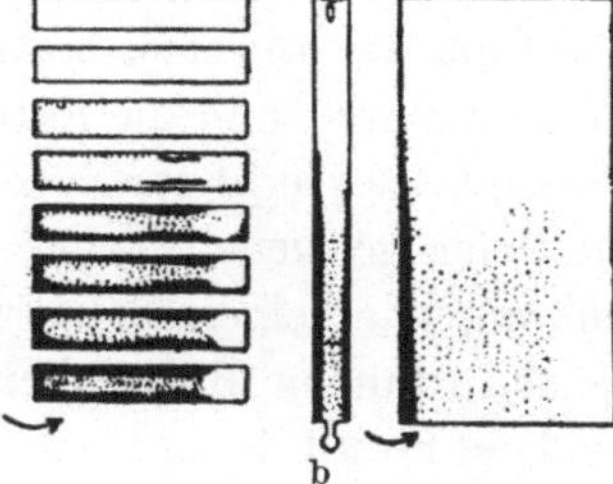

b

Von unten gegossen. Schlitzeinguß. Messing 50%.

Abb. 37.

Schrifttum.

1. Keßner: Metallwirtsch. 1932, Bd. 11, S. 583. Brit. Pat. 367615 und 377611.
2. R. Genders: J. Inst. Met., Lond. 1926, Bd. 35, S. 259.

VII. Das Erstarren des Blockes.

Schwinden. — Nachfüllen („Feeding"). — Einfluß der Gießverhältnisse auf das Entstehen von Schwindungshohlräumen. — Kristallbildung. — Einfluß der Gießverhältnisse auf das Blockgefüge. — Einwirkung des Großgefüges auf das Walzen.

Die Art und Weise, nach der eine flüssige Metallmasse erstarrt, wenn die Wärme von ihrer Oberfläche abgeführt wird, ist in großen Zügen wohl bekannt. Wie wissen auch, welchen Einfluß der Gießstrahl auf die Blockbildung ausübt. So ergibt sich eine leidlich vollständige Vorstellung vom Gießvorgang und der voraussichtlichen Beschaffenheit des festen Gußstückes, die ja von jeder einzelnen Gestaltung des Verlaufs abhängig ist.

Aus einer mit flüssigem Metall gefüllten Form wird vom Metall durch Leitung Wärme an die Form abgegeben und durch diese dann nach außen weitergeleitet. So entsteht ein Wärmegefälle. In Berührung mit der Form bildet sich infolgedessen eine feste Kruste von Metall und verdickt sich mehr und mehr, bis am Ende die Erstarrung des

Gußstückes vollendet ist. Setzt man Gleichförmigkeit der Gießbedingungen und auch der Temperatur in der Flüssigkeit voraus, so schreitet die Erstarrungsfläche gleichlaufend zu den Wänden nach innen fort. Der Erstarrungsabschluß vollzieht sich dann in der Mitte zwischen entgegengesetzten Abkühlungsflächen. Während der Abkühlung tritt sowohl in der Flüssigkeit wie in dem festen Metall Schwinden ein. Dazu kommt bei den meisten Legierungen noch eine weitere und größere Schrumpfung, die den Übergang vom flüssigen zum festen Zustand begleitet[1]. Innerhalb der anfänglich gebildeten festen Außenschicht vollzieht sich demnach eine bestimmbare Gesamtschrumpfung des Blockes, bevor er endgültig fest wird. Während also der Block erstarrt, und die feste Schicht dicker wird, muß in der Mitte der Flüssigkeitsspiegel fortdauernd sinken. Er gleicht das Schrumpfen in den tiefer gelegenen Teilen aus und hinterläßt am Kopfende eine Einsenkung oder einen Saugtrichter („pipe"). In einem abgeschreckt gegossenen, dünnen Block greift aber die Erstarrung zum Teil schon während der Formfüllung Platz. Infolgedessen ist die Gesamtschrumpfung geringer, als unter den vorher geschilderten Bedingungen, und die Erstarrungsflächen laufen nicht genau gleich mit den Umrissen des Blockes. Läßt man dabei die Bildung einer Saugstelle zu, so erstreckt sich diese wahrscheinlich dennoch tief in den Block hinein. Sie ergibt sich aus der schließlichen Schrumpfung der letzten in der Mitte noch stehenden Flüssigkeitssäule. Beim Gießen aus dem Tiegel wird der Spiegel des Gußstückes während der Erstarrung durch Nachgießen („feeding") eben erhalten, und so das Saugen vermieden. Wird zu absatzweise

[1] Die gesamte Volumenänderung, die ein Metall oder eine Legierung beim Abkühlen vom flüssigen Zustande bis zur atmosphärischen Temperatur erleidet, ist das Ergebnis dreier getrennter Wirkungen: a) Die Volumenänderung der Flüssigkeit bis zur Erreichung der Erstarrungstemperatur, b) die Volumenänderung während der Erstarrung und c) die Volumenänderung des festen Körpers vom Punkte des Erstarrtseins bis zur Erlangung der Raumtemperatur. Für Metalle und Legierungen von niedrigem Schmelzpunkt sind genaue Werte für diese Veränderungen gewonnen worden *(1)*, dagegen ist es schwer, zuverlässige Angaben für Legierungen zu erhalten, die hohe Temperaturen erfordern. Nach den Veröffentlichungen von Bornemann und Sauerwald *(2)*, Endo *(3)*, Saeger und Ash *(4)* und Pilling und Kihlgren *(5)*, sollte die Schwindung des flüssigen Kupfers und kupferreicher Legierungen bei Abkühlung um 100° C bis zum Schmelzpunkt herab räumlich 1,5% betragen, und der Schwund während des Erstarrens 4 bis 5 Raumhundertstel. Das dann folgende Schwinden des festen Körpers während der Abkühlung bis auf die Raumtemperatur kann 5 bis 6% betragen, entsprechend einem linearen Schwund von gegen 2%. In der gewöhnlichen Gießereipraxis werden bei der Modellanfertigung 1 bis 2% für den linearen Gußschwund in der Form zugegeben. Selbstverständlich richtet sich diese Zahl nicht allein nach der zu vergießenden Legierung, sondern auch nach Größe und Gestalt des Gußstückes.

nachgegossen, so kann das zugegebene Metall möglicherweise nicht bis zum Boden der Saugstelle vordringen und hinterläßt dann eine versteckte Höhlung. Deshalb besteht die verläßlichste Art des Nachfüllens im Aufsetzen eines vorgewärmten Speisekopfes oder Einsatzes aus feuerfestem Ton („feeding head oder dozzle") von passendem Fassungsvermögen oben auf die Form vor dem Gießen. Dieser wird beim Gießen bis an den Rand gefüllt und bildet einen Flüssigkeitsbehälter, aus welchem das Gußstück selbsttätig und reichlich entsprechend der Schrumpfung nachgespeist wird. Dieses Vorgehen wird jetzt immer mehr in den Metallgießereien übernommen und ist dort sehr wertvoll, wo große Mengen Metall mit maschinellen Einrichtungen vergossen werden.

Bei der gewöhnlichen Sorte von Walzblöcken ist aber ein vollständiges Aufspeisen fast unausführbar. Die schwache, zuletzt erstarrende, in der Mitte gelegene Metallsäule kann selten vollständig gesund sein, weil der nach unten gerichtete, durch das Schwinden in seinen letzten Zügen veranlaßte Metallfluß durch Brücken („bridges") aus erstarrtem Material behindert wird, die sich quer vor ihn legen, und weil die Erstarrung unter solchen Brücken kleine, als Schrumpfungshohlräume bekannte Löcher beläßt. Es folgt daraus, daß Schrumpfungshohlräume häufiger in langen, dünnen als in kurzen, dicken Blöcken vorkommen, wobei auch die Beschaffenheit der Legierung einen beträchtlichen Einfluß hat. Dies wurde an den in Abschnitt III beschriebenen Blöcken gesehen, die den Einfluß des verschiedenen Kupfergehaltes auf die Mängel in gegossenem Messing erläuterten.

Schwindungshohlräume oder Lunker sind überall dort im Metall vorhanden, wo dieses ohne Zusammenhang mit einem weiteren Zufluß von Flüssigkeit erstarrt. Sie können nur vermieden werden durch in einer Richtung fortschreitende Erstarrung, wie z. B. vom Boden an nach aufwärts. Diese Bedingungen brauchen bei einem Block nur für die in der Mitte gelegene Flüssigkeitssäule erfüllt zu werden. Weil in einem flachen Block die Erstarrung zum Teil mit dem Eingießen fortschreitet, so dürfte wenigstens eine Annäherung an eine nach oben verlaufende Erstarrung erwartet werden. Tatsächlich ist der Vorgang der Blockbildung aber so, daß diese Wirkung in der Praxis gewöhnlich nicht erzielt werden kann.

Der Aufbau des Blockes durch den flüssigen Strahl schließt, wie beschrieben, einen Verdrängungsvorgang in sich ein, der notwendigerweise die Temperaturunterschiede innerhalb des flüssigen Stückes beeinflußt. In einem von oben mit Einzelstrahl gegossenen Block wird das zuerst einfließende Metall rasch durch die Form abgekühlt. Ein Teil wird fest, aber der Rest wird fortschreitend durch den ankommenden Strahl gegen die Wände der Form gedrängt. Während dieses Verdrängens schreitet der Abkühlungsvorgang immer weiter, und die Erstarrung der Oberflächenschicht des Blockes muß daher sehr schnell vor sich gehen. Dagegen hält die dauernde Durchspülung der Mitte mit heißer Flüssigkeit den Vollzug der Erstarrung so lange auf, bis die Form voll aufgefüllt ist. Das Gußstück besteht dann aus einer Außenschale mit einem Flüssigkeitskern, der überall — roh genommen — gleichmäßige Temperatur aufweist und infolgedessen nicht frei von Schrumpfungshohlräumen festwerden kann. Dabei mögen Bewegungen des Metallstromes von vorn nach hinten oder von einer Seite der Form nach der anderen sich örtlich in das Wachstum der festen Schale einmischen und entsprechende Unregelmäßigkeiten in der Stärke derselben verursachen, so daß die Neigung zur Brückenbildung vergrößert wird. Sollte sich eine Brücke nahe des Blockkopfes bilden, so würde ein großer Schwindungshohlraum gleich einer Nebensaugstelle entstehen. Das kommt aber selten vor, weil die Brückenbildung an dieser Stelle durch das nachgespeiste heiße Metall verhütet wird[1].

Somit erinnern die Verhältnisse in einem von oben gegossenen flachen Block nur angenähert an eine vom Boden aufwärts gerichtete Erstarrung und begünstigen die Bildung von Schwindungshohlräumen, wenn auch nicht gerade von Haupt- oder Nebenlunkern. Auf der anderen Seite bildet das Nachspeisen einen vorteilhaften Ausgleich. Es hilft die Schwindungshohlräume zu mindern und sichert die Fehlerfreiheit des Blockkopfes. Mengenmäßige Bestimmungen des Einflusses veränderter Gießbedingungen und des Nachspeisens werden ausführlich in einem späteren Abschnitt mitgeteilt.

Die Anwendung einer zwischengeschalteten Verteilerrinne („pouring bowl“) oder eines Trichters mit mehreren Ausflußlöchern schwächt den Anprall des Metallstrahles beim Eintritt in die Form. Denn diese vermindern seine Fallhöhe und seinen Querschnitt. Daher wird das Durchspülen der bereits eingegossenen Flüssigkeit entsprechend geringer, die Erstarrung des unteren Teils des Blockes weniger gehemmt und der ganze Block wird fehlerfreier.

Der Einfluß des Gießstrahles besitzt noch eine andere wichtige Seite. Dringt ein Strahl in die Oberfläche einer Flüssigkeit ein, so erzeugt er bekanntlich in Abhängigkeit von bestimmten Eigenschaften der Flüssigkeit eine Injektorwirkung. Dabei werden Blasen der umgebenden Atmosphäre unter die Oberfläche der Flüssigkeit gerissen. Das kann man in einfachster Weise sehen, wenn man irgendeine beliebige Flüssigkeit aus einem Gefäß in ein anderes gießt. Dabei scheint das

[1] Wenn man die Bildung solcher Lunker zuläßt, so enthalten sie gegebenenfalls reduzierende Gase, wie z. B. Kohlenwasserstoffe aus der Gashülle der Form. Sie werden als wahrscheinliche Ursache der großen Blasen angesehen, von denen auf Seite 38 ein Beispiel gegeben ist.

Gas sofort wieder zur Oberfläche zu steigen. Das tun aber nur die großen Blasen, die kleinen kommen entsprechend ihrer Größe mit geringerer Geschwindigkeit hoch. Man muß sich daher beim Gießen eines Messingblockes vor Augen stellen, welche bedeutende Menge Blasen das in der Form aufsteigende Metall aus deren Gashülle enthalten wird. Durch das tiefe Eindringen des Strahles werden einige Blasen am Ende des Gusses bis auf den Boden des Blockes hinuntergeschleppt worden sein. Während nun die großen schnell aufsteigen, so können sehr kleine Blasen nur verhältnismäßig langsam entweichen und sind in Gefahr, von dem schnell erstarrenden Metall eingeschlossen zu werden. Dies gibt eine befriedigende Erklärung für das häufige Vorkommen zahlreicher, sehr kleiner Löcher in von oben gegossenen Blöcken, wie das ja auch schon früher (auf S. 26) beschrieben worden ist. Sie sind die unmittelbare Ursache für das Auftreten der kleinen Oberflächenblasen beim über Kreuz Walzen von Messingblech und können bis auf die Wirkung des Gießstrahles während der Bildung des flüssigen Blockes zurückverfolgt werden. Weil jede Maßnahme nützlich sein muß, die eine Durchspülung des Blockes hemmt, bedeutet von diesem Gesichtspunkt aus die Anwendung eines Gießtrichters trotz der nicht zu großen Wirkung eine Verbesserung im einzelnen.

Das Gießen von unten wird das Saugen vermindern, weil wahrscheinlich die gesamte Flüssigkeit am Ende des Gusses von einer gleichmäßigen, verhältnismäßig niedrigen Temperatur sein wird. Infolgedessen wird der eintretende Schrumpf der Flüssigkeit gering sein. Man kann auch unter geeigneten Verhältnissen durch Nachgießen vom Boden wie vom Kopfende des Blockes aus dem Saugen bis zu einiger Tiefe beikommen. Das sanfte Aufsteigen des flüssigen Metalls in Berührung mit der Form ist ein hervorstechender Zug des Gießens von unten und führt zur Vervollkommnung der Oberflächengüte des Blockes. Es kann also von von unten gegossenen, mit besonders vorsichtig vor Injektorwirkung am Einguß behüteten Blöcken vorausgesagt werden, daß sie keine kleinen Gasblasen enthalten und auch beim über Kreuz Walzen zu Blech frei von Blasenbildungen sein werden. Das Gießen von unten wird weitgehend in der Stahlgießerei benutzt. Teils liegt dies an seinen metallurgischen Vorteilen, teils dient es als wirtschaftliches Mittel, um eine große Metallmenge unter Beherrschung des Vorganges zu vergießen. Seine Anwendung in der Messingfabrikation und die dort auftretenden Schwierigkeiten werden später behandelt werden.

Das während des Übergangs vom flüssigen zum festen Zustand gebildete Kristallgefüge verschafft eine Aufzeichnung, gleich einer Urkunde, von der Gesamtwirkung aller Erstarrungsbedingungen. Das Kristallgefüge bei Metallen und Legierungen im allgemeinen und die darin durch Veränderung von Temperatur und Zusammensetzung hervorgerufenen Wechselerscheinungen werden in Anhang B über die Zusammensetzung und die Dichte des Industriemessings auf S. 177 mitgeteilt.

Meistens macht es die Größe der Urkristalle oder Dendriten in den Blöcken möglich, ausgedehnte Gefügeflächen zu sehen. Geätzte Schnitte decken das Großgefüge auf und bilden zusammen mit irgendwelchen Hohlräumen eine wertvolle Auskunftsquelle. Diese Art, durch Veränderung in den Gußverhältnissen sich ergebende Erscheinungen zu studieren, ist schon sehr weitgehend angewandt worden. Auf einem großen Betrag solcher experimentellen Tätigkeit beruht der heute erreichte hohe Stand des Stahlgießens. Aber in dem umfangreicheren Gebiet der Nichteisenmetallkunde lassen sich die Ergebnisse der zahlreich veröffentlichten Sonderforschungen nur unter mancherlei Schwierigkeiten zusammenfassen. Denn man hat hier zu viele Möglichkeiten in Rechnung zu ziehen. Bei allen Stoffen, die beim Erstarren kristallisieren, mögen dieselben Kräfte am Werke sein. Aber die Unterschiede zwischen Metallen und Legierungen bereiten doch in wichtigen Merkmalen, wie z. B. im Schmelzpunkt und Erstarrungsbereich erhebliche Schwierigkeiten in der Ausdeutung des Blockgefüges. Beim Sandguß gewährt die Form einen hohen Grad von Wärmeisolierung und vereinfacht dadurch die Erstarrungsbedingungen beträchtlich. Dagegen kühlen die dünnen Flachgüsse in Kokillen schnell ab und zeigen deshalb ein verwickeltes Großgefüge.

Die Kristallisation eines Metalles aus dem flüssigen Zustand ist nur dann möglich, wenn ein gewisses Maß der Unterkühlung, also ein Sinken der Temperatur unter den Erstarrungspunkt erreicht worden ist. Der Wechsel vom flüssigen zum festen Zustand vollzieht sich innerhalb eines bestimmten Unterkühlungsgebietes. Er tritt aber nur dann ein, wenn eine Spur des Körpers in festem Zustande oder ein mechanischer Stoß ihn einleiten. Den Bereich der Umwandlung nennt man das metastabile Gebiet. Unterhalb seiner unteren Grenze kann Erstarrung von selbst ohne festen Keim eintreten. Hier liegt das labile Gebiet. Es finden sich im Großgefüge der Metalle und Legierungen zwei Kristallarten. Die eine ist von langgezogener Gestalt und wird durch nacheinanderfolgende Anlagerung festen Materials an die Kristalle gebildet, aus denen die Oberfläche des festgewordenen Teils der sich abkühlenden Masse besteht. Die andere Art ist von annähernd gleichachsiger (polyedrischer) Form und baut sich auf unabhängige, in der Mitte schwimmende Kerne auf. Das Anwachsen einer festen, die abkühlende Flüssigkeit umschließenden Kruste oder Schale erfordert deshalb einen äußerst geringen Grad der Unterkühlung im metastabilen Bereiche. Dagegen muß zur Bildung gleichachsiger, unabhängiger Kristalle eine von zwei Bedingungen erfüllt sein: Entweder muß die weitere Unterkühlung gleich anfänglich bis in den labilen Bereich fallen, oder die Kristallisation muß durch Impfung mit festen Teilchen oder durch Stoß während der Unterkühlung im metastabilen Bereich eingeleitet werden. Unter den beim Einfließen eines Metalls während des Gießens gegenwärtigen Verhältnissen kann die Entstehung gleichachsiger Kristalle weitgehend durch den Erstarrungstemperaturbereich der Legierung beherrscht werden. Wo ein solcher Bereich besteht, wie z. B. beim 70/30 Messing, können unabhängige, gleichachsige Kristalle augenscheinlich auf beide

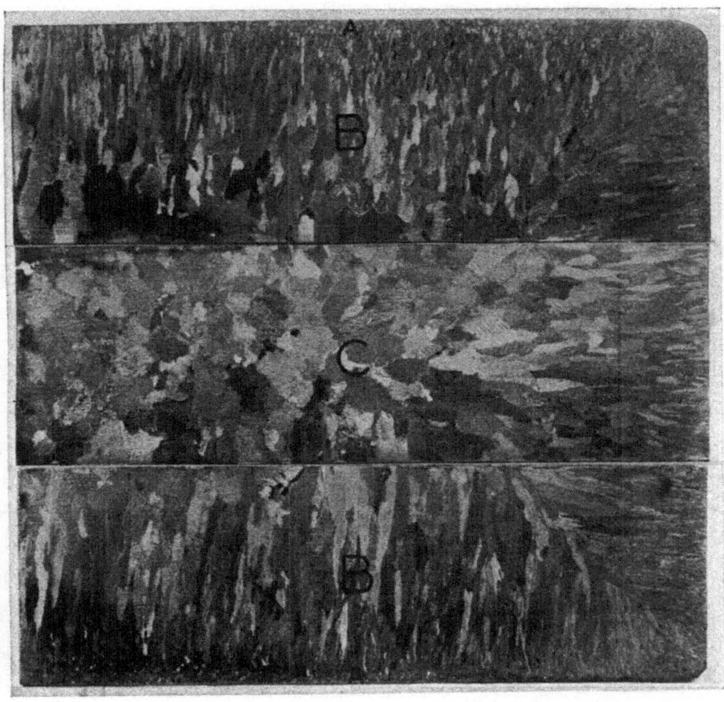

Abb. 38. Schnitt durch einen Messingblock mit den verschiedenen Arten der Kristallbildung. $^2/_3$ natürlicher Größe.

Arten gebildet werden. Wo aber die Erstarrung nur bei einer festen Temperatur (wie in reinem Metall und in 60/40 Messing) erfolgt, kann die Bildung nur durch Impfung mit festen Teilchen in der Flüssigkeit und unter besonderen Umständen durch die Einwirkung eines mechanischen Stoßes hervorgerufen werden.

In Abb. 38 zeigt ein Schnitt durch einen Messingblock die verschiedenen Arten der Kristallbildung. Wenn die Form mit flüssigem Metall gefüllt ist, dann bilden sich zuerst kleine Kristalle (A) in Berührung mit ihr. Dann wachsen weitere Kristalle (B) ungefähr rechtwinklig zur Oberfläche nach innen. Solange als das Innere des Blockes vollständig flüssig bleibt, wachsen sie nach der Mitte zu weiter, und weil jeder seitlich von anderen, gleichen Kristallen eingeengt ist, so bekommen sie eine säulenförmige Gestalt. Sie können sich so bis zur Blockmitte erstrecken, oder ihr Weiterwachsen kann durch die Bildung freier Kristalle (C) im Innern der Flüssigkeit begrenzt werden.

Das Verhältnis von Säulen- oder Stengelkristallen und von freien Kristallen zueinander in einem großen, sich langsam abkühlenden Stahlblock gibt ganz klare Auskunft über die Anfangstemperatur und die Abkühlungsgeschwindigkeit. Diese letztere wieder wird durch die Temperatur, die Abmessungen und die Eigenschaften der Form bestimmt. Werden Blöcke in gußeisernen Formen gegossen, so verläuft das Temperaturgefälle steil von der Mitte nach den Außenseiten des Blockes. Infolgedessen bilden sich in gewissem Maße Stengelkristalle, die nur dann ausbleiben, wenn die Gießtemperatur dem Liquiduspunkt (der oberen Grenze des Erstarrungsbereichs der Legierung) sehr nahe liegt. Je höher die Gießtemperatur ist, desto steiler ist die Temperaturkurve und desto größer die Tiefe, bis zu der sich die Stengelkristalle erstrecken. Kranke Stellen in Stahlblöcken, die eng mit dem Großgefüge zusammenhängen, bestehen aus unregelmäßig gestalteten, zwischen den Kristallen liegenden Hohlräumen, die auf Schrumpfung beruhen und aus Schwächungsebenen, die durch Erstarrung tief schmelzender Unreinheiten zwischen den Kristallen entstehen. Sie kommen auch in den diagonal verlaufenden Fugen vor, die sich da bilden, wo aus angrenzenden Formwänden Kristalle herauswachsen und im Winkel gegeneinanderlaufen. Schließlich finden sie sich auch auf den am Boden des Blockes sich bildenden Pyramidenflächen. Das am meisten erwünschte Großgefüge in Stahl besteht nun anerkanntermaßen aus gleichachsigen (freien) Kristallen. Deshalb wird häufig die tiefstmögliche Gießtemperatur benutzt. Dies geschieht besonders für einige legierte Stähle, deren Gußblöcke beim Abkühlen zum Reißen entlang diagonaler Flächen besonders neigen.

Nimmt man an, daß die Erstarrung in gleicher Art und Weise von allen Metallen befolgt wird, so möchte man voraussetzen, daß auch die an großen Stahlblöcken gewonnenen Ergebnisse ohne weiteres auf die Handelsblöcke der Nichteisenlegierungen übertragen werden könnten. Das ist aber nur bis zu einem gewissen Maße der Fall und zwar wegen der geringeren Größe und der infolgedessen höheren Erstarrungsgeschwindigkeit der abgeschreckten Blöcke bei Nichteisenlegierungen, und ferner wegen des starken Einflusses der Metallströmung in der Form auf die Kristallisation. Besonders in dünnen Gußstücken werden örtliche Unterschiede in den Zuständen während des Gießens, die sich bei großen Massen ausgleichen, als bleibende Gefügeunterschiede festgehalten.

Die in der Industrie verwendeten Messingsorten und viele andere Nichteisenlegierungen werden normalerweise bei einer Temperatur vergossen, die nicht übermäßig über dem Schmelzpunkt liegt. Wenn eine dünne Masse von 70/30 Messing von einer Anfangstemperatur von über 1100^0 C ruhig und schnell erstarren könnte, so müßte sie fast gänzlich aus Stengelkristallen bestehen, die sich von jeder Wand nach der Mitte des Blockes zu erstrecken. Wird hoch erhitztes Metall langsam — und mit geringster Wirbelung der Flüssigkeit innerhalb der Form — gegossen, so wird das gleiche Ergebnis erzielt. Beim gewöhnlichen Gießverfahren aber bewirkt das Durchspülen des flüssigen Blockes durch den Metallstrahl eine Wachstumshemmung der Stengelkristalle. Diese Kristalle trennt bei Vollendung des Gusses eine Flüssigkeitsschicht, die schon während des Gießens fast bis zum Erstarrungspunkt abgekühlt wurde. Zu gleicher Zeit mögen in ihr feste, vom oberen Blockende abgespülte oder von der inneren Oberfläche der fest gewordenen Schale abgetrennte Teilchen vorhanden sein. Infolgedessen liegt das Bestreben zur Kristallisation von unabhängigen Kernen aus durch die ganze Mittelschicht vor. Es entstehen gleichachsige Kristalle und mit ihnen eine ganze Menge Fehlstellen zwischen diesen Kristallen. Denn die Schwindungshohlräume, die sich an jeder Kristallgrenze bilden, haben keinen Zugang zur Flüssigkeit, außer wenn sie nahe am Kopfende des Blockes liegen.

Kleine Schwindungshohlräume sind somit eine unvermeidliche Begleiterscheinung bei der Bildung gleichachsiger Kristalle. Überall wo Metall so erstarrte, treten sie als schwammige Zone („sponginess") auf. Stengelkristalle, welche notwendigerweise während ihrer ganzen Wachstumszeit in Berührung mit der Flüssigkeit bleiben, sind entsprechend frei von Schwindungshohlräumen. Nur wenn der Block ganz und gar aus Stengelkristallen besteht, trifft dies nicht zu, weil dann die Mittelschicht infolge der Brückenbildung ungesund sein kann.

Mit einem Verteilungstrichter gegossene Blöcke besitzen meistens ein stärkeres Stengelkristallgefüge als solche mit einem einzigen Strahl gegossene. Sie verdanken es dem geringeren Maße der Durchspülung, und Hand in Hand mit ihm wächst die Dichte.

Die Durchwirbelung ist einer der beherrschenden Einflüsse bei der Blockbildung. Wird daher ein Block in eine flache Form gegossen, die mit einem vergasenden Materiale ausgestrichen ist, so könnte der Gedanke entstehen, daß der zusätzliche Einfluß der Durchwirbelung mit dessen Gasen beträchtlich sein müsse. Der Gegenstand wird im X. Abschnitt wieder aufgegriffen, wo auch andere Eigenschaften der Formenausstriche behandelt werden.

Erstarrt eine Legierung über einen Temperaturbereich, so beeinflußt auch dessen Ausdehnung das Gefüge in ganz erheblichem Umfange.

70/30 Messing besitzt einen verhältnismäßig großen Erstarrungsbereich. Ein Block daraus kann zum Teil aus gleichachsigen Kristallen bestehen, während ein unter gleichartigen Verhältnissen gegossener Messingblock von 60/40 Messing, das einen sehr geringen solchen Bereich aufweist, überwiegend Stengelkristalle enthält. Das erklärt sich folgendermaßen: Erstarrt eine Legierung in einem Temperaturbereiche, so sind die Kristalle nicht einheitlich in ihrer Zusammensetzung. Vielmehr wechselt diese mit der Temperatur während des Festwerdens. In der flüssigen Mittelsäule eines erstarrenden, hoch überhitzt gegossenen Blockes, oder auch innerhalb eines ganzen, nur knapp über der Erstarrungstemperatur gegossenen Blockes kann das Temperaturgefälle als gering angenommen werden. Weil die Diffusion gegenüber der Schnelligkeit der Abkühlung verhältnismäßig langsam vor sich geht, ist eine den wachsenden Kristallen anliegende Flüssigkeitsschicht verschiedener Zusammensetzung und tieferen Erstarrungspunktes zu erwarten, während in der benachbarten Gegend ein genügendes Maß von Unterkühlung besteht, um freie Kristallisation zu erlauben. Je größer der Temperaturbereich zwischen der Liquidus- und der Soliduslinie (dem Beginn also und dem Ende des Festwerdens) ist, desto größer ist die Möglichkeit, daß solche Verhältnisse eintreten. Der Betrag an gleichachsigen Kristallen in einem Block steht demnach auch in Beziehung zum Erstarrungstemperaturbereich der Legierung. Beim Festwerden einer Legierung mit einem solchen Bereich zwischen Liquidus und Solidus wird festes Material bei allen Temperaturen in diesem Bereiche abgesetzt. Man könnte es sich so vorstellen, daß die Erstarrungsoberfläche zwischen den beiden, die Liquidus- und Solidustemperaturen darstellenden Isothermen liegt. Um diese Bedingungen zu erfüllen, müßte die Erstarrungsfläche höchstwahrscheinlich gezackt ausfallen, wie nebenstehend in Abb. 39 gezeigt wird. Die Zacken wären dann Dendriten, die bis zu einer von der Steilheit des Temperaturgefälles abhängigen Tiefe in die Flüssigkeit hineinragten. An den Oberflächen der Dendriten läge dann die Flüssigkeitsschicht von niedrigerem Erstarrungspunkt an. Unter diesen Umständen ist kein Hindernis für die Bildung freier Kerne zwischen den Zacken (an der Stelle A in der Skizze) zu sehen, die dann wieder zu einem Gitter von gleichachsigen Kristallen Veranlassung geben. Im großen

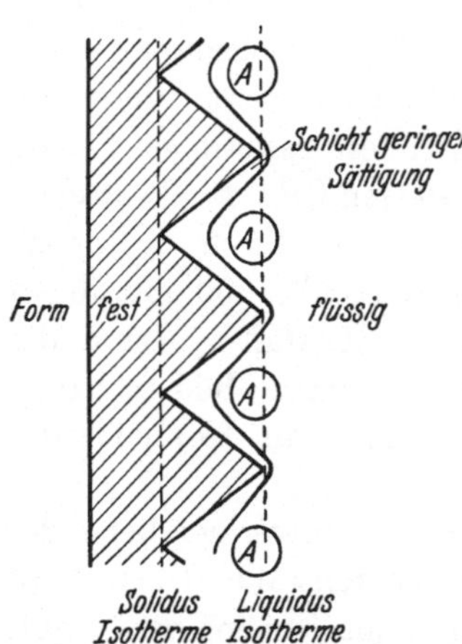

Abb. 39. Schaubilddarstellung der Erstarrungsoberfläche einer Legierung mit Erstarrungsbereich.

und ganzen sind die vereinten Bedingungen einem teils aus Stengel, teils aus „freien“ gleichachsigen Kristallen bestehenden Gefüge dort günstig, wo eine Legierung über einem Temperaturbereich erstarrt.

Wenn das Metall keinen Erstarrungsbereich hat, müßte seine Erstarrungsoberfläche glatt bleiben, weil die Isothermen der Liquidus- und der Solidustemperaturen zusammenfallen. Da gibt es keine Unterschiede in der Kristallzusammensetzung und infolgedessen auch keine Flüssigkeitsschicht von niedrigerem Erstarrungspunkte. Die Bildung von unabhängigen Kristallisationsmittelpunkten würde dann gänzlich von dem labilen Zustande abhängen, der erst in einigem Abstande von der Grenze des festgewordenen Materials erreicht werden müßte. Das würde ein umgekehrtes Temperaturgefälle in der Flüssigkeit voraussetzen, das nicht vorkommen kann. Wenn ein Block aus reinem Metall oder einer Legierung mit sehr kleinem Erstarrungsbereich in einer wärmeleitenden Form unter den dabei erzielbaren Verhältnissen gegossen, ungestört fest werden kann, so sollte man meinen, daß einzig Stengelgefüge erhaltbar wäre. Trotzdem finden sich in Wirklichkeit auch gleichachsige Gefüge in diesen Metallen. Das kann in solchen Fällen nur vorkommen, wenn das Wachsen gleichachsiger Kristalle durch Impfung der unterkühlten Flüssigkeit mit festen Kristallteilchen eingeleitet worden ist. Sollte ein Verfahren angegeben werden, das unter gewöhnlichen Verhältnissen ein vorwiegend gleichachsiges Gefüge in reinen Metallen oder in Legierungen kleinen Erstarrungstemperaturbereiches, wie 60/40 Messing oder 90/10 Aluminiumbronze sichert, so müßte es sich auf die Abkühlungsgeschwindigkeit stützen. Diese wiederum hängt von der Beschaffenheit der verwendeten Form ab. Bei Formen aus feuerfestem Materiale würde das Verfahren im Gießen bei Schmelzpunkttemperatur des Metalles bestehen. Die nötigen festen Kerne bilden sich dann beim Guß. Wo gleichachsiges Gefüge sich in Blöcken aus wärmeleitenden Formen findet, sind die Kristallisationskerne, wie beschrieben, während der Durchwirbelung beim Gießen entstanden. Teile der festen Oberfläche wurden abgespült und verspritztes Metall in die Masse zurückgeschwemmt. Tiefe Gießtemperatur müßte demnach ein erprobtes Mittel sein, um das gewünschte, gleichachsige Gefüge zu erhalten. Dabei wäre die Gießgeschwindigkeit so zu bemessen, daß sie die nötige Wirbelung zusammen mit richtiger Wärmeableitung durch die Form ergibt.

Die schon besprochene Natur der Grenzschicht zwischen Fest und Flüssig in einem erstarrenden Block und ihre Beziehung zum Erstarrungsbereich der Legierung, kann an Versuchsblöcken ersichtlich nachgeprüft werden, aus denen der Flüssigkeitskern nach teilweiser Erstarrung der Masse entfernt worden ist. Eine günstige Art und Weise, solche ausgelaufene oder abgezapfte („bled“) Flachmessingblöcke anzufertigen, besteht darin, sie von unten zu gießen und den senkrechten Einguß gleich nach der Füllung der Form hinwegzureißen, um dem noch flüssigen Teil des Blockes schnellen Abfluß zu ermöglichen. Sie ist zufriedenstellender, als einen von oben gegossenen Block umzukippen, weil beim Auslaufen des Blockes beide Oberflächen des Hohlraumes gleichzeitig von der Flüssigkeit frei werden. Längsschnitte solcher abgezapfter Blöcke von 70/30 und 60/40 Messing sind in Abb. 40 und 41 und die Erstarrungsflächen in Abb. 42 und 43 zu sehen. Der Block aus 70/30 Messing zeigt teilweise ein gleichachsiges Großgefüge. Nur vereinzelt ist der Hohlraum durch hervorschießende Dendriten überbrückt. Im oberen Teil ist er von unregelmäßiger Oberfläche. Letztere enthält eine ganze Anzahl wohlgeformter Oktaeder, und zarte, scharf zugespitzte Dendriten schießen aus ihr heraus. Im Block aus 60/40 Messing besteht das Gefüge ganz aus Stengelkristallen ohne Überbrückung des Hohlraumes. Die Hohlraumoberfläche ist nach dem Aussehen, wie nach dem Gefühl vollständig glatt. Scheinbar stimmt also oben gegebene Anweisung zum Erlangen freier Kristallisation insoweit mit dem Versuchsergebnis überein, als sie die Verhältnisse an der Grenze des festen und flüssigen Zustandes betrifft.

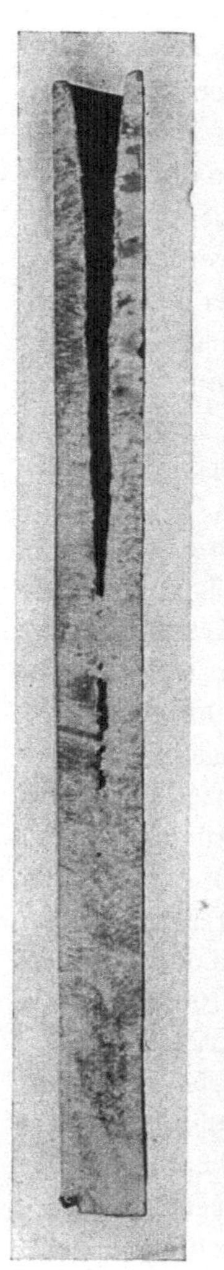

Abb. 40. Längsschnitt eines „ausgelaufenen" Blockes von 70/30 Messing.

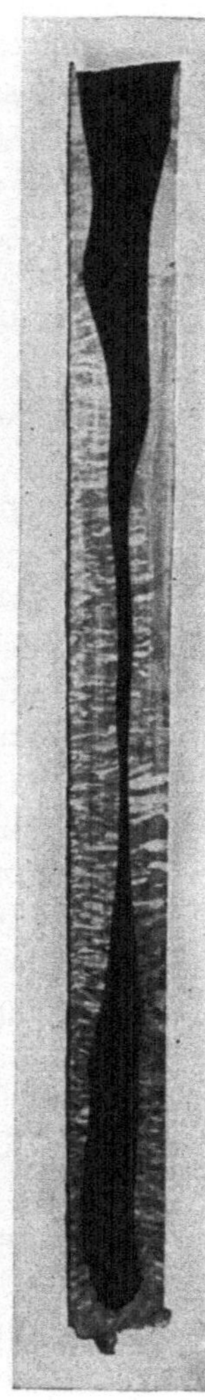

Abb. 41. Längsschnitt eines „ausgelaufenen" Blockes von 60/40 Messing.

Vom praktischen Gesichtspunkt aus ist es wichtig, wie sich das Gepräge der von außen nach der Mitte zu in einem Block fortschreitenden Erstarrungsoberfläche mit dem Vorkommen von Schwindungshohlräumen verbindet. Je größer der Erstarrungsbereich der Legierung ist, desto leichter kann der Mittelraum überbrückt werden und zu Hohlräumen in irgendwelcher Gestalt des Blockes Anlaß geben.

Im Vorstehenden wurde das allgemeine Bild der Erstarrung und der Einfluß der Materialeigenschaften umrissen. Es zeigt, welche Einflüsse die Fehlerlosigkeit des Blockes fördern und welche sie erniedrigen. Zusammengefaßt möchte es erscheinen, daß eine rechteckige Form, der Einzelstrahl und eine über einen Temperaturbereich erstarrende Legierung auf die Vergrößerung der Lunker und auf den Einschluß kleiner Gasblasen hinwirken, während Strahlteilung, Minderung der Strahlfallhöhe, angemessenes Nachspeisen und eine Legierung mit kleinem Erstarrungsbereich die Dichte des Gußstückes fördern. Die Richtung, in der andere Einflüsse wirksam sind, könnte auch abgeleitet werden. Aber ihre wirkliche Reichweite kann nur durch im Versuch bestimmte Zahlenangaben ermittelt werden. Eine Zergliederung des Gießvorganges nach diesen Richtlinien bringen die späteren Abschnitte.

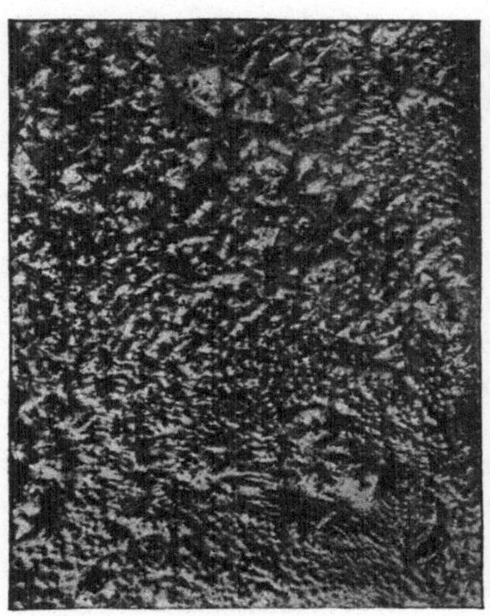

Abb. 42. Innenfläche eines „ausgelaufenen" Blockes von 70/30 Messing. Natürliche Größe.

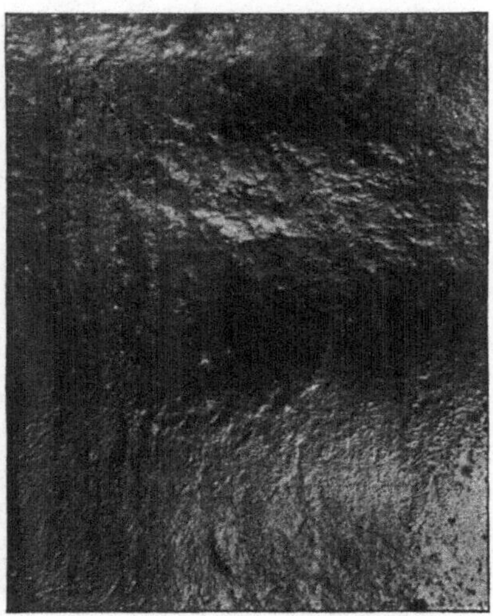

Abb. 43. Innenfläche eines „ausgelaufenen" Blockes von 60/40 Messing. Natürliche Größe.

Bei bestimmten Legierungen besteht ein wichtiger Zusammenhang zwischen dem Großgefüge des gegossenen Blockes und seinem Verhalten beim Walzen. Besonders fällt dies bei einigen Aluminiumlegierungen und bei Zink auf. Messingsorten von über 60/40 Zusammensetzung, und möglicherweise auch anderen Legierungsgrades, neigen gelegentlich zur Spaltung in der Mitte und zum Aufreißen bis auf die Mittelschicht während des Walzens. Aber in gewöhnlichen Messingblöcken zeigen sich beim Kaltwalzen keine dem Gefüge zuzuschreibenden Wirkungen. Der Grund hierfür liegt wahrscheinlich in der verhältnismäßigen Reinheit des Handelsmessings und in der Außenschicht sehr feiner Kristalle, die für Messing, das nach dem gewöhnlichen Verfahren gegossen wurde, kennzeichnend ist. Wo gelegentlich Oberflächenrisse gefunden werden, mögen diese gewöhnlich auf Zugrisse („pull cracks") in der Oberfläche des Blockes zurückzuführen sein, die entstehen, wenn Metall in Risse oder Einsenkungen abgenützter Formen gerät. Dies führt zu Zugspannungsrissen in der Haut („skin") des Gußstückes, während das Metall dicht unter dem Erstarrungspunkt durch den Bereich geringster Festigkeit hindurchgeht.

Das Warmwalzen weist wahrscheinlich günstigere Bedingungen für den wachsenden Einfluß kleiner Unreinigkeitsmengen auf. Mit seiner Entwicklung gewinnt deshalb die Einwirkung des Blockgefüges größere Wichtigkeit. Möglicherweise werden Forschungen auf diesem Gebiete noch zu Verbesserungen in der Verarbeitung führen.

Selbst bei kaltgewalztem Messing können sich neue Fragestellungen ergeben, wenn das bisher geübte Verfahren geändert wird. So sind im Laufe dieser Untersuchung über Messingguß verschiedene Stücke von Handelsblöcken und von Versuchsmaterial gefunden worden, an denen beim Walzen zu Flachmessing die Oberfläche einriß. Die Fehlstelle ist dabei durch feine Oberflächenrisse gekennzeichnet, die sich in den ersten Walzstichen entwickeln. Bei hohen Abwalzgraden bilden sich Überwalzungen nach Art der Spritzer.

Im Verlauf der Versuche wurden einige Blöcke aus reinem 70/30 Messing und mit einer chemisch trägen Formenschmiere gegossen. Sie wurden vor dem Glühen erstmalig und in einem Stich um 20% abgewalzt. Nach dem Glühen war das Flachmessing mit einer großen Anzahl von Oberflächenrissen bedeckt. Diese Risse müssen allein durch die Behandlung beim Walzen entstanden sein. Denn dreißig Blöcke desselben Einsatzes, die auf die Hälfte ihrer ursprünglichen Stärke in drei Stichen herunter gewalzt wurden, wiesen keine solchen Fehlstellen auf. Weitere fünfzehn aus demselben Material gegossene und nur um 30% in drei Stichen abgewalzte Blöcke zeigten Risse beim Walzen nach dem Glühen.

Zahlentafel 4 enthält eine Anzahl Versuchsergebnisse zur Ermittelung der Rißursache. Man kann aus ihnen schließen, daß der Grad der einzelnen Stiche ohne nachteiligen Einfluß ist. Die Ursache der Mangelhaftigkeit ist der geringe Gesamtwalzgrad (30%). Denn gleiche, um 50% vor dem ersten Ausglühen ausgewalzte Blöcke waren frei von Rissen.

Die besagten Blöcke enthielten 0,02—0,03% Blei. Zwei aus verschiedenem Rohmaterial angefertigte Blöcke mit 0,015% Bleigehalt, zeigten nach anfänglichem Abwalzen um 30% keine Risse bei der nächsten Stufe des Walzens. Die Risse scheinen somit Glührisse, veranlaßt durch die Anwesenheit von 0,02—0,03% Blei zusammen mit inneren, durch das ungenügende Herunterwalzen erzeugten Spannungen zu sein.

Aluminiummessingblöcke mit Stengelkristallgefüge neigen in gleicher Weise zum Rissigwerden, und ihr Verhalten scheint ebenso durch die Art, wie sie gewalzt werden, beeinflußt zu sein. Blöcke mit 0,2—2% Aluminiumgehalt reißen stark, wenn das Abwalzen nur eine Stärkenverminderung von 30—35% ausmacht, während 50% merkbar geringeres Reißen verursacht. Es besteht die Möglichkeit, daß Aluminiumoxydteilchen in diesen Fällen in den Kristallgrenzen vorhanden sind und Glührisse verursachen.

Zahlentafel 4.

Einfluß der Walzverhältnisse auf die Rißbildung an 70/30 Messingversuchsblöcken.

Art des geprüften Blockes	Versuchs-Nr.	% der Abwalzung	Anzahl der Durchgänge beim Abwalzen	Bleigehalt der Blöcke	Ausfall des gewalzten Flachmessings
Halbblock von	1	50	25	0,02 —	Gut
305×152×25 mm	1	50	3	0,03 %	Gut
305×178×25 mm	31	50	3	„	Gut
Gleiches	15	20	1	„	Alle gerissen
Material, gleiche Gießverhältnisse	15	20	3	„	Alle gerissen
305×178×25 mm	11	40	4	„	Gut
Ganze Blöcke	1	40	4	„	Gut
Halbblöcke von	4	50	2	„	Gut
305×178×25 mm	4	50	3	„	Gut
	4	50	5	„	Gut
	4	50	8	„	Gut
Halbblöcke von	1	30	1	„	Gerissen
305×178×25 mm	1	30	2	„	Gerissen
	1	20	1	„	Gerissen
	1	20	2	„	Gerissen
Halbblöcke von	5	30	3	0,024 %	Alle gerissen
305×178×25 mm	5	50	3	„	Alle gut
Halbblöcke von	2	30	3	0,015 %	Gut
305×178×25 mm	2	50	3	„	Gut

Die an allen den stark stenglig kristallisierten Blöcken beobachteten Glührisse entstanden wohl durch gemeinsame Wirkung dieses Gefüges und der vorhandenen Unreinheiten, die sich an den Korngrenzen absonderten und dort zu Ebenen geringer Festigkeit führten. Je gröber das Korn und je gerader die Grenzen verlaufen, um so ernstlicher sind die Folgen. Eine ausführliche Erforschung der Frage ist notwendig. Denn die hier angeführten Beobachtungen können nur vorläufige sein und nur den starken Einfluß des Großgefüges auf das Verhalten beim Walzen dartun. Das eine ist aber klar, daß Fehlstellen an Flachmessing unabhängig von der Mängelfreiheit des Blockes erzeugt werden können, und es besteht geringer Zweifel, daß solche gelegentlich eine Quelle von Verdruß in der Fabrikation werden können.

Schrifttum.

1. W. E. Goodrich: Trans. Faraday Soc. 1929, Bd. 25, S. 531–69.
2. Bornemann und Sauerwald: Z. Metallkde. 1922, Bd. 14, S. 145, 254.
3. Endo: J. Inst. Met., Lond. 1923, Bd. 30, S. 121.
4. Saeger und Ash: Bur. Stand. J. Res. 1932, Bd. 8, S. 37.
5. N. B. Pilling und T. E. Kihlgren: Trans. Amer. Foundrym. Ass. 1932, Bd. 40, S. 201–16.
6. R. Genders: J. Inst. Met., Lond. 1926, Bd. 35, S. 259.

VIII. Zergliederung des Gießvorganges. Gießtemperatur, Gießgeschwindigkeit und Nachspeisen.

Veränderliche Einflüsse. — Versuchsverfahren. — Fehlerlosigkeit und Gefüge der Versuchsblöcke.

Die wesentliche Grundlage für weitere Forschungsarbeit bildet die aus der Prüfung ausgewählten Guß- und Walzmaterials, aus der Eigenart des geschmolzenen Metalls und aus den Hauptzügen der Erstarrung erlangte Kenntnis. Sie ist zugleich ein wertvolles Mittel, die Weite des Versuchsfeldes einzuengen. Ohne eine bis ins einzelne gehende Kenntnis des Gießvorganges ist es nur möglich, grundsätzliche Behandlungsvorschriften ohne Angaben von Maßen und Zahlen zu geben, und in gleicher Weise können auch nur die Ursachen erklärt werden, durch welche sich bestimmte Fehlstellen bilden. Wenn auch der gebräuchliche Messingguß auf den ersten Blick einfach erscheinen mag, so ist er in Wirklichkeit doch äußerst verwickelt. Denn eine ganze Anzahl veränderlicher Einflüsse üben eine vereinte Einwirkung auf das sich bildende Gußstück aus, und allgemeine Erklärungen haben deshalb nur einen begrenzten praktischen Wert. Die hauptsächlich in Frage kommenden dieser veränderlichen Einflüsse sind in folgendem aufgeführt und werden in passender Gruppierung in den kommenden Abschnitten behandelt werden:

Gießtemperatur.
Gießgeschwindigkeit.
Nachspeisen zum Schwundausgleich.
Blockgestalt und Stellung der Abkühlfläche.
Stärkeabmessung des Blockes.
Temperatur und Wandstärke der Form.
Formenausstrich.
Stellung der Form während des Gießens.
Gasgehalt des Messings.

Um den gesonderten Einfluß jedes dieser wirksamen Glieder des Vorganges zu bestimmen, sind feste Versuchsverhältnisse notwendig, die Abänderung einer Veränderlichen ohne Störung der übrigen gestatten. Nachfolgend soll der beschrittene Weg zu solchen Versuchsbedingungen beschrieben werden. Sie sind hauptsächlich beim Guß verschiedener Reihen von 70/30 Messingblöcken in Anwendung gekommen.

Man mußte dabei auch noch die Möglichkeit ins Auge fassen, daß die Abmessungen der Form den wechselseitigen Einfluß der verschiedenen Bestimmungsgrößen erheblich berührten. Damit erlangen die Maße der zu den Versuchen bestimmten Einheitsformen größte Bedeutung. Meist benutzt man bei Untersuchungen über die Eigenschaften von Legierungen allzu kleine Blöcke. Dann können die auf Gießereifragen übertragenen Ergebnisse sehr in die Irre führen. Es ist der Mühe wert, genügend große Formen anzuwenden, um die erlangten grundsätzlichen Aufschlüsse auf einen größeren Maßstab übertragen zu können. Dabei dürfen die Formen ohne weiteres kleiner sein, als in der Fabrikation sonst üblich ist. Die von den Verfassern gewöhnlich benutzte Blockstärke war 25 mm, entspricht also den Blöcken größeren Maßstabes, während die Breite mit 152 mm und die Länge mit 305 mm ungefähr die halben Werte der Gießereiblöcke erreichten. Ein Gußstück von 305 × 152 × 25 mm aus 70/30 Messing hat ein Gewicht von etwa 10 kg. Solche Größenverhältnisse sind geeigneter, als wenn man die Werksblöcke durch geometrisch ähnliche nachgeahmt hätte, weil die Stärke als wichtigste Abmessung die Eigenschaften des Blockes hauptsächlich beeinflußt, und weil die Einwirkung veränderter Breite oder Länge leichter auf andere Arten von Formen zu übertragen ist. Man konnte daher von einer angemessenen, mittleren Blockgröße richtungweisende Ergebnisse erwarten, die zeigen, wie jede Veränderliche wirkt. So sollen Schlußfolgerungen erzielt werden, die in der Herstellungspraxis leicht bestätigt und angewendet werden können.

Die gußeisernen Formen waren innen glatt gearbeitet und von 32 mm Wandstärke. Sie standen senkrecht, um die Berührung des Strahles mit den Wänden der Form einzuschränken. Schwankungen in der Gießgeschwindigkeit vermied eine Verteilerrinne oder ein Trichter, zu deren Herstellung Karborundumzement in einen dreieckig gestalteten Trog[1] eingeformt wurde. Ihn hielt dicht über der Öffnung der Form ein beweglicher, schmiedeeiserner Rahmen. Die Weite des Schlitzes oder der Löcher im Boden des Trichters bestimmte die Gießgeschwindigkeit.

Als Gießpfanne diente ein schmiedeeisernes, mit feuerfestem Ton ausgekleidetes Blechgefäß mit einer Öffnung am Boden. Dadurch wurden unnötige Fehler vermieden, die aus einschlüpfender Schlacke oder Krätze

[1] Aus Karborundum geformte Trichter sind fest und widerstehen gut der Abnutzung.

entstehen. Ihr Mundstück bestand aus Karborundum und der Stopfen aus einer „Salamander"-Stange[2]. Die Mundstücköffnung von 13 mm im Durchmesser entspricht der Größe der gebrauchten Form. Die Pfanne wird über der Form in einem Rahmen gehalten und vor dem Gießen im Innern angewärmt. Weitere Vorteile dieser Gießpfanne sind

Abb. 44. Vorrichtung für Versuchsgüsse von 70/30 Messing unter überwachten Verhältnissen.

die mühelose Regelbarkeit des Strahles und ein verhältnismäßig bequemes Arbeiten für den Handhabenden. Der Wärmeverlust in der Pfanne könnte die ernstesten Einwendungen gegen die Übernahme der Erkenntnisse dieses Verfahrens in die Praxis verursachen. Doch kann er durch Verstärkung der Auskleidung verringert werden, die bewirkt, daß Höhe und Durchmesser der Metallsäule gleich werden und das

[2] „Salamander", ein Handelsname, Mischung von feuerfestem Ton und Graphit.

Metall keine seichte Lache bildet. Bei dünner Auskleidung fällt sofort nach dem Eingießen des Metalls in die Pfanne seine Temperatur von der im Tiegel erreichten Höhe rasch ab. Wenn auch später das Absinken langsamer vor sich geht, so kann doch der Gesamtverlust bis zum Gießen immerhin 100° C erreichen. Wird aber eine dicke Auskleidung vor dem Guß noch durch eine Gasflamme zu heller Rotglut erhitzt, so braucht der gesamte Temperaturverlust gegen 30° C nicht zu überschreiten. Das Urbild des benutzten Apparates ist in Abb. 44 zu sehen. Erwünscht ist die Verwendung elektrolytisch gewonnenen Kupfers und Zinks mit etwa 25% Blockabfällen der gleichen Reinheit. Wo einheitliche Verhältnisse notwendig sind, ist ein Glaszuschlag zur Schmelze geeignet.

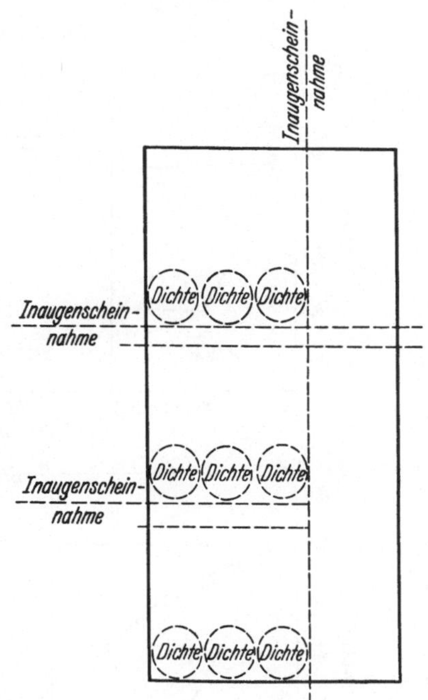

Abb. 45. Verfahren zur Zerlegung der Versuchsblöcke für die Prüfung.

Das geschmolzene Metall wurde bei einer Temperatur von 1100° C nach rohem Abschäumen sofort in die durch Gas oder die vorhergehende Beschickung vorgewärmte Pfanne gegossen. Zuerst wurde die Temperatur gemessen, dann der Stopfen gehoben, und der Strahl so geregelt, daß die Verteilungsrinne immer voll blieb. Die Form war in jedem Falle bis auf eine Temperatur von etwas über 100° C vorgewärmt und mit Graphit oder Ruß ausgestrichen worden, um das Anhaften des Messings zu vermeiden. Alle Arten Formenauskleidungen, die durch Verbrennen oder Gasbildung das Ergebnis stören könnten, sind unerwünscht, wo die Einwirkung anderer Einflüsse studiert werden soll. Die Oberflächen der ohne eine solche Auskleidung der Form gegossenen Blöcke sind demnach der Oxydation ausgesetzt, und das mag beim Vergleichen mit handelsüblichem Material ein Mangel sein, aber bei den Untersuchungen läßt gerade das die möglichen Mängel erkennen. Ein vergasbarer Ausstrich würde sie ganz oder teilweise abändern oder vermeiden.

Der Temperaturbereich, in welchem 70/30 Messing zweckmäßig gegossen wird, beträgt nicht mehr als 200° C, in der Fabrikpraxis sogar nur gegen 50 bis 100° C. Eine Reihe von Blöcken kann somit hinreichend den Einfluß schwankender Gießtemperaturen zeigen. So wurden einige bei 1100° C, also über der höchstens in der Praxis gebrauchten Tem-

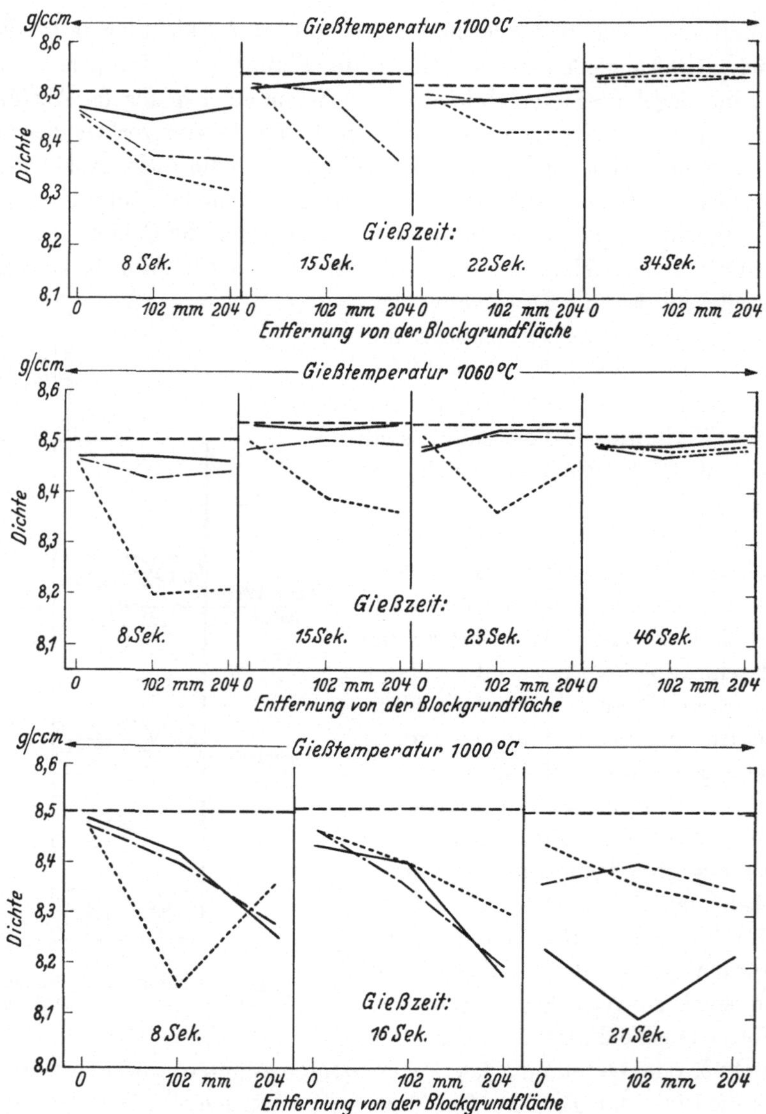

Abb. 46. Dichte nicht nachgespeister, bei verschiedenen Temperaturen und mit verschiedenen Geschwindigkeiten gegossener 70/30 Messingblöcke.

– – – – Dichte des gesunden Messings gleicher Zusammensetzung.
.... Mitte des Blockes.
——— Seite des Blockes.
–·–·– Zwischen Mitte und Seite des Blockes.

peratur, andere bei 1060° C, also bei einer mittleren, wahrscheinlich geringfügig unter dem üblichen Durchschnitt liegenden Temperatur und endlich einige bei der ungewöhnlich niedrigen von 1000° C gegossen. Für eine Form von 305 × 152 × 25 mm Inhalt schwankt die geeignete

Gießgeschwindigkeit zwischen 38 mm/sec. Aufsteiggeschwindigkeit des Metalles in der Form (also über dem Werksdurchschnitt) und einer sehr geringen Geschwindigkeit von etwa 8 mm/sec.

Abb. 45 gibt eine Darstellung davon, wie die Blöcke für die Untersuchung zerlegt wurden. Der Einfluß von Änderungen in der Gießtemperatur und der Gießgeschwindigkeit auf die Menge der Fehlstellen und auf deren Verteilung in 305 × 152 × 25 mm 70/30 Messingblöcken ist in den Dichtekurven in Abb. 46 und in deren Zusammensetzung in Abb. 47 dargestellt. Die Werte für die Fehlstellen, ausgedrückt durch

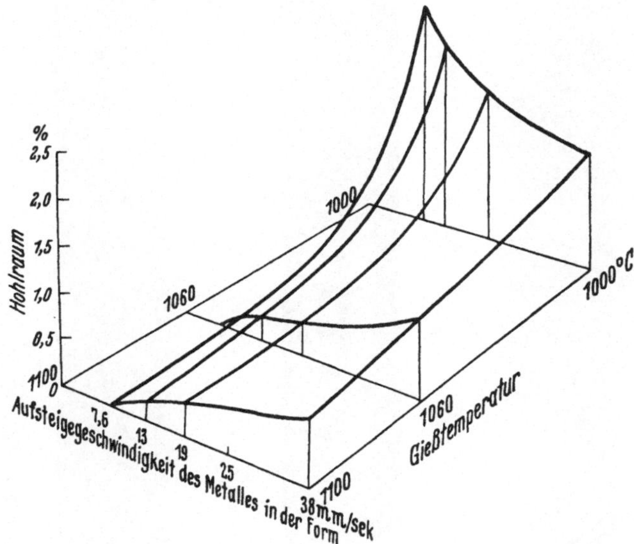

Abb. 47. Einwirkung der Gießgeschwindigkeit und der Gießtemperaturen auf den Betrag an Fehlstellen innerhalb der Blöcke.

das prozentuale Volumen der Hohlräume, schließen dabei den Sauglunker am Kopfe des Blockes nicht ein. Sie wurden aus den Dichten von Zylindern bestimmt, die aus jedem Block an verschiedenen Stellen ausgeschnitten worden waren (siehe Abb. 45). Schnitte von bestimmten Blöcken zeigt Abb. 48. Sie lassen den Einfluß der verschiedenen Gießtemperaturen und Gießgeschwindigkeiten ersehen.

Folgende, hauptsächliche Schlüsse können nun aus den Versuchsergebnissen gezogen werden.

Bei einer Gießtemperatur von 1060° C oder darüber nimmt die Fehlerhaftigkeit des Blockes mit dem Sinken der Gießgeschwindigkeit ab. (Siehe Abb. 48a und b). Denn dicht hinter dem Flüssigkeitsspiegel steigt bei niedriger Gießgeschwindigkeit eine Ebene vollständiger Erstarrung auf, und die Volumenverluste durch Schwund werden in der Mitte fortdauernd durch das unmittelbar darüberliegende flüssige

a) Hohe Gießtemperatur und hohe Gießgeschwindigkeit.

b) Hohe Gießtemperatur und geringe Gießgeschwindigkeit.

c) Niedrige Gießtemperatur und hohe Gießgeschwindigkeit.

Abb. 48. Geätzte Längsschnitte von 70/30 Messingblöcken, die den Einfluß veränderter Gießtemperatur und Gießgeschwindigkeit zeigen.

Metall ausgeglichen. Für das Aufsteigen des Metalls in der Form ist also eine geringe Gießgeschwindigkeit von 8 bis 10 mm/sec. notwendig, um innere Gesundheit zu sichern[1].

Mit einer sehr niedrigen Gießtemperatur (1000° C) wird der Block sowohl bei größerer als auch bei geringerer Gießgeschwindigkeit fehlerhaft, und zwar scheint mit der Abnahme der Gießgeschwindigkeit die Undichtheit zu wachsen. Dies hat seine Ursache in der Bildung einer besonderen Art von Fehlstellen, die sich von den Schwindungshohlräumen unterscheiden. Sie entstehen aus dem Einfangen der Luftblasen bei schneller Erstarrung des Metalls. Sie sind aber, wie Abb. 49 zeigt, von wesentlich üblerem Gepräge als Schwindungshohlräume. Sie sind gewöhnlich größer, kommen häufig nahe der Blockoberfläche vor und

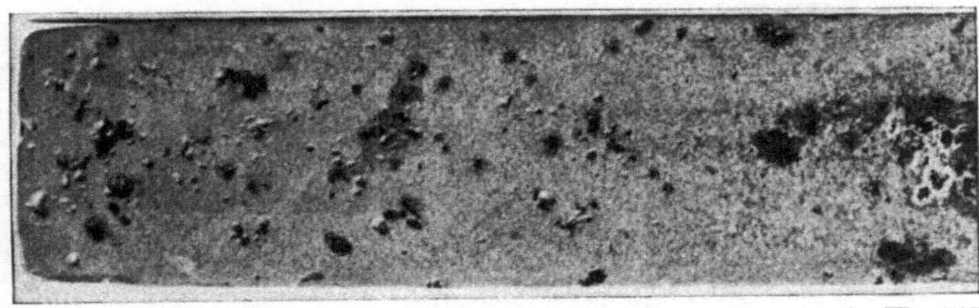

Abb. 49. Durch eingefangene Gase verschuldete Hohlräume in einem mit niederer Gießtemperatur gegossenen 70/30 Messingblock. Natürliche Größe.

führen beim Walzen unvermeidlich zu spritzerhaltigem („spilly") und faserigen („badly laminated") Walzmessing und auch zum Auftreten von Blasen bei späterer Verformung wie z. B. beim Drücken.

Bei der Erstarrung eines flachen, bei hoher Temperatur und mit großer Geschwindigkeit gegossenen 70/30 Messingblockes wird die Mitte durch Kristalle überbrückt, die von den Seitenwänden aus sich entgegenwachsen. Diese Stelle des Blockes hemmt dadurch den Durchgang des geschmolzenen Metalls, und es müssen sich Schwindungshohlräume bilden. Bei geringerer Gießgeschwindigkeit vermindern sich diese. Zu gleicher Zeit erlaubt die hohe Temperatur des Metalls der meisten in das Bad hineingerissenen Luft aufzusteigen und aus ihm zu entweichen. Eine hohe Gießtemperatur und langsames Gießen gibt viel bessere Verhältnisse, als eine niedrige Gießtemperatur bei beliebiger Gießgeschwindigkeit.

Der Gefügebau ließ sich aus dem verschiedenen Zusammenwirken von Wirbelung (Gießgeschwindigkeit) und Erstarrungsgeschwindigkeit (Gießtemperatur) voraussagen. Bei hoher Gießtemperatur und großer Gießgeschwindigkeit bewirkt die Durchflutung mit dem heißen Strahl gleichachsige Kristalle im Mittelgebiet über einen großen Teil der ganzen

[1] Eine geringe Gießgeschwindigkeit ist jedoch nachteilig für die Oberflächengüte.

Blocklänge. Sie sind von einer Zone von Stengelkristallen und einer dünnen Außenschicht feinkristallinen, schnell erstarrten Metalls umschlossen. Ein Senken der Gießgeschwindigkeit ruft geringere Durchflutung hervor und erhöht damit die Neigung zur Stengelkristallbildung. Bei einer geringen Gießtemperatur bringt das Vorhandensein fester, in der Flüssigkeit schwebender Teilchen die Bildung feiner, gleichachsiger Kristalle hervor.

Gute Oberflächenbeschaffenheit ist nur durch rasches Gießen bei hoher Temperatur sicher zu erhalten. Mit abnehmender Gießgeschwindigkeit oder mit sinkender Gießtemperatur wird die Oberfläche fehlerhafter. Kann Oxydation eintreten, so werden unter außergewöhnlichen

Zahlentafel 5.

Einfluß des Nachspeisens auf die Fehlerlosigkeit der 305 × 152 × 25 mm großen, mit verschiedenen Geschwindigkeiten gegossenen 70/30 Messingblöcke. Gießtemperatur 1100° C.

Gieß-zeit/sec.	Kupfer-gehalt %	Größter Dichte-wert g/ccm	Dichte des ganzen Blockes g/ccm	Durch-schnitts-dichte der Zylinder g/ccm	% Hohlraum errechnet aus der Dichte des ganzen Blockes	% Hohlraum errechnet aus dem Durchschnitt der Zylinder	% Hohlraum in ungespeisten, sonst gleichartig gegossenen Blöcken. Durchschnitt der Zylinder
1	70,5	8,515	8,437	8,440	0,92	0,88	—
7	69,6	8,503	8,449	8,456	60,4	0,55	0,93
12	71,3	8,525	8,479	8,505	0,54	0,24	—
15	70,6	8,516	8,466	8,502	0,58	0,17	0,69
22	70,8	8,520	8,483	8,504	0,44	0,18	0,44
34	69,7	8,505	8,435	8,494	0,82	0,13	0,15

Verhältnissen, also niederer Gießtemperatur und niederer Gießgeschwindigkeit, Fehlstellen von seltener Größe erzeugt. Sie bestehen in tiefen Falten und halb anhaftenden Teilen verspritzten Metalls und entstehen, weil die Kruste fester Kristalle den freien Strahlfluß hemmt, und weil die der Luft ausgesetzte, flüssige Oberfläche fortdauernd oxydiert.

Die mitgeteilten Ergebnisse veränderter Gießtemperatur und -geschwindigkeit beziehen sich auf Verhältnisse unbeeinflußten Blockerstarrens. Sie bilden die Grundlage, um die zahlenmäßige Wirksamkeit der anderen hinzutretenden Größen erfassen zu können.

Der gesonderte Einfluß des Nachspeisens wird durch ähnliche Versuchsergebnisse nachgewiesen. Die dazu gebrauchten Blöcke sind in der dafür festgesetzten Weise gegossen worden. Nur wurde außerdem noch nachgespeist, und dazu ein Speisekopf oder ein Einsatz aus feuerfestem Material benutzt, den ein Falz im oberen Ende der Form hält.

Vorm Gießen ward der Speisekopf erwärmt und auf die Form aufgebracht. Durch ununterbrochenes Füllen von Form und Speisekopf ist selbsttätiges Nachspeisen durch die ganze Blockreihe hindurch sichergestellt.

Die in Zahlentafel 5 und Abb. 50 aufgezeichneten Versuchsergebnisse zeigen den Einfluß des Nachspeisens mit dem Speisekopf bei einer Gießtemperatur von 1100° C. Der Gießgeschwindigkeitsbereich blieb der frühere, wurde aber bis zur größtmöglichen Geschwindigkeit, d. h. bis auf fast augenblickliches Auffüllen ausgedehnt. Der Gebrauch eines durch einen Bodenschlitz zum Trichter gemachten Tiegels ermöglicht dies. In ihn wird die Schmelze aus der Pfanne hineingekippt. Auf diese Weise füllt sich die Form in weniger als einer Sekunde. Die Aufstellung enthält auch Angaben über die Dichte des ganzen Blockes. Sie wurde durch Wiegen des ganzen Blockes bestimmt, wie er aus der Form kommt, in der Luft und im Wasser.

Mißt man die Dichte von Zylindern, die aus verschiedenen Gegenden eines Blockes herausgeschnitten wurden, so kann man die Verteilung der Fehlstellen im Block darstellen. Die Bestimmung der Dichte des vollständigen Blockes dagegen ergibt den Durchschnitt der Gesundheit des Gesamtmaterials, und ist die einzige für den Gebrauch im Handel geeignete Methode. Für die Forschungsarbeit ergeben die an den vollen Blöcken erzielten Messungen eine nützliche Ergänzung für die mit kleinen Probestücken erhaltenen Werte.

Die Blockoberfläche bleibt, wie erwartet werden durfte, von der Speisung des Blockkopfes unberührt.

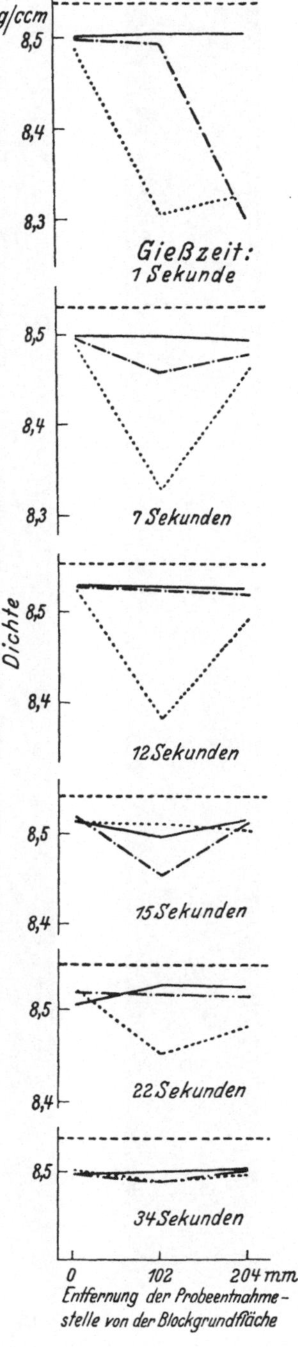

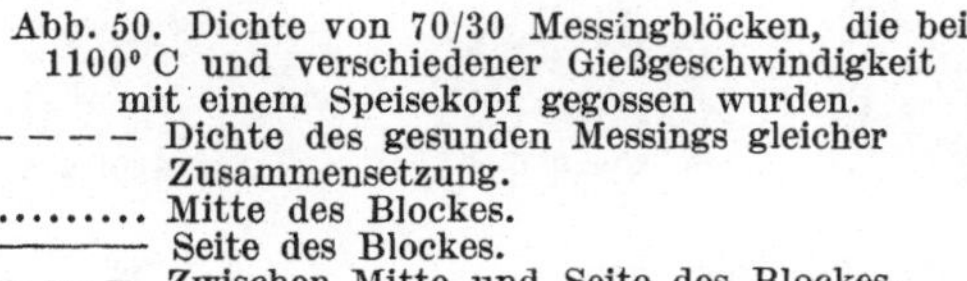
Abb. 50. Dichte von 70/30 Messingblöcken, die bei 1100° C und verschiedener Gießgeschwindigkeit mit einem Speisekopf gegossen wurden.
– – – – Dichte des gesunden Messings gleicher Zusammensetzung.
.... Mitte des Blockes.
———— Seite des Blockes.
–.–.– Zwischen Mitte und Seite des Blockes.

1 12 Gießzeit in Sekunden. 15 34

Abb. 51. Geätzte Schnitte von 70/30 Messingblöcken, die mit Speisekopf und verschiedenen Geschwindigkeiten gegossen wurden.

In Abb. 51 zeigen geätzte Schnitte vorbildlicher Blöcke die Wirkung des Nachgießens. Eine mit Schwindungshohlräumen durchsetzte, fehlerhafte Mitte ist in verhältnismäßig großer Ausdehnung in den rasch gegossenen Blöcken vorhanden, sie nimmt mit der Herabsetzung der Gießgeschwindigkeit ab und erreicht einen vernachlässigbaren Betrag in dem am langsamsten gegossenen Block. Das Kopfende des Blockes wies in früheren Fällen den Hauptlunker auf. Es ist jedoch hier in allen Fällen bis auf eine Länge von etwa 50 mm vollkommen gesund. Das Großgefüge der Schnitte zeigt wie vorher eine Zunahme der Stengelkristallisation, die bei der benutzten hohen Gießtemperatur mit wachsender Gießgeschwindigkeit abnimmt.

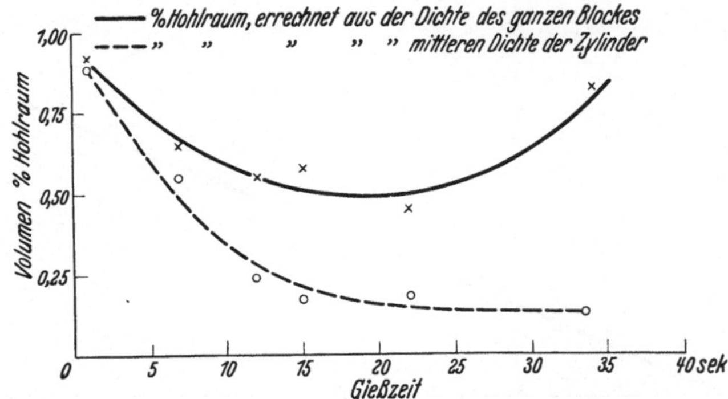

Abb. 52. Vergleich der Dichte ganzer Blöcke und der mittleren Dichte der Zylinder. Die Blöcke bei 1100° C, der Luft ausgesetzt, gegossen.

Ein Vergleich der letzten beiden Spalten der Zahlentafel 5 zeigt, daß sowohl beim nachgespeisten wie beim nicht nachgegossenen Block die Ausdehnung der Fehlstellen im Hauptkörper des Blockes (also unter der Stelle, in der sich bei nicht nachgegossenen Blöcken der Sauglunker findet) mit der Gießgeschwindigkeit abnimmt. Die mittlere Dichte (wie sie an einer Anzahl Zylinder bestimmt wurde) ist durch Nachspeisen zum Teil jedoch gehoben worden. Die einzelnen Prüfstücke zeigen, daß dies auf der zunehmenden Gesundheit der oberen Abschnitte beruht, in denen in nicht nachgespeisten Blöcken gewöhnlich eine krankhafte Stelle unter dem Sauglunker liegt. Die Erscheinung läßt mit verminderter Geschwindigkeit des Gießens nach.

Die am ganzen Block gemessene mittlere Dichte zeigt bis zu einer bestimmten Geschwindigkeit ein Anwachsen der Fehlerlosigkeit mit abnehmender Gießgeschwindigkeit. Dennoch wird sie in dem am langsamsten gegossenen Blocke der Versuchsreihe ebenso niedrig wie in dem am schnellsten gegossenen und weist keine stetige Übereinstimmung mit Einzelergebnissen an kleinen Zylindern auf. (Siehe Abb. 52). Die Ursache dieses offenbaren Widerspruches ist auf die Einwirkung der Fehlstellen in den Oberflächenschichten des Blockes zurückzuführen, die einen Einfluß auf die Dichte des ganzen Blockes ausüben, die aber bewußt nicht bei den bearbeiteten Zylindern eingeschlossen sind. Deren Dichte kann also nur ein Maßstab der inneren Fehlerlosigkeit sein. Es sei darauf hingewiesen, daß die Ergebnisse der beiden Bestimmungsarten bei dem Block mit der schlechtesten Oberfläche und mit der geringsten Geschwindigkeit am meisten auseinandergehen. Sie nähern sich wieder, sobald die Oberfläche mit wachsender Gießgeschwindigkeit sich vervollkommnet, und sie treffen praktisch an dem am schnellsten gegossenen Block zusammen. Bei ihm ist die Fehlerhaftigkeit der Oberfläche praktisch gleich Null, und beide Bestimmungsarten laufen auf Messung der inneren Gesundheit des Messings hinaus. Ein Vergleich

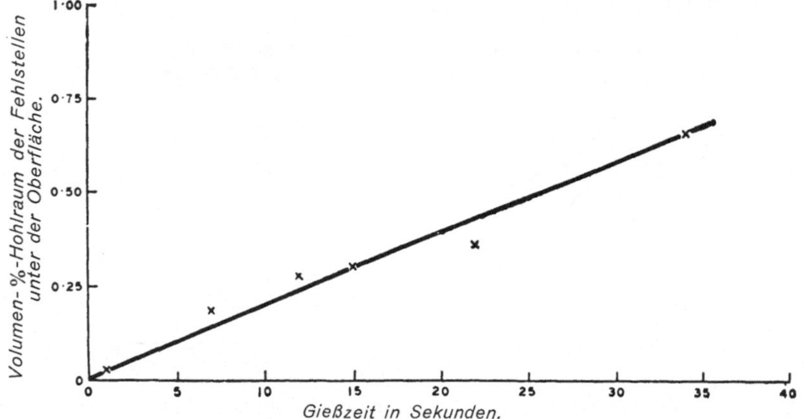

Abb. 53. Wirksamkeit der Gießgeschwindigkeit auf die Mängel in der Oberflächenschicht von 70/30 Messingblöcken, die bei 1100° C, der Luft ausgesetzt, gegossen wurden.

der erhaltenen Dichten bei Bestimmung aus dem vollen Block und aus den bearbeiteten Zylindern kann daher als gegebenes Maß für die in der Oberflächenschicht sitzenden Fehlstellen genommen werden. Abb. 53, von Abb. 52 abgeleitet, zeigt, wie bei 70/30 Messingblöcken die Fehlerhaftigkeit der Oberfläche mit abnehmender Gießgeschwindigkeit steigt, wenn die Blöcke in Luft ohne vergasende Formschmiere gegossen worden sind.

Es ist nicht möglich, die Saugstelle so aufzuspeisen, daß die Schwindung mitten im Block über ihre ganze Länge aufgefüllt wird. Dennoch zeigt die soeben beschriebene Reihe von Blöcken, wie das Nachgießen den Anteil der Schwindungshohlräume am Gußstück zu vermindern vermag. Die Wirkung unterliegt allerdings in schwankendem Ausmaße den Verhältnissen beim Gießen. Hohe Gießgeschwindigkeit erlaubt einen großen Betrag an Schwindung im Block innerhalb der gegen die Formwände gebildeten festen Kruste und macht damit das Nachspeisen des Kopfes auf eine beträchtliche Länge des Blockes wirksam. Infolgedessen kann man sich auch ohne Anwendung einer übermäßig niedrigen Gießgeschwindigkeit einen hohen Grad von Fehlerlosigkeit sichern. Im

Falle der 305 × 152 × 25 mm großen bei den Versuchen benutzten Form darf die zur Vermeidung von ungesunden Stellen nötige Gießgeschwindigkeit von 8 auf 20 mm in der Sekunde gesteigert werden, wenn das Nachgießen wirksam genug ausgeführt wird. Trotz der höheren Gießgeschwindigkeit bleibt die Oberflächenbeschaffenheit des Blockes dürftig. Bei ganz geringer Gießgeschwindigkeit ist der Block innerlich gesund, ob er nun nachgespeist wird oder nicht.

Wird durch den Speisekopf nachgefüllt, so erstarrt der Block unter einem Kopf flüssigen Metalls, dessen Spiegel praktisch eben bleibt, wenn er gegen den Block herabsinkt. Das Speisen mit einem besonderen Kopfe kann daher wirksamer sein, als das in gewöhnlicher Weise vorgenommene, bei dem das Metall in einem Strahle in die Mitte des breiten Kopfes der schnell festwerdenden Gußstücke eingefüllt wird. Die Vorteile der Anwendung des Speisekopfes sind:

1. Die Zeit zum Nachspeisen wird gespart, und man braucht weniger Sorgfalt beim Füllen der Form.
2. Der Ausschuß ist vermindert.
3. Der Kopfteil des Blockes ist vollkommen gesund.
4. Die Einwirkung auf die allgemeine Gesundheit des Blockes ist wahrscheinlich größer als beim Nachspeisen aus dem Tiegel.

Diesen Vorteilen stehen die unbedeutenden Kosten und die Arbeitsvermehrung durch das Vorerhitzen und Einsetzen des Speisekopfes entgegen.

IX. Zergliederung des Gießvorganges (Fortsetzung). Abmessungen des Blockes. Beschaffenheit der Form.

Einfluß von Gestalt und Größe des Blockes. — Erstarrung in verschieden gestalteten Blöcken. — Lage der Erstarrungsflächen. — Blockstärke. — Wandstärke der Form. — Temperatur der Form.

Auf die unvorteilhafte, rechteckige Form der Blöcke wurde schon hingewiesen. Sie macht es schwer eine vom Boden aus nach oben fortschreitende Erstarrung durch Gießverfahren herbeizuführen, die geeignet sind, Oberflächenfehler zu vermeiden. Dagegen ist aber ein Block von rechteckigen, parallelen oder nahezu parallelen Wandflächen für das Kaltwalzen wichtig und wird allgemein in der Fabrikation von Flachmessing gewünscht, schon um Walzschwierigkeiten zu vermeiden. Immerhin ist eine Betrachtung über einen Wechsel in der Gestaltung und die sich daraus ergebenden Folgen nützlich und ebenso darüber, wie weit ein Ausgleich zwischen der bequemeren Form und der Forderung innerer Gesundheit möglich ist.

Manche Verfahren besitzen die notwendigen Voraussetzungen für ein Fortschreiten des Erstarrens in senkrechter Richtung. Das üblichste, besonders in der Stahlerzeugung befolgte, benutzt Blöcke mit von unten nach oben wachsendem Querschnitt. Bei der Erstarrung eines solchen unter geeigneten Bedingungen gegossenen Blockes ist ständig ein umgekehrter Kegel von flüssigem Metall in der Seele vorhanden und füllt den durch Schwund entstehenden Volumenverlust laufend wieder auf. Fügt man noch einen erwärmten Speisekopf hinzu, um eine tiefe Saugstelle zu vermeiden, so wird ein gesunder Block geschaffen. Nach unserer Kenntnis wurde dieser Grundgedanke in Messinggießereien bei der Herstellung flacher Blöcke von normaler Werksgröße noch nicht versucht. Abb. 54 stellt dar, wie verschiedene Neigung der Wände die gesunde Beschaffenheit von 762 mm langen und 178 mm breiten 70/30 Messingblöcken beeinflußt. Die Blöcke sind dabei in Formen von 38 mm Wandstärke gegossen, die innen am Deckel und an der Rückwand derart bearbeitet worden waren, daß auf die Länge vom Boden bis zum Kopfende die Blockstärke um 13, bzw. 19, bzw. 25 mm anwächst.

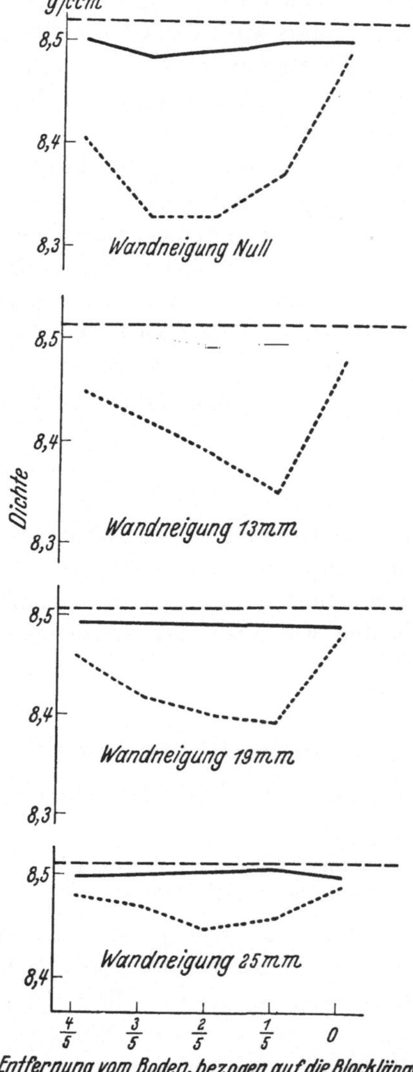

Abb. 54. Dichte von 70/30 Messingblöcken, 762 × 178 × 25 mm, mit verschiedener Wandneigung. Gießtemperatur 1100° C.
– – – – Dichte gesunden Messings gleicher Zusammensetzung.
········· Mitte des Blockes.
———— Seite des Blockes.

Die Angaben in Abb. 54 beziehen sich auf Gießereiverhältnisse und enthalten zum Vergleich auch solche über einen gleichgroßen Block mit parallelen Wänden.

Aus diesen Blöcken mit wachsendem Querschnitt gewonnene Schnitte zeigen wenig Gashohlräume, dagegen Schwindungshohlräume der gewöhnlichen Art. Dabei ist aus den Schnitten deutlich zu ersehen, daß mit dem Wachsen der Wandneigung die Fehlerhaftigkeit abnimmt. Wie in den gewöhnlichen Blöcken mit parallelen Wänden befindet sich das Höchstmaß an Fehlstellen in allen Fällen über der Mitte der Blocklänge. Die Schichten am Kopfende und an den Seiten sind gesund. Das Großgefüge zeigt ein Anwachsen der Stengelkristalle mit zunehmender Neigung der Wände. Auf die Güte der Oberfläche hat die Wandneigung keinen fühlbaren Einfluß.

Die größte bei den beschriebenen Blöcken verwendete Wandneigung ist augenscheinlich gerade groß genug, um das Vorkommen von Schwindungshohlräumen merkbar herabzuziehen. Aber die dadurch bedingte Gestalt nimmt keine Rücksicht auf die Anfertigung von Flachmessing und ist für das Walzen angesichts der mit ihm verbundenen Handhabungsschwierigkeiten unbrauchbar. Hier liegt ein Beispiel dafür vor, was für — nicht unerwartete — Hindernisse gegen Maßregeln auftreten können, mit denen man das Fortschreiten der Erstarrung in äußerst geringen, durch die Verhältnisse bedingten Zeiten beherrschen will. Wenn auch durch Steigerung der Wandneigung über das bei den Versuchen verwendete Maß Fehlstellen völlig vermieden werden könnten, so würden die Blöcke doch durch die erhebliche Abweichung von der normalen Gestalt unbrauchbar werden. Kleine Änderungen in der Gestalt aber, die erträglich wären, haben augenscheinlich keinen fühlbaren nützlichen Wert.

Somit scheint die Aufgabe unlöslich zu sein, bei einem Flachblock die Erstarrung vom Boden zum Kopfende fortschreiten zu lassen. Dabei bleibt noch die Möglichkeit, fortschreitende Erstarrung in der Querrichtung, also von einer Seite des Blockes zur anderen, zu erreichen. Dieses Vorgehen verspricht natürlich nicht alles. Doch ist eine erhöhte Abnahme der kranken Stellen und zugleich eine gute Oberflächenbeschaffenheit zu erwarten, wenn nicht gerade außergewöhnliche Gießverhältnisse auftreten, die zu Mängeln führen müssen. Ein Verfahren, den Wärmefluß, also die Kühlwirkung zwischen den Blockseiten abzustufen, ist mittels Versuchen unschwer zu ersinnen. Es verfügt auch beiläufig über mehr Mittel zum Erfolg als die Querschnittserweiterung nach oben.

Der gewünschte Temperaturabfall kann am einfachsten durch Einleitung des Gießstrahles außerhalb der Formmitte erreicht werden. Das Metall fließt durch einen Trichter in der früher beschriebenen, festgelegten Art ein und zwar längs einer der kurzen Wände der senkrecht aufgestellten Form.

Auf diese Weise wurde aus 70/30 Messing in den Abmessungen 305 $\times$ 152 $\times$ 25 mm ein Block gegossen. Er besaß eine verhältnismäßig gute, offenbar durch die besondere Lage der Einfallstelle des Strahles nicht berührte Oberfläche. An verschiedenen Stellen des Blockes wurden

Zylinder entnommen. Deren Dichte ergab, daß die eine bei senkrechter Teilung gewonnene Hälfte so gut wie gesund, die andere aber nach der Einströmstelle gerichtete deutlich ungesund war (siehe Abb. 55 a). Die Erstarrung geht, wie die Prüfung der Schnitte ergab, zum Teil erwartungsgemäß von der Seite des Blockes aus, die durch den Strahl ungestört blieb. Die Fehlstellen liegen somit zusammengezogen außerhalb der Blockmitte. Schnitte, die diese Verhältnisse zeigen, enthält Abb. 56a. Die Formecke nahe der Strahleinfallstelle besitzt jedoch eine

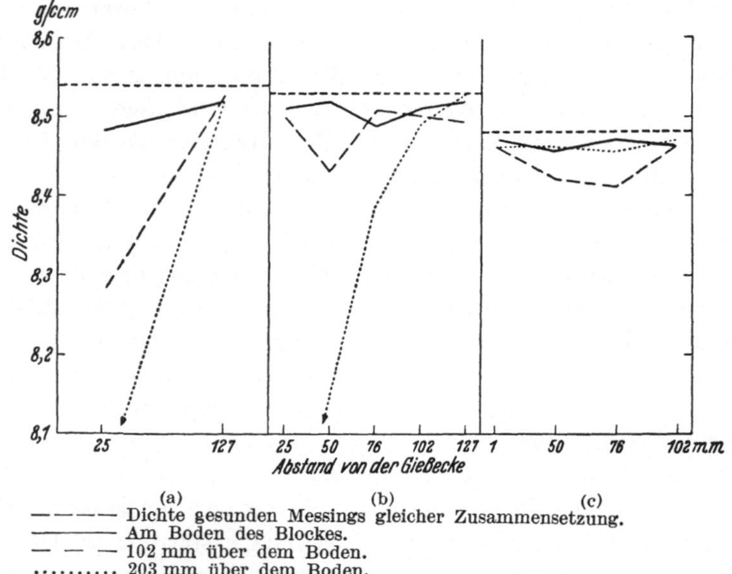

(a) (b) (c)

– – – – Dichte gesunden Messings gleicher Zusammensetzung.
——— Am Boden des Blockes.
— — — 102 mm über dem Boden.
.... 203 mm über dem Boden.

Abb. 55. Dichte von 305 × 152 × 25 mm 70/30 Messingblöcken, die den Einfluß gerichteter Erstarrung auf die Fehlerlosigkeit zeigen. Gießtemperatur 1100° C.
a) Strahleinfall an einer Seite dicht an der Ecke.
b) Wie bei a), aber die Kühlwirkung der Formecke gemindert durch einen Streifen feuerfesten Tons.
c) Wie bei b), aber mit einem Speisekopf gegossen.

beträchtliche Kühlwirkung. In dem beschriebenen Block lag die Hauptundichtheit in geringer Entfernung von dieser Ecke und war über einen Bereich völliger Schwammigkeit verteilt. In Abb. 56b sind Schnitte eines Blockes zu sehen, bei dem die Kühlwirkung an der genannten Formecke durch die Einlage eines an der Eingußecke hinuntergelegten Tonstreifens von 13 mm Dicke und von Blockbreite gemindert worden ist. Sie zeigen deutlich, wie die hinzugefügte, nicht leitende Schicht die Erstarrung in ihrer Nachbarschaft so lange verzögert, bis annähernd der ganze noch verbleibende Block fest geworden ist. Die auch in Abb. 55b dargestellten Dichtewerte des Blockes lassen erkennen, daß die Fehlstellen sich auf den verhältnismäßig kleinen konisch gestalteten Raum nahe der einen Ecke beschränken. Sie bilden dort eine einzelne Saugstelle, 25 mm von der Ecke des Blockes entfernt. Der 102 mm über der Bodenfläche des Blockes geführte Schnitt (siehe Abb. 56b) enthält nur noch Spuren von Undichtheit an einem Ende. Im Bereiche dieser Undichtheit besteht das Gefüge aus gleichachsigen Kristallen. Stengelkristalle treten innerhalb einer Entfernung von 25 mm von der Ecke

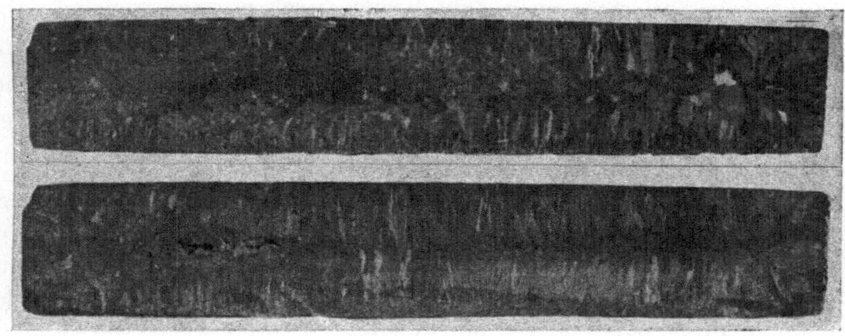

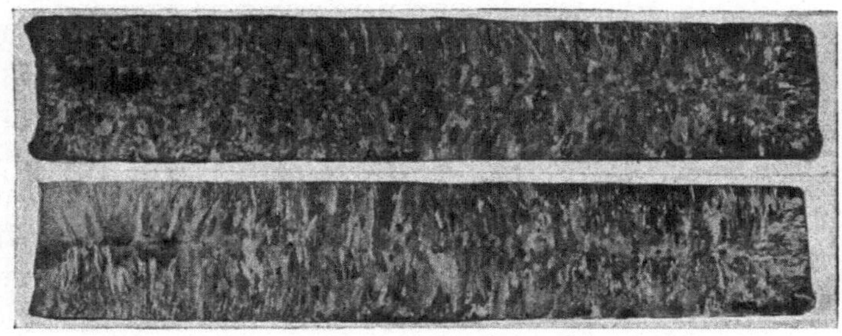

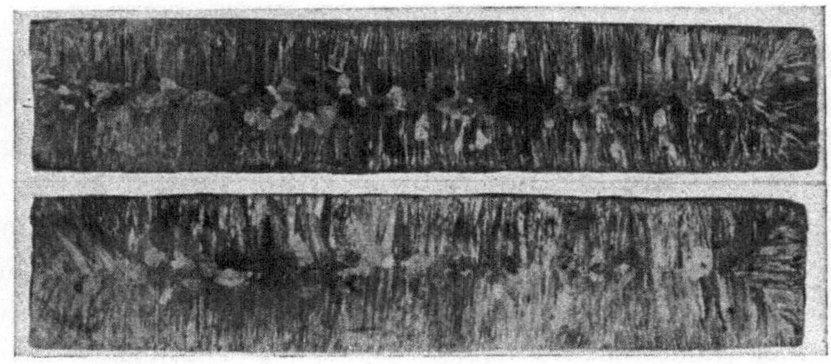

Abb. 56. Schnitte durch 305 × 152 × 25 mm 70/30 Messingblöcke, die den Einfluß gerichteter Erstarrung auf das Gefüge und die Dichtheit zeigen (siehe Abb. 55).
a) Strahleintritt linker Hand nahe der Ecke.
b) Wie unter a) mit verminderter Kühlwirkung der Ecke durch einen Streifen feuerfesten Tons.
c) Wie unter b) mit Hinzunahme eines Speisekopfes. $^2/_3$ natürlicher Größe.

mit dem Tonstreifen nicht auf. Man kann daher vermuten, daß die Erstarrung eines solchen Blockes teils vom Boden bis nach dem Kopfende und teils von einer Seite nach der anderen vor sich geht, daß sie also eine diagonale Richtung von der kühlen am weitesten von der

Strahleinfallstelle entfernten Formseite am Boden zu der entgegengesetzten Seite des Kopfendes hat.

Auf diese Weise beschränkt sich fast die gesamte Schrumpfung im Blocke auf einen kleinen Bereich. Infolgedessen muß es wirkungsvoller als unter den gewöhnlichen Verhältnissen sein, wenn nunmehr auch noch nachgespeist wird. Ein, den bisher beschriebenen gleicher, aber mit Speisekopf gegossener Block wird in Abb. 56c gezeigt. Der Gesamtbetrag der sichtbar vorhandenen Undichtheit ist außerordentlich gering. Er liegt nur wenig über dem eines Blockes, der auf gewöhnlichem Wege, aber sehr langsam gegossen wurde. Die Hohlräume sind unbedeutend und auf die Mitte beschränkt. Die Oberfläche eines solchen Blockes ist die gleiche, wie sie in einer gewöhnlichen Form bei gleicher Gießgeschwindigkeit gewonnen wird. Die Abb. 55c zeigt an Dichtheitswerten, welchen Einfluß das Speisen der zu einem kleinen Bereich zusammengezogenen Schwindung ausübt.

Die gewählten Versuchsverfahren ergeben wohl die Möglichkeit, gerichtete Erstarrung in einer flachen Form mit genügend steilem Temperaturabfall zu erzielen und das letzte Schwinden auf einen kleinen Bereich einzuschränken. Sie zeigen auch den Weg, durch erfolgreiches Nachspeisen praktisch vollkommene Fehlerfreiheit zu erreichen, aber sie mögen im Großbetrieb schwer durchführbar sein. Sieht man von durchgreifenden Veränderungen in Gestaltung und Größe der für die Flachmessingherstellung bestimmten Blöcke ab, so dürften nur ganz neue Maßnahmen Erfolg versprechen, die sowohl Oberflächengüte als auch Freiheit von Schwindungshohlräumen gewährleisten. Denn beim gewöhnlichen Gießverfahren ist die Oberflächenbeschaffenheit vom raschen Gießen abhängig, während Freiheit von Schwindungshohlräumen gerade langsames Gießen verlangt. Dennoch erscheint das Grundsätzliche des Verfahrens der gewollt gerichteten Erstarrung gesund und eröffnet ein ausgedehntes Feld für weitere Forschungen.

Anerkanntermaßen wird Dichtheit leichter in großen Blöcken als in kleinen und unregelmäßig gestalteten erzielt. Die durch die Blockstärke gewährten Vorteile sind in der Hauptsache der verzögerten Kühlwirkung der Formenwände zuzuschreiben. Die so geschaffenen Verhältnisse nähern sich einigermaßen der vom Boden nach dem Kopfende gerichteten Erstarrung, und das letzte Festwerden sollte sich in der Mittelschicht so vollziehen, daß ungehindert durch Brückenbildung stetig nachgespeist werden kann.

Den Einfluß außergewöhnlicher Stärke auf das Gepräge der Blöcke macht ein Guß in einer eisernen Form von 610 mm Länge, 279 mm Breite und 152 mm Stärke klar. Der Block besaß ein Gewicht von etwa 250 kg. Diese besondere Stärke ist selbstverständlich keine geeignete Abmessung für Fabrikationszwecke. Aber sie stellt eine genügende

Steigerung der normalen Stärke dar, um ihre Wirkung auf den Block deutlich erkennen zu lassen. Die Wandstärke der Form betrug 40 mm. Beim Guß wurde das gewöhnliche Verfahren benutzt. Die Form war mit Harz und Öl ausgestrichen, und das Metall wurde unmittelbar und gleichzeitig aus zwei Tiegeln bei 1130° C vergossen. Der Einguß erforderte 36 und das Nachspeisen 80 Sekunden.

Ein Beispiel eines so gegossenen Blockes ist in Abb. 57 dargestellt. Drei zu den großen Flächen parallele Schnitte geben einen Einblick in das Gefüge. Jeder der drei Streifen hatte nach dem Abtrennen und Bearbeiten eine Stärke von 45 mm. Die Schnitte zeigen eine geringe, den Schwindungshohlräumen zuzuweisende Undichtheit. Hohlräume mit eingefangenem Gas lassen sich nicht beobachten. Dichtebestimmungen an verschiedenen Stellen des Blockes bestätigen dies. Sie zeigen durchweg die Abwesenheit von angehäufter Undichtheit, ergaben aber niedrigere Werte als bei vollkommen gesundem Material. Dies zeigt das Bestehen einer

Abb. 57. Längsschnitt durch den 610 × 279 × 152 mm Messingblock.

geringen, über die ganze Blockmasse zerstreuten, leichten Undichtheit an. Das allgemeine innere Aussehen des Blockes kann als hochwertig betrachtet werden. Das Großgefüge (siehe auch Abb. 38) war stenglig bis auf eine Tiefe von 25 mm am Boden und von 50 mm an der Oberkante des Blockes. Die Mittelschicht bestand aus groben, gleichachsigen, gelegentlich durch kleine Hohlräume getrennten Kristallen. Es fanden sich keine Anzeigen einer ungesunden Mittelschicht, und das Nachspeisen gelingt bei dieser Blockgestalt offenbar fast vollkommen.

Die Flachblöcke wurden zu Bändern ausgewalzt. Deren Prüfung zeigte an der Oberfläche wohl einige wenige mit der ursprünglichen Blockoberfläche im Zusammenhang stehende Spritzerfehlstellen, aber nur kleine Schäden, die von inneren auf den Schnitten durch den Block entdeckten Fehlern herrühren könnten. Drückproben und mikroskopische Untersuchungen deckten fast keine unter der Oberfläche liegenden Fehlstellen auf. Das beschriebene Aussehen zeigt an, daß man also beinahe völlige Fehlerlosigkeit durch die ganze Masse hindurch erreichen kann, wenn man die gewöhnlich angewendete Stärke des Walzblockes vervierfacht. Verminderter Wärmeentzug an den Wänden der Form bedingt hauptsächlich den Erfolg. Daraus kann man erkennen, daß vor allem die Schnelligkeit der Erstarrung über den Blockquerschnitt der Erzeugung gesunder, herkömmlicher Flachblöcke widerstreitet. Die Anfertigung kalt gewalzten Flachmessingmaterials aus Blöcken der zu den Versuchen benutzten, starkwandigen Art würde unzweifelhaft für die Fabrikation unwirtschaftlich sein. Aber als nützliche Verallgemeinerung soll bestehen bleiben, daß eine mögliche Vergrößerung der Blockstärke immer als wünschenswerter Schritt zur Verbesserung der Güte des Enderzeugnisses zu werten ist.

Die Veränderungen in Größe und Gestalt des Blockes selbst sind wichtig. Es ist aber vom praktischen Standpunkt aus von gleicher Bedeutung, zu wissen, welchen Einfluß eine Änderung der Formwandstärke ausübt. Denn sollte der Einfluß groß sein, so könnte man schon voraussagen, daß eine flache Form mit verschiedenen Wandstärken zu Gußstücken führen müßte, bei denen der sonst in der Mitte liegende Hohlraumbereich gegen die schwächere Wand verschoben ist. Daraus würde folgerichtig die Gefahr von Fehlstellen auf und unter der Oberfläche beim Weiterbearbeiten wachsen. Diese Frage hängt also mit dem Entwurf der Form zusammen.

Im Temperaturbereich von 900 bis 600° C wurden nach dem für die Versuche festgelegten Verfahren Abkühlungsgeschwindigkeiten an Blöcken gemessen, die in $305 \times 152 \times 25$ mm großen Formen von verschiedener Wandstärke gegossen wurden. Setzte man dabei die Wandstärke von 32 mm auf 10 mm herab, so blieb dies ohne nennenswerten Einfluß auf die Abkühlungsgeschwindigkeit. Mit Acheson-Graphit

13 mm stark gefütterte oder mit Karborundum ausgekleidete Formen lassen die Abkühlung wesentlich langsamer fortschreiten. Der Mangel eines merkbaren Einflusses einer Wandstärkenveränderung an gußeisernen Formen auf die Erstarrungsgeschwindigkeit spiegelt sich auch in den geringen Schwankungen der Undichtheit der Gußstücke wider, wie dies aus den in Zahlentafel 6 gegebenen Werten zu ersehen ist.

Zahlentafel 6.
Einfluß der Wandstärke der Form auf die Dichtheit der 305 × 152 × 25 mm 70/30 Messingblöcke.
Gießtemperatur 1100° C. Blöcke nachgespeist, mit Speisekopf.

Wandstärke der Form	Verhältnis der Querschnittsflächen	Hohlraumvolumen %
Gießzeit 10 Sekunden	Form : Block	
32 mm	4 : 1	0,44
19 „	2,3 : 1	0,65
13 „	1,3 : 1	0,59
6 „	0,7 : 1	0,76
Gießzeit 1 Sekunde		
32 mm	4 : 1	0,92
19 „	2,3 : 1	0,97
13 „	1,3 : 1	0,76
6 „	0,7 : 1	1,39

Das Gefüge des Messings bleibt gleichermaßen unberührt. Daß die Wirbelbildung durch den Metallstrahl den Wandstärkeneinfluß in keiner Weise erheblich verdeckt, erweisen zweifelsfrei die in denselben Formen momentan (Zeit des Eingießens etwa 1 Sekunde) gegossenen Blöcke. Sie zeigen auch denselben unveränderten Grad von Fehlerfreiheit und das gleiche Gefüge.

In den Grenzen dieser Versuche ist also die Erstarrungsgeschwindigkeit des Messings, das die gußeiserne Oberfläche berührt, nahezu unabhängig von der Wandstärke des Gußeisens. Dies widerspricht der weitverbreiteten Ansicht der Gießereifachleute wie der Metallurgen. Eine Bestätigung ist aber leicht durch einen Vergleich der Erstarrungsgeschwindigkeiten am gleichen Block zu erreichen, wenn man die Wandstärke der für ihn bestimmten gußeisernen Form stark verändert. Wenn Blöcke in einer geteilten Form gegossen werden, deren Rückwand aus 32 mm starkem Gußeisen besteht, und der Deckel entweder aus kräftig geschwärztem Gußeisen von 32 mm Stärke oder aus Gußeisen von 6 mm Stärke, oder aus Stahl von 32 mm Stärke oder aus Achesongraphit 13 mm stark mit Stahlrücken, so sollte sich irgendein durch die beiden Wände der Form veranlaßter Unterschied in der Erstarrungsgeschwindigkeit zeigen. Er müßte an einer Verlagerung der Schrumpfungsmittelebene gegen die Wand mit der geringeren Kühlwirkung zu erkennen sein. In Wirklichkeit war aber eine deutliche Einwirkung nur an dem Block bemerkbar, der in der Form mit der Acheson-Graphitwand gegossen worden war. Seine Schwindungsebene lag gegen 2,5 mm der Graphitwand näher als die Mittellinie. Abb. 58 zeigt eine Anzahl Längsschnitte von Blöcken aus Formen verschiedener Wandstärke. Sie geben ein Bild von den beschriebenen Erscheinungen.

Somit steht fest, daß bei dünnen flachen Messingblöcken eine Änderung in der Wandstärke der gußeisernen Formen innerhalb der praktischen Grenzen der nötigen mechanischen Festigkeit keine Wirkung auf das Gußstück ausübt. Seine Erstarrung wird zunächst durch die Wärmeaufnahmefähigkeit der Form bestimmt. Danach würde eine geringe Dicke der Gußeisenwand genügen. Für flache Messinggüsse von etwa 25 mm Stärke gibt eine Wand von etwa 6 mm noch fast gleiche Abschreckwirkung als eine dickere. Jede Vergrößerung der Stärke über dieses Mindestmaß hinaus kann nur zum Erreichen einer längeren Lebensdauer der Form ins Auge gefaßt werden. Beim Entwerfen einer gußeisernen Form kann also die Frage des Abschreckens ganz außer Spiel bleiben.

Beim normalen Messingguß gibt man der Form vor Gebrauch eine Temperatur von etwa 100° C. Sie bezweckt hauptsächlich jeden feuchten Niederschlag auf der Innenseite zu entfernen. Von bestimmten Gesichtspunkten aus würde eine höhere Temperatur der Form vorteilhaft sein. Verspritzte Metallteilchen könnten leichter rückschmelzen, und dadurch würde die Oberflächenbeschaffenheit des Gußstückes verbessert werden. In der Praxis aber hält man hohe Temperaturen der Form für unbedingt nachteilig, weil mit ihnen anderen Arten Oberflächenfehlern der Weg geebnet wird.

Versuchsblöcke aus gußeisernen Formen von 36 bis 400° C Anfangstemperatur zeigen bis 200° C eine leichte Verbesserung der Blockoberfläche, aber darüber hinaus eine ausgesprochene Verschlechterung. Die hohen Temperaturen der Form ergeben Löcher von verschiedener Tiefe, die sich oft auf eine beträchtliche Strecke in den Block hineinziehen. Gewöhnlich haben diese Löcher scharfe Kanten und scheinen durch das Hineintreiben von Gas in die Blockoberfläche während der Erstarrung entstanden zu sein. Diese unter dem Namen „Bläser" („blowing") bekannte Erscheinung kann man auf der Rückseite aus dem Tiegel gegossener Handelsblöcke antreffen. Sie entstehen dort, wo beim Eingießen der Metallstrahl auftrifft und eine örtliche Überhitzung ergibt. Die Ursache wird ausführlich in Abschnitt XII bei den Formenrohstoffen behandelt werden.

Will man eine Formtemperatur über 200° C in ihrer besonderen Wirkung prüfen und die Ursachen für Bläser dabei ausschalten, so muß man Gußeisen vermeiden und für die Formen ein Material wie

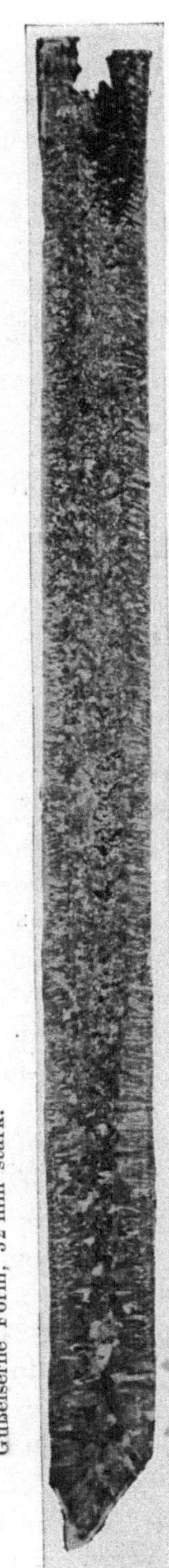

Gußeiserne Form, 32 mm stark.

Form, 13 mm stark, Graphit.

Gußeiserne Form, 32 mm stark, ohne Tünche.

Gußeiserne Form, 32 mm stark, mit Lampenruß überzogen.

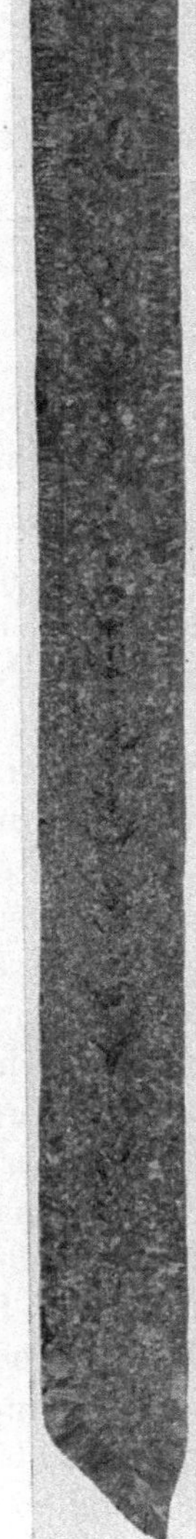

Gußeiserne Form, 6 mm stark.

Gußeiserne Form, 32 mm stark.

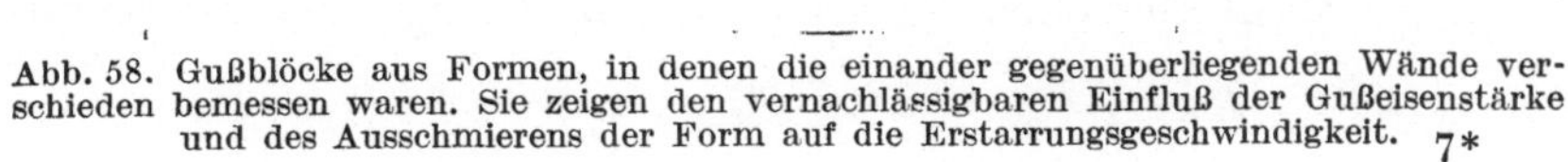

Abb. 58. Gußblöcke aus Formen, in denen die einander gegenüberliegenden Wände verschieden bemessen waren. Sie zeigen den vernachlässigbaren Einfluß der Gußeisenstärke und des Ausschmierens der Form auf die Erstarrungsgeschwindigkeit.

etwa weichen Stahl wählen. In Zahlentafel 7 zusammengebrachte Dichthheitsmessungen zeigen, daß Abänderungen der Wandtemperatur in den Grenzen der Praxis keinen nennenswerten Einfluß auf die gesunde Beschaffenheit des Blockes haben. Das Gefüge bleibt durch sie ebenfalls unberührt. Für gußeiserne in den Messinggießereien gebrauchte Formen, ist eine normale Temperatur von etwa 100° C für allgemeine Zwecke ausreichend.

Zahlentafel 7.
Einfluß der Temperatur der Form auf die Dichtheit von 305 × 152 × 25 mm 70/30 Messingblöcken.
Gießtemperatur 1100° C. Blöcke nicht nachgespeist.

Temperatur der Form °C	Hohlraumvolumen %	
	Blöcke in 10 Sek. gegossen	Blöcke in 30 Sek. gegossen
36	2,77	1,94
95	2,84	1,26
190	2,93	1,91
400 Stahlform	2,69	1,47

Die Einwirkung weiterer Steigerung der Formtemperatur über 400° C hinaus auf die Erstarrungsgeschwindigkeit von Messing ist in Abb. 59 zu sehen. Sie ist an kleinen zylindrischen Blöcken beobachtet worden, die in 100 bis 850° C warmen Stahlformen gegossen wurden. Es ist reizvoll zu bestimmen, über welche Grenztemperatur hinaus eine beträchtliche Verzögerung in der Erstarrung eintritt. Denn Maßnahmen um die Erstarrungsgeschwindigkeit herabzusetzen sind selbst dann wertvoll, wenn sie besonderes Material für die Form erfordern. Sie können dazu verhelfen, neue Verfahren auszudenken, die die innere Gesundheit der Blöcke sicherstellen sollen.

Man sieht, daß mit Temperaturen der Form bis etwa 600° C nur geringe Unterschiede in der Erstarrungsgeschwindigkeit zu erzielen sind. Eine weitere Erhöhung der Temperatur bringt eine beträchtliche Verlängerung der Erstarrungszeit mit sich, die bei 750° C zweimal und bei 850° C fünfmal so hoch als bei 180° C ist. Die Ergebnisse bestätigen im allgemeinen die vorhergehenden Beobachtungen an 305 × 152 × 25 mm großen Blöcken. Es liegt auf der Hand, daß die Erstarrung eines dünnen Flachblockes von 70/30 Messing nicht wesentlich verzögert werden kann, solange nicht Temperaturen der Formen in undurchführbaren Höhen von 700 bis 800° C verwendet werden. Nach erfolgter Erstarrung kann das weitere Abkühlen des Gußstückes auf niedere Temperaturen durch Veränderungen in den Formverhältnissen beträchtlich beeinflußt werden. Es ist aber ohne Einwirkung auf das Gefüge oder die Dichtheit von Messingblöcken und sicher von geringem praktischen Einfluß bei vielen Nichteisenlegierungen. Wo langsames Abkühlen nach der Erstarrung einen deutlichen Einfluß ausübt, wie es bei bestimmten Sorten von Material möglich ist, müssen die zur Prüfung erforderlichen Werte

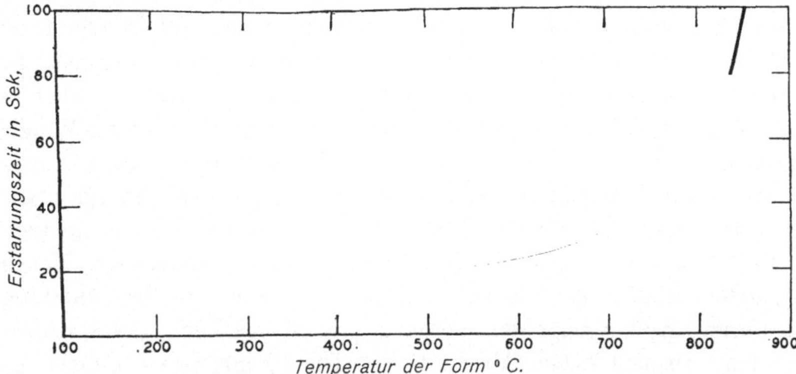

Abb. 59. Schwankungen der Erstarrungszeit mit der Formtemperatur bei 70/30 Messingblöcken 38 mm im Durchmesser.

notwendigerweise unter Bedingungen bestimmt werden, wie sie die besondere Aufgabe erfordert.

X. Zergliederung des Gießvorganges (Fortsetzung). Wirksamkeit des Formenausstrichs und Stellung der Form während des Gießens.

Vergasbarer Ausstrich der Formen in der Praxis. — Prüfung wünschenswerter Eigenschaften an der Auskleidung der Formen. — Einwirkung der reduzierenden Gashülle. — Durch die Auskleidung der Form veranlaßte Fehlstellen an den Gußstücken. — Einfluß der Stellung der Form auf den Block. — Einwirkung auf das Großgefüge.

Die gebräuchliche Oberfläche eines im Handel befindlichen Messingblockes ist immer durch ihre leicht glänzende „Musterung“ („texture“) gekennzeichnet. Sie wird ausschließlich dem Ausstrich oder der Herrichtung („dressing“) der Form mit Öl oder harzhaltigem Material verdankt, das allgemein in der Messinggießerei verwendet wird. Eine solche Oberfläche ließ sich nicht an Blöcken nachbilden, die z. B. unter Luftzutritt in einer leicht graphitierten oder mit Graphit ausgekleideten Form gegossen worden sind. Die Oberfläche von Blöcken, die während des Gießens ohne Schutz der Oxydation ausgesetzt waren, fällt öfters besser aus als bei Blöcken, die unter anderen Bedingungen gegossen wurden. Dennoch steht das aus ihnen gewalzte Flachmessing dem Handelserzeugnis ohne Zweifel immer etwas nach. Ausstreichen oder Herrichten der Form wird demgemäß auch vom praktischen Gießer als wichtigste Bestimmungsgröße für die Oberflächengüte des Gußstückes gewürdigt. Das Herrichten der Form könnte auf den ersten Blick als eine belanglose Arbeit erscheinen, obwohl es tatsächlich nur mit Geschicklichkeit richtig ausgeführt wird. Die Verfahren gehen in Einzelheiten auseinander. Die gebrauchten Gemische sind in allen praktischen Fällen leicht entzündlich und bauen sich auf Öl oder Harz auf. Sie sind mannigfaltig in Zusammensetzung und Zähigkeit. Es werden je nachdem dünne oder dicke Ausstriche bevorzugt. Aber es gilt als Regel, daß der Boden der Form dicker als die übrigen Wände bestrichen wird, und daß man gewohnheitsgemäß die dünnste Formtünche bei den Messingsorten höheren Kupfergehaltes anwendet, die bei verhältnismäßig hohen Temperaturen gegossen werden müssen.

Bei Gießbeginn wird die Tünche durch das geschmolzene Metall entzündet. Eine große rauchende Flamme entsteht an der Mündung der Form. Abb. 5 zeigt den Vorgang, wie er sich beim gewöhnlichen Tiegelguß abspielt (siehe Abschnitt II). Die Flammengase ziehen mit solcher Schnelligkeit während des Gießens ab, daß man meist sehen kann, wie geschmolzene Metallteilchen aus der Form herausgeschleudert werden. Man besaß bisher keine erschöpfende Kenntnis über die Gesamtwirkung der Formentünche. Man wußte nicht, welche Verhältnisse ihre Anwendung verlangen und hatte keinen Überblick über die geeignete Auswahl aus den verschiedenen, zur Verfügung stehenden Mischungen. Von Zeit zu Zeit tauchten verschiedene vorgeschlagene, auf Mutmaßung beruhende Auslegungen auf. Sie umfassen solche Aufgaben der Tünche, wie Einschmieren, Schutz der Form, Wärmeabschirmung, Oxydationsschutz und Ausfüllen der porösen Formenoberflächen.

Prüft man Gußblöcke und daraus gewalztes Flachmessing in Hinsicht auf die Fehler am Block, die dann zu äußeren Fehlstellen am gewalzten Material werden, so kann man vermuten, daß die brennbare Formentünche trotz ihrer Nützlichkeit zur Bildung von unter der Oberfläche liegenden Hohlräumen beiträgt. Hohlräume dieser Art bilden sich im allgemeinen in einer nur mit feuerfestem Material, wie Graphit, Ton usw. ausgekleideten Form nicht. Nur bei außerordentlich niedriger Gießtemperatur kommen sie vor. Solche Gießverhältnisse treten aber in der industriellen Praxis nur selten auf. Es erscheint daher allein möglich, die gewöhnliche Sorte der unter der Oberfläche liegenden Hohlräume mit den Verhältnissen und Bedingungen an den Formwänden — das Tünchen eingeschlossen — in Zusammenhang zu bringen. Von dieser Grundanschauung aus wird die Erforschung des Auskleidematerials der Formen zu einer Aufgabe von sehr weitreichender Bedeutung. Denn es erscheint als ein Bestandteil des Gießvorganges und als eine Größe, die das Gepräge der Gußstücke wahrscheinlich in weitem Maße beeinflußt.

Es ist außerordentlich schwierig, das Verhalten der Formenauskleidungen während des Gusses unmittelbar zu beobachten. Viel geeigneter kann dies durch besondere Versuche an kleinen Messingprobestücken erforscht werden, die unter steter Beobachtung ähnlicher Verhältnisse, wie an den Wandflächen der Form beim Guß, schmolzen und erstarrten.

Das im kleinen Maßstab arbeitende, von den Verfassern ersonnene Verfahren besteht im Ausgießen einer bestimmten Menge Messing unter festgelegten Verhältnissen auf eine die Form darstellende Platte. Die Vorrichtung ist in Abb. 60 zu sehen. Ein mit Glühspiralen beheizter, elektrischer Ofen enthält eingeschlossen einen für Bodenguß eingerichteten Carborundumtiegel und ist in bestimmter Höhe über einem Sockel befestigt. Auf diesem Sockel liegt eine aus dem zu untersuchenden Material angefertigte Platte. Sie wird durch Drahtwindungen, die in einer Vertiefung des Sockels liegen, bis zur verlangten Temperatur erhitzt. Thermoelemente aus Platin-Platin-Rhodium sind zum Beobachten der Temperaturen des Tiegels wie des Formmaterials vorgesehen. Der Apparat besitzt Einstellschrauben, um ihn in Waage zu bringen. Ein bearbeiteter Block von 70/30 Messing 180 g schwer und geschlitzt, um den Stopfen des vom Boden aus gießenden Tiegels umgreifen zu können, wird eingesetzt, geschmolzen und auf die verlangte Gießtemperatur von im allgemeinen 1050° C gebracht. Lüftet man den Verschlußstopfen, so fällt das geschmolzene Messing in sanftem Strome auf die Oberfläche des Formenmaterials und erstarrt zu einer Scheibe von etwa 76 mm Durchmesser[1]. Die Untersuchung der auf diese Weise unter genau wiederholbaren Verhältnissen gegossenen Scheiben vermag einen beträchtlichen Erkenntnisstoff über das Verhalten beider, des Messings, wie des Formenmaterials zu ergeben. In der Scheibenmitte führt das stetige Spülen des Strahles auf die Platte aus Formmaterial zu verwickelten Vorgängen. Sie gleichen denen in der Umgebung des Strahles beim Gießen eines Blockes. Gegen den Rand ist die Strömung des Messings über das Formenmaterial gering, und die Verhältnisse

---

[1] Eine ungefähre Schätzung der Oberflächenspannung eines flüssigen Metalls kann durch Messung der freien Randstärke einer annähernd runden Platte erhalten werden, die auf eine horizontale Fläche gegossen wird. Der Guß ist so vorzunehmen, daß ein statisch freier Zustand vor Beginn der Erstarrung erreicht wird. Angenommen, das Metall benetzt die Fläche nicht, so wächst die Oberflächenspannung mit der Randstärke nach der Formel

$$T = gd\frac{h^2}{4}$$

in welcher T die Oberflächenspannung in Dyn je cm, g = 981 die Beschleunigung der Erdanziehung in cm/sec², d die Metalldichte und h die Scheibendicke ist.

nähern sich wahrscheinlich denen im Block an den vom Strahleinfall entfernt liegenden Stellen. Es werden Stärkemessungen an der erstarrten Scheibe gemacht, um die Veränderungen zu bestimmen, die auf ver-

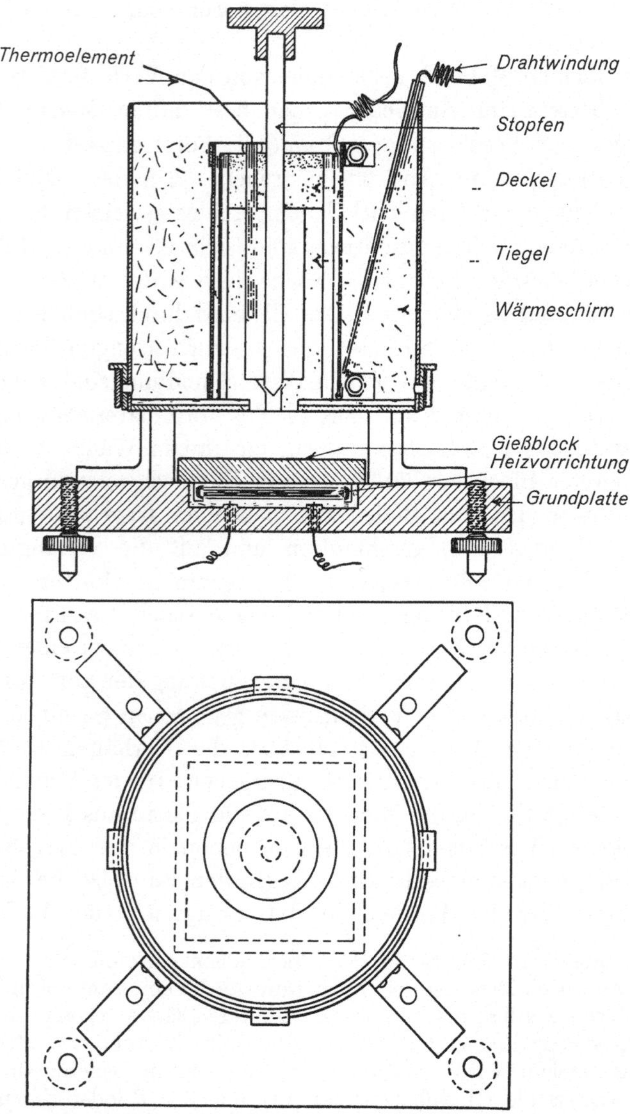

Abb. 60. Versuchseinrichtung zur Erforschung des Verhaltens von Auskleidstoffen für die Formen.

schiedene Oxydationsstufen der Legierung zurückzuführen sind. Als Vergleichsmaß wird eine gleiche, in einer Wasserstoffhülle geschmolzene und erstarrte Scheibe benutzt.

Die Einzelheiten einiger Versuche und die Stärke und das Aussehen der Scheiben werden in Zahlentafel 8 wiedergegeben.

Auf eine sauber bearbeitete, gußeiserne Platte gegossene Scheiben zeigen eine obere, gräulich-gelbe Oberfläche mit verhältnismäßig tiefen Furchen. Sie ist durch die Anwesenheit einer Oberflächenoxydhaut auf dem Strahl während des Gießens entstanden. Die Stärke der Scheiben beträgt 7,5 mm. Die untere Fläche zeigt weniger Oxydation und ist im allgemeinen glatt. Nur unweit der Mitte kommen tiefe Gruben vor, die im Aussehen den Bläsern gleichen. Das Bild einer auf diese Weise angefertigten Musterscheibe ist in Abb. 61a dargestellt.

Zahlentafel 8.

Gegossene Scheiben aus 70/30 Messing. Einfluß der Formenherrichtung auf Stärke und Oberfläche.

Die Scheiben in Berührung mit Luft auf horizontale gußeiserne Platten gegossen.

Plattentemperatur 100° C.

Zurichtung	Scheibenstärke cm	Beschaffenheit der unteren Fläche der Messingscheibe
Keine	0,745	Runzlich. Tiefe Gruben.
Lampenruß	0,692	Sehr glatt.
Graphit	0,706	Überall gerauht.
Französische Kreide	0,710	Leicht rauh.
Porzellanerde	0,717	Sehr tief genarbt.
Feuerfester Ton	0,695	Tief genarbt.
Tonerde	0,736	Leicht rauh.
Zinkchlorid	0,603	Leicht rauh.
Geschmolzener Borax	0,666	Eingeschlossene Boraxkügelchen.
Aluminiumpulver	0,734	Tief genarbt. Keine Verbindung mit Aluminium.
Magnesiumpulver	0,662	Leichte allgemeine Rauhigkeit. Keine Verbindung mit Magnesium.
Lardöl (dick)	0,594	Sehr glatt.
Harz	0,544	Sehr glatt.
Harz und Lardöl	0,604	Sehr glatt.
Graphit und Lardöl	0,615	Sehr glatt.
Paraffinwachs	0,628	Sanft wellige Oberfläche.

Vor dem Vergießen auf die gußeiserne Platte aufgebrachte Überzüge von verschiedenen nicht vergasenden Tünchen wie Lampenruß, Graphit, Kreide und Metalloxyde bringen keine Veränderung im Oberflächengepräge der Scheiben und eine geringe nur in der Stärke hervor. Alle diese Überzüge vermindern die mit Bläsern bedeckten Stellen an der unteren Fläche der Scheiben oder vermeiden sie ganz. Zinkchlorid, ein sehr leicht vergasendes Material, (Verdampfungspunkt 730° C) gibt eine beträchtliche Verkleinerung in der Stärke, die ungefähr auf 6 mm

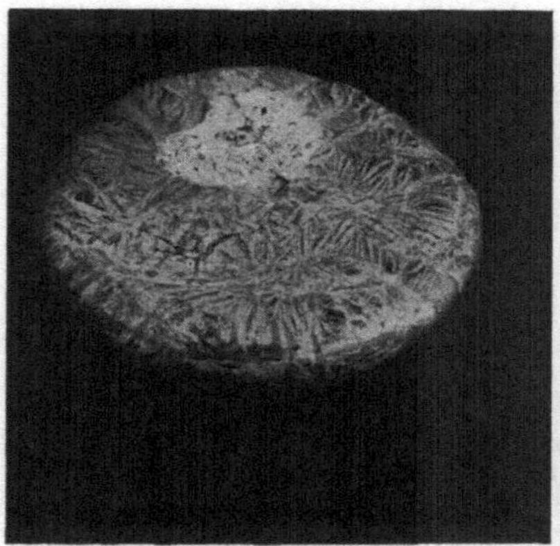
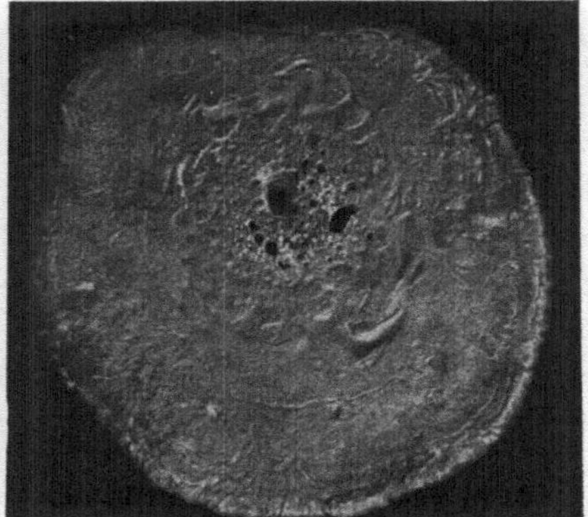

a) Ohne Überzug. „Bläser“ am Strahlauftreffpunkt und Oxydhäutchen an der freien Oberfläche.

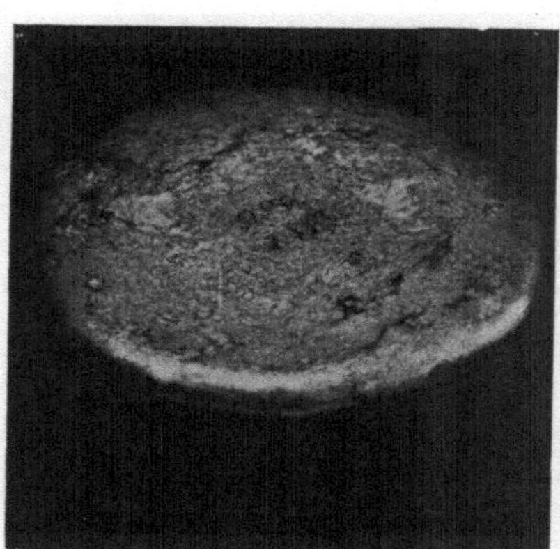
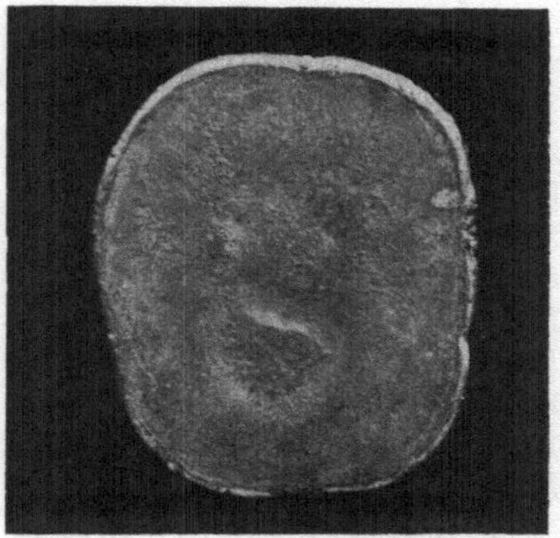

b) Überzug von Lardöl. Glatte untere Fläche und verhältnismäßige Freiheit von Oxydation.

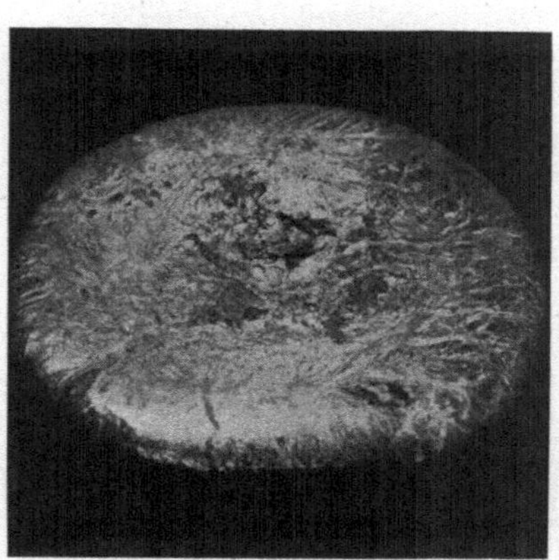
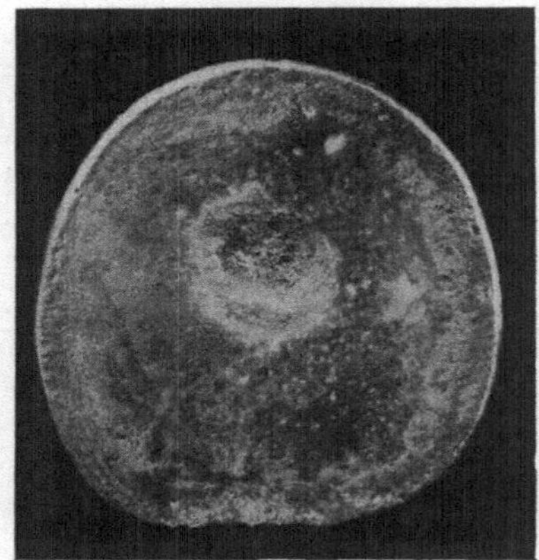

c) Überzug Lampenruß mit reduzierender Kohlengashülle, glatte Oberfläche, Freisein von Oxydation.

Abb. 61. Kleine Messingscheiben auf horizontale gußeiserne, mit verschiedenen Materialien überzogene Platten gegossen.

herabsinkt, bei verhältnismäßig glatter Oberfläche. Diese Wirkung scheint auf der Verbindung des Zinkchlorids mit dem Oxyd im Messing zu beruhen, deren weitere Folge das unbehinderte Fließen des flüssigen Metalls ist. Metallische Überzüge von Aluminium und Magnesium scheinen von dem geschmolzenen Messing unangegriffen zu bleiben und äußern keinen sichtbaren Einfluß auf das Gepräge der Scheiben.

Mit Überzügen aus vergasbaren Materialien aber, wie aus verschiedenen Ölen, Harz und diese enthaltenden Mischungen, wird eine merklich verschiedene Art von Scheiben hervorgebracht. Unmittelbar bei Gießbeginn fängt die Tünche an zu verdampfen und gibt eine Wolke von Flamme und Rauch von sich, welche den Raum unter dem Ofen ganz erfüllt. Die entstehende Scheibe ist im allgemeinen blank, Kohlenflecken ausgenommen, und immer beträchtlich dünner, als die mit nicht vergasenden Überzügen versehenen. Z. B. ist eine mit einem dicken Überzug von Harz erhaltene Scheibe nur etwa 5,5 mm dick. Das Aussehen einer Musterscheibe (mit Lardöl gegossen) ist in Abb. 61b zu sehen.

Von der flüchtigen Tünche wird eine Gashülle erzeugt. Sie sperrt die Luft vom Messing ab und verhindert so Oxydbildung auf der Scheibe. Aber das erhöhte Fließvermögen dürfte angesichts der Gewalt der Gasentwicklung doch nicht allein der fehlenden Messingoxydation zu verdanken sein. Der Vergleich mit einer aus einem Messingblock im elektrischen Ofen auf Karborundum und in Wasserstoff erschmolzenen Scheibe bestätigt es. Ihre Stärke ergab sich zu 6,9 mm, das ist weniger als bei einer in Berührung mit der Luft aus dem Scheibengießofen gegossenen. Sie ist aber offensichtlich größer als sie mit einer flüchtigen Formtünche erzielt wird. Die Oberfläche einer in Wasserstoff erstarrten Scheibe ist metallisch blank und zeigt keine Spur von Trübung. Wenn die Scheibe auf gleiche Weise aber in einer Atmosphäre von aus Flaschen entnommenem Stickstoff gegossen wurde, so zeigt sie eine geringe Oxydation. Denn solcher Stickstoff enthält immer einen niedrigen Hundertsatz an Sauerstoff. Die Stärke der Scheibe betrug gegen 7 mm. In derselben Vorrichtung mit freiem Zutritt der Luft angefertigte Scheiben sind dick mit Oxyd bedeckt und beträchtlich, über 8,5 mm stark.

Somit kann die Gegenwart einer oxydierten Oberfläche auf das scheinbare Fließvermögen des geschmolzenen Metalls eine erhebliche Wirkung ausüben. Es darf aber auch angenommen werden, daß der Anprall des Strahles beim oben beschriebenen Gießen der Scheiben das Metall auseinandertreibt, und daß sich dies in der Verminderung der Scheibendicke auswirkt. Ein Teil des scheinbaren Anwachsens des Fließvermögens bei Scheiben, die mit vergasenden Überzügen gegossen wurden, ist offenbar dem Einflusse der entwickelten Gase auf verminderte

Oxydation zuzuschreiben. Das Übrige bewirkt der mechanische, forttreibende Einfluß der Gasentwicklung auf das fließende Messing.

Die hier gefundenen Ergebnisse, im Lichte der Erfahrungen beim praktischen Messingguß in Eisenformen gesehen, regen zu einer Erklärung der guten Oberflächenbeschaffenheit von Blöcken an, die nach gewöhnlichen Verfahren unter Anwendung einer brennbaren Formentünche entstanden.

Es zeigt sich, daß diese Art des Formenausstriches verschiedene, getrennte Aufgaben hat. Die wichtigste beruht auf ihrer Vergasung und teilweisen Verbrennung während des Gießens und auf dem zurückbleibenden kohlenstoffhaltigen Belag in der Form. Eine starke, in der Form und um den Strahl des geschmolzenen Metalls herum gebildete Gashülle wirkt wie ein die Berührung mit der Luft abhaltender Schild. Ohne diese Wirkung würde die Oxydation an der Strahloberfläche, wie an dem in der Form aufsteigenden Metallspiegel eine anhaftende Haut bilden. Weil der Strahl unvermeidlich Wellen und Spritzer während des Auffüllens der Form hervorrufen muß, so sind an der fertigen Blockoberfläche Faltenbildung und andere Fehlstellen, wie beispielsweise nicht in die Blockmasse wieder eingeschmolzene Metallkügelchen das Endergebnis.

Die zweite Aufgabe des Formenausstriches besteht im Schutze der Form vor übermäßiger Erhitzung durch das geschmolzene Metall. Es wird dadurch das Eindringen von Gasen aus dem Gußeisen in die Blockoberfläche verhindert. Diesen Schutz gewährt mannigfaltiges Material. Er ist nicht nur den verbrennbaren Formentünchen eigen.

Die vorstehenden Folgerungen werden durch Versuche bestätigt, bei denen wieder Scheiben auf Platten aus Formenmaterial gegossen wurden, und bei denen diese Platten mit einem trägen Überzug von Kohlenstoff (Ruß) versehen und mit einer reduzierenden Gashülle umgeben waren. Unter den früher beschriebenen Gießverhältnissen und mit einer Kohlengasflamme, die so lang ist, daß sie den ganzen Raum zwischen dem Ofen und der Platte aus Formenmaterial ausfüllt, wird die erzeugte Scheibe etwa 6,5 mm stark. Dies stimmt mit der früheren Angabe überein, wenn berücksichtigt wird, daß die wirbelnde Wirkung der Gase des Überzuges fehlt. In gleicher Weise gibt ein am Boden des Ofens dicht angesetzter Eisenblechkasten eine Scheibe von etwa 6,7 mm Stärke, wenn er die Platte aus Formenmaterial fest umschließt und mit Kohlengas gefüllt bleibt. Das Gas brennt aus einem Loch seines Oberteils und um den Metallstrahl herum. Solche Scheiben sind oxydfrei und zeigen eine glatte Oberfläche ähnlich solchen, bei denen eine vergasende Formentünche zur Anwendung kam. Ein Muster einer mit der Kohlengasflamme gegossenen Scheibe ist auf Abb. 61c zu sehen.

Auf einer gußeisernen, sauber bearbeiteten Platte mit einer Kohlengasflamme gegossene Scheiben zeigen in der Mitte Bläser und an der unteren Fläche noch einige, allgemeine Unregelmäßigkeiten. Das läßt vermuten, daß der Formenausstrich nicht nur Bläser vermeidet. Er setzt auch die Geschwindigkeit des Wärmeentzuges („chill“) herab, wenn das geschmolzene Metall zur ersten Berührung mit der Formenoberfläche kommt. Die Tünche wirkt bei Blockformen also auch noch in anderer Weise. Sie sorgt für eine geringe Wärmeabschirmung. In Verbindung damit ist zu beachten, daß bei Schnitten an Blöcken aus einseitig ausgestrichenen Formen die Mitte der Schwindungshohlraumschicht nicht gegen die bestrichene Seite verlegt war. Scheinbar wirkt der Formenausstrich so, daß seine Wärmeabschirmung sich nur auf die Oberfläche erstreckt, ohne wesentlichen Einfluß auf die Erstarrung der Masse zu haben.

Nach allgemeinem Brauche goß man zum Warmwalzen bestimmtes 60/40 Messing in offene, seichte Formen. Dabei erstarrt eine Seite des flachen Gußstückes in Berührung mit der Luft. Um Oxydation zu vermeiden, stäubt man zur Bildung einer schützenden Schlacke Boraxpulver über die Oberfläche, nachdem man die während des Gießens angesammelten Oxyde und andere fremde Stoffe weggezogen hat. Eine nicht brennbare Tünche kleidet die Form aus. Die Blöcke zeigen Oberflächenfehler, die aber normalerweise nicht ausgedehnt genug sind, um während des Walz- und Glühprozesses bestehen zu bleiben. Die Verbindung freien Luftzutrittes mit Maßnahmen gegen Oxydation machen das Verfahren wohl beachtenswert.

Blöcke von 70/30 Messing in einer solchen offenen, halben Form von $305 \times 152 \times 25$ mm aus dem Tiegel in eine Ecke gegossen, zeigen eine außerordentlich rauhe, schwarzgraue Oberfläche. Während des Gießens schichten die sich folgenden Wellen geschmolzenen Metalls die vorher oxydierte Oberfläche in eine Kette von Graten auf. Die untere Fläche zeigt auch geringere Fehlstellen gleichen Aussehens. Sie sind in Abb. 62a und b dargestellt. In einem auf gleichem Wege, aber bei Anwendung einer die Form einhüllenden Kohlengasflamme gegossenem Block, blieben die Grate aus, und die entstehende Oberfläche war glatt und nicht mißgefärbt. Es entstand keine wesentliche Oxydation. Die einzigen Mängel waren Spalten, die dem Schwinden zugeschrieben werden mußten, und die das Absinken der zwischendendritischen Flüssigkeit in den Endstufen der Erstarrung hervorbringt. An diesen Stellen sind die Oberflächendendriten in ähnlicher Weise scharf begrenzt, wenn auch nicht so klar, wie sie sich an gegossenen Platten von Zinn und Antimon finden. Das Aussehen solch eines Blockes ist in Abb. 63a und b zu sehen. Ein Vergleich der beiden Blöcke macht den Einfluß der Oxydation auf das Verhalten des geschmolzenen Messings während des Gießens vollständig klar. Gleiche Blöcke aus 60/40 Messing, die unter der Anwendung der schützenden Gasflamme entstanden sind, bleiben frei von zwischendendritischen Spalten, die Blockoberfläche ist glatt und zeigt nur seichte Schrumpfungseinsenkungen von geringerer Tiefe als 2,5 mm. Der Unterschied liegt in dem kleinen Erstarrungstemperaturbereich der Legierung.

a) Obere Fläche.

b) Untere Fläche.

Abb. 62. Oberflächen in horizontalen offenen Formen gegossener 70/30 Messingblöcke, während des Eingießens frei der Luft ausgesetzt. Sie zeigen ernste Oxydationsmängelstellen.

Solche Versuche zeigen außer den Oxydationseinflüssen nebenbei auch noch ein zur Wahl stehendes Verfahren für das Gießen von 60/40 Messingblöcken in offener Form. Sie lehren ferner, daß das gleiche Verfahren für 70/30 Messing oder andere Legierungen nicht verwendbar ist, sobald diese einen Erstarrungsbereich über 10^0 C besitzen.

Die Ergebnisse vom Guß kleiner Scheiben werden bestätigt, wenn man die Versuche auf das Gießen von $305 \times 152 \times 25$ mm Blöcken in einer gußeisernen Form ausdehnt und die Verhältnisse beim

Gießen so ändert, daß sie mit den in kleinerem Maßstabe gewonnenen verglichen werden können. Werden Blöcke in Berührung mit Luft ohne Formenausstrich gegossen, oder wird ein nicht entzündbarer Ausstrich verwendet, so weisen die Gußstücke eine ungleichmäßige gerippte Oberfläche auf mit vielen unter der Oberfläche liegenden Einschlüssen von Oxydhaut. Kleine durch Platschen beim Gießen ent-

a) Obere Fläche.

b) Untere Fläche.

Abb. 63. Oberflächen von in offenen horizontalen Formen und in einer reduzierenden Kohlengashülle gegossenen 70/30 Messingblöcken. Sie zeigen Schwindungsspalten, aber Oxydationsmängel fehlen.

standene Metallkugeln fallen beim Entfernen des Gußstückes aus der Form von diesem ab, und andere, ähnliche Teilchen sind leicht von der Oberfläche abzulösen. Beim Gebrauch einer entzündbaren Formenauskleidung wird eine glatte Oberfläche erhalten, die einzigen Fehlstellen sind Grübchen und anklebende Teilchen der verkohlten Formentünche. Doch können bei niederer Gießtemperatur Fehlstellen durch verspritzes und nur unvollkommen wieder eingeschmolzenes Metall erzeugt werden. Läßt man das Ausschmieren der Form weg und setzt an seine Stelle eine reichliche Kohlengasflamme, die das obere Ende der Form und den Metallstrahl einhüllt, so erhält man Blöcke mit oxydfreier Oberfläche, die aber Bläser und Faltungen zeigen. Diese sind dem raschen, ersten Abschrecken durch die nackte Oberfläche der Form zu verdanken. Man kann solche Fehlstellen durch Verwenden einer trägen, schlecht wärmeleitenden Auskleidung vermeiden. Als solche gelten Ruß aus einer Azetylengasflamme oder ein Anstrich mit feuerfestem Material. Ferner ist unmittelbares Auftreffen des Strahles auf die Formwand zu vermeiden. In gleicher Weise erhält man glatte Oberflächen durch das Verschließen der Form mit einem gut passenden, mit Ein- und Auslaßrohren für das Gas versehenen Eisendeckel, also durch das Eingießen in eine mit Kohlengas oder Wasserstoff erfüllte Form. Die Oberflächenbeschaffenheit kennzeichnender, mit verschiedenen Formentünchen und in verschiedenen Gashüllen gegossener Blöcke sind in Zahlentafel 9 beschrieben.

Zahlentafel 9.

Gegossene 70/30 Messingblöcke (305 × 152 × 25 mm). Einfluß der Formenauskleidung und der Gashülle auf die Blockoberfläche. Gießtemperatur 1100° C. Gießzeit 10 Sekunden.

Gashülle	Formenauskleidung	Merkmale auf der Blockoberfläche
Luft	Keine	Viel Oxydhaut. Wenige nicht eingeschmolzene Spritzer.
„	Harz	Oberfläche frei von Oxydhaut, aber genarbt. Wenig Spritzer.
„	Lardöl	Frei von Oxydhaut. Viel Spritzer und Narben.
„	Lardöl und Graphit	Frei von Oxydhaut. Geringe Anzahl Narben.
„	Paraffinwachs	Kleine Oxydhaut. Viel Spritzer.
„	Terpentin	Kleine Oxydhaut. Wenig Spritzer und Narben.
„	Zinkchlorid	Eine Fläche mit Oxydhaut bedeckt. Sehr große Anzahl Spritzer.
Kohlensäure	Keine	Viel Oxydhaut. Einige Spritzer und Narben.
Stickstoff	„	Gleich denen beim Guß in Kohlensäure.
Wasserstoff	„	Glatt bis auf die Stelle, an der der Strahl die Form trifft.
Kohlengas	„	Gleich denen beim Guß in Wasserstoff.
„	Graphit	Glatt. Wenig Spritzer auf dem Boden.
„	Lampenruß	Glatt.
„	Lardöl und Graphit	Frei von Oxydhaut. Einige Spritzer.

Bei geringer Gießtemperatur oder Gießgeschwindigkeit ohne vergasbare Formentünche gewonnene Blöcke zeigen im oberen Teile Neigung zu sanfter welliger Oberfläche an den Ecken.

Es darf nach allen den beschriebenen Versuchen festgestellt werden, daß die Oberflächenglätte eines abgeschreckt gegossenen Blockes weitgehend von zwei Wirkungen abhängt, nämlich 1. von dem Wegbleiben der Oberflächenoxydation und 2. von dem anfänglichen Verzug in der Wärmeübertragung vom Metall zu den Wänden der Form, wie dies eine dünne Auskleidung mit feuerfestem Material bewirkt. Ein dritter Gesichtspunkt ist die Vermeidung von Überhitzung der Formenwandflächen.

Es ist früher über die verschiedenen Arten von Mängeln berichtet worden, wie sie an Musterbeispielen von Handelsblöcken und an Walzmaterial vorkommen (siehe S. 16). Bruch- und Schnittstellen von Blöcken weisen Hohlräume der verschiedensten Größe auf. Sie sind roh genommen von kugelförmiger Gestalt und verteilen sich über den Querschnitt. Sie beschränken sich aber dabei in der Hauptsache auf das Gebiet innerhalb von etwa 4 mm Abstand von der Außenseite des Blockes. Sie haben zum Schrumpfen keine Beziehung und beruhen ersichtlich auf dem Einschluß von Gasen. Wie später gezeigt werden wird, werden jedoch Gase von 70/30 Messing bei der Erstarrung nicht entwickelt (siehe Abschnitt XI, S. 120). Die Quelle der eingeschlossenen Gase ist infolgedessen auf die Ansaugekraft des Metallstrahles während des Gießens und auf die von der erhitzten Formentünche entwickelten gasförmigen Stoffe beschränkt. Die nahe Nachbarschaft der meisten kugeligen Hohlräume gegen die Blockaußenseite läßt vor allem die Formentünche verantwortlich erscheinen. Da sich in einer Anzahl nachgeprüfter Hohlräume Kohle in ablösbarer Menge fand, scheint diese Ansicht richtig zu sein. Eine weitere Bestätigung gibt der Guß von Blöcken in einer senkrechten 305 × 152 × 25 mm Form, bei der eine Wand mit Öl und Graphit eingeschmiert, die andere aber nicht überstrichen, oder mit einem dünnen Blech ungeschützten Stahls bedeckt ist. Schnitte aus solchen Blöcken zeigen kleine Hohlräume nur in der Nähe der Oberfläche, die in Berührung mit der überzogenen Wand der Form gegossen worden ist. Die Prüfung von Blöcken, ähnlich den in Zahlentafel 9 beschriebenen, die mit verschiedenen Arten Formausstrichmaterial hergestellt wurden, ergibt, daß Fehlstellen unter der Oberfläche nur bei Anwendung einer brennbaren Formtünche sich bilden.

Das zufriedenstellendste Mittel, die Fehlerlosigkeit der ganzen Oberflächenschicht verschiedener Blöcke zu vergleichen, ist die Prüfung eines ungefähr 3 mm starken Abschnittes oder einer Scheibe mit Röntgenstrahlen. Das Stück wird so vom Block abgeschnitten, daß es die äußere und die darunter liegende Schicht umfaßt. Das Vorgehen ist schon früher in Verbindung mit der Prüfung kleiner Stücke von Handelsblöcken (siehe Abschnitt III, S. 25) besprochen worden. Abb. 64a zeigt

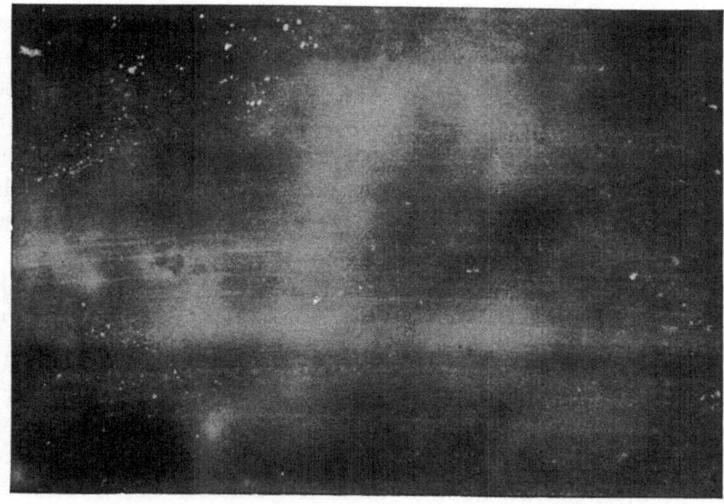

a) Gegossen mit vergasender Formentünche, zeigt unter der Oberfläche liegende Porosität.

b) Gegossen mit Lampenrußauskleidung und reduzierender Gashülle, zeigt Fehlerlosigkeit unter der Oberfläche.

Abb. 64. Röntgenaufnahmen von Oberflächenschichten an 70/30 Messingblöcken. ½ natürlicher Größe.

ein Röntgenbild einer von der Oberfläche abgeschnittenen Scheibe eines $305 \times 152 \times 25$ mm Blockes. Er wurde senkrecht und mit einer vergasbaren Formenschmiere von Lardöl und Graphit gegossen. Die kleinen weißen Flecken zeigen die im Block innerhalb einer Tiefe von ungefähr 3 mm unter der Oberfläche liegenden Hohlräume an. Örtliche Unregelmäßigkeiten der Oberfläche sieht man als kleine, matte, graue Flächen. Zahl, Größe und Verteilung der Hohlräume schwanken in gleichartig gegossenen Blöcken. Aber die sich zeigenden Mängel bleiben kennzeichnend für Blöcke, die mit den üblichen, zur Auswahl stehenden, vergasbaren Formentünchen gegossen wurden. Sie finden sich gewöhnlich in Blöcken, wie sie nach den gebräuchlichen, in Abschnitt II, S. 10 beschriebenen Verfahren hergestellt werden. Das Röntgenbild 64b einer von der Oberfläche abgeschnittenen Scheibe gibt eine Vorstellung von der Beschaffenheit von Blöcken, die mit äußerer Gasflamme und in einer angerußten Form gegossen wurden. Es treten keine unter der Oberfläche liegenden oder anderen Fehlstellen auf.

Somit ist es klar, daß der nützliche Einfluß der vergasbaren Formentünche: die Erzeugung eines reduzierenden Gases, die Schonung der Form und ein gewisses Maß von Wärmeabschirmung, von den Nachteilen begleitet ist, daß die gasförmigen Erzeugnisse nicht ganz durch das geschmolzene Metall entweichen, sondern eine Quelle von Fehlstellen unter der Oberfläche des Blockes bilden.

Im gewöhnlichen Messingtiegelgußverfahren wird die Form unter einem Winkel von etwa 15—30^0 gegen die Senkrechte beim Füllen angelehnt (siehe Abb. 5). Bei elektrischen Öfen und maschineller Handhabung der Form wird eine Aufnahmerinne für den Strahl wesentlich. Sie ermöglicht eine unmittelbare Beschickung aus dem gekippten Schmelzofen, zwingt aber zum Füllen der Form in senkrechter Stellung. Für die Gießversuche an den 305 × 152 × 25 mm Blöcken, die zur gesonderten Prüfung der verschiedenen, im Gießverfahren enthaltenen Vorgänge dienen sollen, wurden senkrecht stehende Formen gewählt, um jede störende Berührung des Strahles mit der Wand der Form zu vermeiden. Aus den Forschungsergebnissen an Formenauskleidungen geht aber hervor, daß die Stellung der Form an sich selbst für das Vorkommen und die Verteilung von Hohlräumen im Gußstück von nicht geringer Bedeutung ist.

Während in einer senkrecht stehenden Form die der Formenauskleidung entstammenden Gase leidlich frei durch das Metall und zwischen Metall und Form entweichen können, müssen sie in der geneigt stehenden Form teilweise durch die Blockdicke aufsteigen. Dieser Punkt kommt dann zu besonderer Bedeutung, wenn die Erstarrung an beiden Seiten des Blockes begonnen hat. In der senkrecht stehenden Form streben die Gasblasen danach, durch die noch flüssige Blockmitte zu entweichen, aber in der geneigten Form kommen gegen die obere Formwand aufsteigende Gasteile in Gefahr, an der erstarrenden Metallfläche eingefangen zu werden (siehe Abb. 65).

Im allgemeinen bringt die Deckel- oder Oberseite eines Messingblockes mehr Spritzerfehlstellen im Walzmaterial hervor, als die Rückwand. Diese Verschiedenheit ist höchst wahrscheinlich eine unmittelbare Folge der geneigten Stellung der Form beim Gießen.

Das Aussehen der 305 × 152 × 25 mm Versuchsblöcke, die in einer unter etwa 30° gegen die Senkrechte angelehnten, mit brennbarer Tünche ausgestrichenen Form gegossen wurden, bestätigt diese Ansicht.

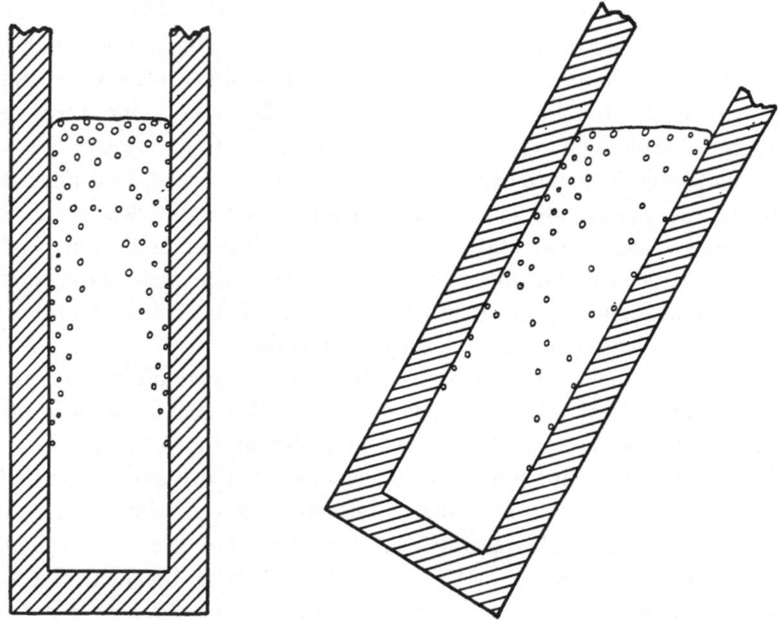

Abb. 65. Einfluß der Formenaufstellung auf die Einschlußgefahr mitgerissener Gase.

Röntgenbilder von Oberflächenscheiben zeigen sehr viele unter der Oberfläche verdeckt liegende Hohlräume nahe der Deckel- oder Oberseite und nur wenige nahe der Rückseite. Daher kann die geneigte Stellung der Form während des Gießens als sichere Ursache für das erhöhte Mißverhalten der brennbaren Formenauskleidung betrachtet werden.

Ganz abgesehen von den Einflüssen der Formenauskleidung kann man die Schiefstellung der Form als Ursache für Blockfehler mittel- oder unmittelbar ansehen. Eine beträchtliche Menge Luft, oder über dem Metall stehendes Gas wird in das geschmolzene Metall innerhalb der Form durch die Injektorwirkung des Strahles hineingetrieben, und ein Teil davon kann nahe der Blockoberfläche eingeschlossen zurückgehalten werden, ähnlich wie dies mit Gasen geschieht, die von der Formentünche unmittelbar in den Block hinein entwickelt werden.

Zur Bestätigung dienten Versuchsblöcke aus einer geneigten, nicht getünchten Form. Ihre Untersuchung mit Röntgenstrahlen ergab innere Hohlräume in der oberen Hälfte. Sie lagen in der Nähe der Deckelseite, dagegen nicht an der gegenüberliegenden Fläche des Blockes.

Das Neigen der Form führt also offenbar von sich aus zu Fehlstellen und kann den Einfluß schlechter Verhältnisse beim Gießen noch erhöhen. So würde z. B. die schädliche Einwirkung einer zu niedrigen Gießtemperatur durch die Schrägstellung der Form beim Gießen bestimmt erhöht.

Es ist schon früher erörtert worden, wie das Gefüge des Blockes und die Verteilung der Hohlräume von der Wirbelung abhängt, die durch die Wucht des Gießstrahles veranlaßt wird (siehe Abschnitt VI). Es geht aber auch eine Störung von der vergasenden Formentünche aus. Sie muß als wichtiger Teil bei der Auslegung des Gefüges von Handelsblöcken betrachtet werden. Man halte die Gefüge zweier unter vergleichbaren Verhältnissen gegossener Blöcke nebeneinander. Der eine ist mit einer trägen Formenauskleidung und der andere mit einer Öltünche gegossen worden. Es zeigt sich, daß die vergasbare Auskleidung eine allgemeine Abnahme der Kristallgröße und eine bestimmte Abnahme der Stengelkristallbildung hervorruft. Eine besonders bemerkenswerte Erscheinung ist die vergrößerte Tiefe der Außenschicht feiner Abschreck- (gleichachsiger) Kristalle, sobald ein vergasbarer Formenausstrich angewendet wurde.

Die oben beschriebenen Einwirkungen werden an einem Block bestätigt, in welchem beide Gefüge vereinigt sind. Dieser im Schnitt in Abb. 66 abgebildete Block wurde in einer Form gegossen, von der nur die obere Hälfte mit flüchtigem Material (Harz) ausgestrichen war. Bei einem Vergleich der beiden Gefüge wird es klar, daß die aus der flüchtigen Formentünche entwickelten Gase über fast die ganze Abkühlungszeit bis zur Liquidustemperatur in der flüssigen Legierung Wirbelung erregten. Wahrscheinlich erstreckte sie sich über diesen Zustand noch hinaus über einen beträchtlichen Teil des Blockes. Auf

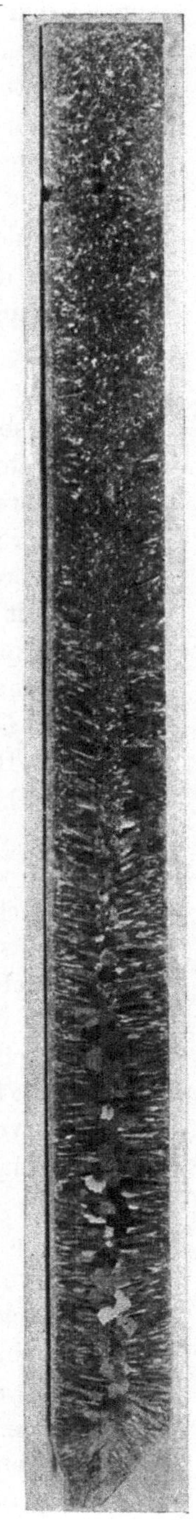

Abb. 66. Schnitt durch einen 70/30 Messingblock, gegossen in einer, in der unteren Hälfte mit Lampenruß und in der oberen mit Harz ausgestrichenen Form. Er zeigt die Wirkung vergasender Formenauskleidung auf die Art der Kristallbildung.

dem Boden eines normalen Blockes haben sich die aus der Tünche stammenden Gase augenscheinlich schon in einer vergleichsweise noch früheren Stufe voll entwickelt. Das Einströmen heißen Metalls in diese Gegend durch den Strahl reicht wahrscheinlich zur Bildung eines beträchtlichen Temperaturgefälles von der Mitte nach den Außenseiten des Blockes aus und veranlaßt das Wachsen von Stengelkristallen. Auf der anderen Seite möchte es scheinen, daß die ständige, durch das Aufsteigen der Gase verursachte Bewegung lange genug währt, um über den ganzen Querschnitt eine nahezu gleiche Temperatur zu ergeben. Diese kann entweder nahe dem Liquiduspunkt liegen. Dann treten Verhältnisse auf, unter denen Legierungen wie 70/30 Messing mit einem Erstarrungsbereich gleichachsige Kristalle bilden können. Oder, wenn sie, was wahrscheinlicher ist, unter dieser Temperatur liegt, dann sind bereits zahlreiche Kerne gegenwärtig. Diese mögen sich in regelrechter Weise innerhalb der Metallmassen gebildet haben, oder ursprünglich mit der Formwand festgeworden und erst später in die Flüssigkeit hinabgespült worden sein. Das Auftreten einer weitreichenden Schwammbildung („sponginess") kann bei einer nahezu augenblicklichen Erstarrung eines beträchtlichen Teiles der Legierung erwartet werden. Aus diesem Grunde treten verstreute Schwindungshohlräume als mittelbare Folge flüchtiger Formentünche auf.

Beim Fehlen der Wirkung eines vergasbaren Stoffes zwischen Form und Block, wie in der unteren Hälfte des dargestellten Schnittes ist das Gefüge viel leichter in großen Zügen wiederzugeben. Es zeigt die dünne Schicht gleichachsiger an die Wand anstoßender Abschreckkristalle, das durch einen verhältnismäßig steilen Temperaturabfall hervorgerufene Wachsen von Stengelkristallen aus dieser Schicht heraus und die Mittelschicht von gleichachsigen Kristallen. Sie entstehen durch die vereinte Wirkung des Erstarrungsbereiches, der Impfung mit festen Teilchen und durch die vom Strahle hervorgerufenen Temperaturveränderungen, wie sie auf S. 69 beschrieben worden sind.

Das Gefüge in einem Messingblock von annähernd 60/40 Zusammensetzung und gleicher Gestalt, ist kennzeichnend für eine Legierung mit nur geringem Temperaturbereich zwischen Liquidus- und Soliduspunkt. Es ist fast vollständig über die unteren drei Viertel der Länge stenglig und gleichachsig im verbleibenden oberen Viertel. Die Schwindungshohlräume sind auf eine sehr schmale Mittelschicht zusammengedrängt. Da ein sich abkühlender Block einer derartigen Legierung nur eine isothermische Oberfläche für den Erstarrungsvorgang hat, so kann sich die Stengelkristallisation selbst bei geringem Temperaturabfall fortsetzen. Die Neigung zu dieser Gefügeform ist infolgedessen stark. Die Durchwirbelung mit den Gasen der flüchtigen Formentünche macht sich im Oberteil des Blockes gleichwohl bemerkbar und lehrt, daß in dieser Gegend die Gase noch nicht ganz vor dem Beginn des Festwerdens ausgeschieden waren. Das läßt weiterhin vermuten, daß bei tieferer Gießtemperatur, und bei der dadurch gekürzten Abkühlungszeit bis auf den Erstarrungspunkt, das im Verhältnis zu ihr länger hingezogene Durchwirbeln Stengelkristallisation noch mehr zu verhindern strebt.

Bei Messing dauert es verhältnismäßig sehr lange Zeit, bis die Gasentwicklung aus der Formentünche aufhört. Dies wird durch den Vergleich der zwei Schnitte in Abb. 67 weiter klar gemacht. Die verwendeten Blöcke (305 × 152 × 25 mm) wurden von unten gegossen, und zwar Block a in einer mit vergasbarer Tünche und Block b in einer mit träger Auskleidung versehenen Form. Der Gefügeunterschied zwischen den beiden von unten gegossenen Blöcken ist ebenso merklich, als der zwischen den von oben gegossenen. Er zeigt, daß während des Auffüllens der Form die Vergasungsgeschwindigkeit der Auskleidung im Vergleich zur Aufsteiggeschwindigkeit des Metalles in der Form gering ist.

a) b)

Abb. 67. Schnitte von unten gegossener 70/30 Messingblöcke, die die Einwirkung der Formentünche auf das Gefüge zeigen.

a) Form ausgekleidet mit vergasbarer Tünche.
b) Form ausgekleidet mit trägem Stoff.

Mit dem Anwachsen des Blockquerschnittes verlängert sich die Abkühlungszeit bis zum Erstarrungspunkt, und die Gasentwicklung aus der Formentünche hört bei einer entsprechend früheren Stufe der Erstarrung auf. Ein 50 mm starker, bei 1100° C gegossener 70/30 Messingblock zeigt die Erscheinung in geringerem Maße als einer von 25 mm Stärke. Wenn diese gar auf 152 mm steigt, so wird das Gefüge normal und weist keinen auf die Formenauskleidung zurückzuführenden Einfluß mehr auf (siehe Abb. 57). Die mittelbare Wirkung der vergasbaren Formentünche, also die Erzeugung von Undichtheit durch Schwindungshohlräume, bleibt somit auf Formen geringer lichter Stärke beschränkt, in denen die Erstarrungszeit geringer als die volle Vergasungszeit für die Formentünche ist.

XI. Zergliederung des Gießvorganges (Fortsetzung). Die Wirkung gelöster Gase.

Durch gelöste Gase bewirkte Undichtheit. — Einfluß der Abkühlungsgeschwindigkeit. — Gasporosität und Schwindungsporosität. — Unterschiede in der Porosität an 5%igen Zinnbronzegüssen bei Behandlung mit Gasen. — Fehlen solcher Erscheinungen in 70/30 Messing. — Einwirkung der Dampfspannung geschmolzenen Metalls.

Zwei Arten von Gashohlräumen in Blöcken sind schon besprochen worden. Man schreibt ihre Entstehung den Gasen zu, die entweder von der Auskleidung der Form stammen und deshalb nahe der Oberfläche eingeschlossen sind, oder den Gasen, die vom Strahl beim Gießen mitgerissen werden. Beide Arten von Hohlräumen sind von den Verhältnissen beim Gießen abhängig und enthalten aller Voraussetzung nach die Gase, die die Form im betreffenden Falle einhüllen oder ihr entstammen.

Wie allen Gießereien wohlbekannt ist, begegnet man auch öfters in einigen Metallen und Legierungen einer anderen Art von Gaseinschlüssen, die ihre Entstehung dem Freiwerden von im geschmolzenen Metall gelösten Gasen während der Erstarrung verdanken. Die meisten Metalle sind befähigt, beträchtliche Mengen von Gasen zu lösen. Nach allgemeiner Regel ist die Löslichkeit im flüssigen Zustand größer als im festen. Unter vollkommen gedachten Erstarrungsverhältnissen würden die Gase durch das flüssige Metall entweichen, im normalen Falle werden aber Teile von ihnen eingeschlossen. Beim Kokillenguß ist die durch eingeschlossene Gase verursachte Undichtheit nicht so häufig als wie beim Sandguß. Dies kann teilweise dem leichteren Entweichenkönnen des Gases unter eine Kristallisation in Säulenform begünstigenden Bedingungen zuzuschreiben sein, doch ist bei der raschen Erstarrung die Zurückhaltung des Gases in fester Lösung im Metall wahrscheinlicher.

Das für die Undichtheit des Gußstückes am meisten verantwortliche Gas ist der Wasserstoff, der in geringerem oder größerem Maße in allen geschmolzenen Metallen löslich ist. Im Falle des Aluminiums und seiner Legierungen, die mit Vorliebe die von gelösten Gasen herrührenden Nadelstiche („pinholing“) aufweisen, hatte sich gezeigt *(1)*, daß Wasserstoff zum großen Teile als Erzeugnis der Einwirkung von Wasserdampf auf das Metall in dieses letztere eindringt. Dabei tritt ein gewisses Maß von Oberflächenoxydation ein. Es ist dem Freiwerden von Sauerstoff bei der Umwandlung zu verdanken. Die Undichtheit in Aluminiumgüssen wird wahrscheinlich durch die einfache Entwicklung von Wasserstoff als solchem bei der Erstarrung verursacht, aber in verschiedenen anderen Metallen wird sie durch eine Verbindung zwischen löslichen Gasen bewirkt, die zu einem, bei der Erstarrung freiwerdenden, gasförmigen Stoffe führt. Beim Kupfer z. B. ist es bekannt, daß seine Porosität durch die Dampf bildende Verbindung zwischen Wasserstoff und Sauerstoff (welche beide in dem flüssigen Metall löslich sind) entsteht *(2)*. In ähnlicher Weise bewirken Schwefel und Sauerstoff zusammen in geschmolzenem Kupfer ungesunde Stellen, die dem Freiwerden von schwefliger Säure beim Erstarren zu verdanken sind – eine sehr auffallende Erscheinung beim Blasenkupfer („blister copper").

Bei Messingsorten, die 60 bis 70% Kupfer enthalten, möchten die Verfasser die beobachteten Gaseinschlüsse anderen Ursachen zuschreiben als dem Freiwerden von gelösten Gasen. Obgleich im Schrifttum einige Beweisgründe für die Ansicht vorliegen, daß man durch Glühen im Vakuum dem Messing Gas entziehen kann, so weichen doch die von verschiedenen Forschern erhaltenen Ergebnisse sehr voneinander ab, dank der in vielen Fällen angewandten dürftigen, experimentellen Hilfsmittel. Sie sind daher von geringem Wert.

Die Verfasser haben unter am meisten Erfolg versprechenden Bedingungen die Möglichkeit erforscht, in 70/30 Messsinggußstücken Gasporosität herbeizuführen *(3)*. Dieses Verfahren wurde an kleinen zylindrischen Gußstücken von 152 mm Länge und 38 mm Durchmesser vollzogen. Es ist wesentlich, daß die Einwirkung des Gasinhaltes verschiedener Metallschmelzen auf die gesunde Beschaffenheit der aus ihnen gewonnenen Gußstücke nur unter streng befolgten Abkühlungsbedingungen verglichen werden sollte. Tafelförmige Blöcke sind daher ihrer schnellen und ungleichmäßigen Erstarrung halber als passende Gestaltung von Gußstücken für solche Versuche nicht geeignet. Der Einfluß wechselnder Abkühlungsgeschwindigkeit kann bei kleinen Gußstücken durch Änderung des Materials der Form oder durch Heizen der Form festgestellt werden. Ein genügender Bereich für die Abkühlungsgeschwindigkeit wird erreicht bei Anwendung von Formen:

1. aus Kupfer (Wandstärke 25 mm).
2. aus Gußeisen (Wandstärke 6 mm).
3. aus Stahl, auf 800° C vorerhitzt[1].
4. aus trockenem Sand.

Blöcke von 70/30 Messing, in 152 × 38 mm Formen aus den oben genannten Materialien bei einer Gießtemperatur von 1100° C vergossen, erstarren vollständig in ungefähr 14, 22, 36 und 155 Sekunden. Gießt

[1] Die Stahlformen sollten auf irgend eine Weise, etwa durch Kalorisieren gegen Oxydation geschützt werden.

man aus derselben Schmelze in die genannten, aus verschiedenem Materiale bestehenden Formen Blöcke und bestimmt deren Dichte, so ersieht man aus dieser zunächst die gesamte Undichtheit. Sie rührt her von der vereinigten Wirkung des Schrumpfens und von der Gasentwicklung während der angeführten Abkühlungszeiten. Wenn die von der Schrumpfung allein herrührende Porosität an einer Vergleichsreihe von Gußstücken aus gasfreiem Metall bestimmt werden kann, so vermag man auch die Wirkung der Gasaufnahme im Metall für sich allein zu ermitteln. Die Bestimmungsweise ist genau genug, um Werte für den praktischen Gebrauch zu schaffen.

Verschiedene Arten des Vorgehens sind vorgeschlagen worden, um gasfreie, flüssige Metalle zu erhalten. Schmelzen und Gießen im Vakuum ist vielleicht die einzige, welche am Ende vollständig befriedigend ist. Etwaiges Vorschmelzen und Wiederfestwerdenlassen oder die Behandlung der Schmelze mit einem trägen Gas ist jedenfalls wirksam und entfernt einen großen Teil der in manchen Metallschmelzen vorhandenen Gase. So ist bei Kupfer Stickstoffbehandlung das Zufriedenstellendste *(4, 5)*. Zinnbronzen sind besonders zu Porosität durch gelöste Gase neigende Legierungen. Ein Vergleich von Gußstücken aus 5%iger Zinnbronze nach der Behandlung mit (a) Wasserstoff und (b) Stickstoff im geschmolzenen Zustande gibt daher nützliche Hinweise für die Brauchbarkeit der vorgeschlagenen Methode, die Wirksamkeit der Gase auf die Gesundheit der Gußstücke klar zu legen.

Eine 5%ige Zinnbronze, in einem Gasofen erschmolzen und mit Wasserstoff in der Weise gesättigt, daß ein rascher Strom dieses Gases 30 Minuten lang vor dem Gießen durch das geschmolzene Metall hindurchgeleitet wird, ergibt Gußstücke, welche bemerkenswert ungesund sind, wenn sie in den oben genannten vier Zeiten erstarrten. Das prozentuale Volumen der Hohlräume, durch Dichtebestimmung festgestellt, wächst von etwa 2,5% bei Abguß in Kupferform bis auf 10% bei Abguß in trockenem Sand. Vergleichsgüsse aus im elektrischen Ofen erschmolzenem Metall, durch welches Stickstoff in gleicher Zeitdauer kurz vor dem Gusse hindurchgeleitet wurde, enthalten etwa 1,25 bis 4% an Hohlräumen, je nachdem sie in Kupfer- oder Sandformen gegossen wurden. Mit anderen Worten, der Betrag an innerer Ungesundheit in kleinen, gegossenen Blöcken einer 5%igen Zinnbronze, die weitgehend, wenn nicht ganz frei von gelöstem Gase ist, wächst von 100 auf 150% an, wenn das geschmolzene Metall Wasserstoff aufnehmen darf.

Gleiche Versuche unter gleichen Bedingungen mit 70/30 Messing geben indessen sehr von den obigen abweichende Werte. Der Temperaturbereich für das Erstarren beträgt bei 70/30 Messing gegen 40° C, verglichen mit 120° für eine 5%ige Zinnbronze. Es ist daher zu erwarten, daß die Bronzegüsse mehr auf die Schrumpfung zurückzuführende

Lunkerstellen ergeben müssen. 70/30 Messing mit Stickstoff in einem elektrischen Ofen behandelt und bei 1100^0 C in dieselben 38 mm Durchmesser aufweisenden Formen gegossen, ergibt Blöcke, die ein prozentuales Volumen an Hohlräumen von weniger als 0,5% in der Kupferform und gegen 3% in der Sandform enthalten. Die Behandlung des Messings in einem Gasschmelzofen mit einem Wasserstoffstrom berührt die Porosität der Gußstücke nicht in wesentlichem Maße. Die Dichtheitswerte sind in den durch die verschiedenen experimentellen Methoden gegebenen Grenzen dieselben wie bei in der Stickstoffatmosphäre geschmolzenem Messing. Der sich ergebende Betrag an Porosität ist von einer solchen Größenordnung, daß er ähnlich wie bei anderen gleichartigen Legierungen den durch Schrumpfung entstandenen Hohlräumen allein zugewiesen werden kann. In gleicher Weise hat schweflige Säure, als ein Gas, das sich nicht nur mit Kupfer verbindet, sondern nach den Angaben einiger Werkleute *(6)* auch die Ursache von Gaslöchern in gegossenem Messing sein soll, keinen größeren Einfluß auf die Gesundheit, obgleich größere Mengen von Sulfiden und Oxyden (besonders vom Zink) sich in dem geschmolzenen Metall bilden und als Schaum zur Oberfläche aufsteigen. Die Unmöglichkeit, die Fehlerhaftigkeit des gegossenen 70/30 Messings durch Behandlung mit Stickstoff, Wasserstoff oder schwefliger Säure zu beeinflussen, scheint über den ganzen in der Praxis gebräuchlichen Bereich der Schmelz- und Gußtemperaturen zu gelten. Ein Gießen bei niedriger Temperatur nach Behandlung mit schwefliger Säure kann aber zu einem geringen Anwachsen der Fehlerhaftigkeit bei schnell erstarrten Blöcken durch Einhüllen nichtmetallischer Einschlüsse führen. Im Gegensatz zu vielen anderen Metallen und Legierungen gibt Messing mit Wasserstoff, im Schmelztiegel behandelt, vermutlich dank der Abwesenheit von Oxyden, die reinsten und gesundesten Blöcke.

Vermutlich ist der wirksame Urheber dieses einigermaßen außergewöhnlichen Verhaltens von 70/30 Messing die hohe Dampfspannung der geschmolzenen Legierung. Der Teildruck des Zinkdampfes in Messing schwankt mit der Zusammensetzung und der Temperatur, wie dies in Zahlentafel 10 *(7)* gezeigt wird. Man kann einen Vergleich mit wäßrigen Gaslösungen ziehen, bei denen die Löslichkeit des Gases (keine chemische Verbindung mit Wasser vorausgesetzt) mit zunehmender Dampfspannung des Wassers abnimmt und Null im Siedepunkt wird. Wahrscheinlich wird es sich demgemäß erweisen, daß die Löslichkeit chemisch träger Gase im Messing in gleicher Weise abnimmt, wie die Teildampfspannung des Zinks sich der atmosphärischen Spannung nähert, und beim Siedepunkt Null wird.

Wahrscheinlich erweist sich der Schluß als gerechtfertigt: Wie auch immer die Umstände beim Gießen sein mögen, 70/30 Messing neigt nicht zu einer durch das Freiwerden gelöster Gase verursachten Fehlerhaftig-

Zahlentafel 10.
Zinkdampfdrücke in den Handelsmessingsorten (7).

Zusammensetzung	Teildrücke des Zinkdampfes bei verschiedenen Temperaturen				
	Schmelzpunkt (Liquidus)		Ungefähre Gießtemperatur		Verdampfungspunkt °C (Dampfdruck Zn 760 mm)
	Temperatur °C	Dampfdruck mm Hg	Temperatur °C	Dampfdruck	
Zink	419,5	0,139	500	1,27	918
60/40	900	160	1040	600	1070
65/35	930	170	1070	595	1100
70/30	955	150	1100	540	1145
80/20	1010	85	1150	265	1300
90/10 Geschätzte Werte	1055	20	1200	80	1600

keit. Die Atmosphäre über dem geschmolzenen Messing im Tiegel besteht aus entwickeltem Zinkdampf, und der Teildruck irgendwelcher gelöster Gase ist entsprechend so erniedrigt, daß diese selbsttätig vom Metall ausgestoßen werden. Die früher ausgesprochene Ansicht, daß Gaseinschlüsse in Messingblöcken der Einführung von Gasen auf mechanischem Wege zuzuschreiben seien, ist daher bestätigt. Diese Feststellung wird durch die Tatsache gestützt, daß die Anwendung üblicher niedriger Gießtemperaturen von einer Zunahme der kugligen Hohlräume begleitet ist. Die Ergebnisse einer anderen Abhandlung zeigen weiterhin, daß das Vorkommen solcher Hohlräume mit der Natur eines bestimmten Metalles nicht verbunden ist, sondern daß es in Grenzen gehalten oder durch Anpassung der Verhältnisse beim Gießen ganz ausgeschlossen werden kann. Man darf es daher als sehr unwahrscheinlich betrachten, daß in der Industrie gebräuchliche Messingsorten von hohem Zinkgehalt irgendeine wesentliche Lösungsfähigkeit für Gase besitzen. Es darf dabei jedoch nicht übersehen werden, daß ein gewisser Grad der Löslichkeit unter der ferner liegenden Annahme möglich ist, daß die Löslichkeit im festen Metall zur Zurückhaltung der Gase hoch genug wäre. Die Wahrscheinlichkeit für das Eintreten dieses Umstandes erscheint sehr gering. Als eins der sichersten Anzeichen für das Freiwerden gelöster Gase während der Erstarrung eines Blockes gilt das Steigen des Spiegels. Bei der Herstellung von nicht beruhigtem Stahl („unkilled steel") und überpoltem Kupfer ist es eine gewohnte Erscheinung. Die Tatsache aber, daß dies beim Guß der Handelsmessingblöcke nicht beobachtet wird, ist ein weiteres Zeugnis dafür, daß die Einwirkung gelöster Gase bei diesen vernachlässigbar ist.

Bei Messingsorten von hohem Kupfergehalt ist der Zinkteildruck bei der Gußtemperatur beträchtlich niedriger als bei 70/30 Messing. 90/10 Messing z. B., welches gewöhnlich mit etwa 1200° C gegossen wird, hat bei dieser Temperatur eine geringere Dampfspannung als 100 mm Hg-Säule. Das gelegentliche Vorkommen von im Innern dieses Metalls gelegenen Gaseinschlüssen, das wieder Veranlassung zu inneren Blasen im gewalzten Blech gibt, läßt vermuten, daß in solchen Legierungen die Entwicklung von Zinkdampf nicht immer schnell genug vor sich gehen mag, um die Lösung anderer Gase vollständig auszuschließen.

Schrifttum.

1. D. Hanson und I. G. Slater: J. Inst. Met., Lond. 1931, Bd. 46, S. 187–215.
2. N. P. Allen: J. Inst. Met., Lond. 1930, Bd. 43, S. 81.
3. G. L. Bailey: J. Inst. Met., Lond. 1928, Bd. 39, S. 191.
4. S. L. Archbutt: J. Inst. Met., Lond. 1925, Bd. 33, S. 227.
5. W. Prytherch: J. Inst. Met., Lond. 1930, Bd. 43, S. 73.
6. T. Bamford und W. E. Ballard: J. Inst. Met., Lond. 1920, Bd. 24, S. 155.
7. S. Johnston: J. Amer. Inst. Met. 1918, Bd. 12, S. 15.

XII. Baustoffe für die Gießformen.

Gegenwärtige Gepflogenheit und die ihr vorhergehende Entwicklung. — Eigenschaften gußeiserner Formen. — Ursachen des „Blasens" („Blowing"). — Das Werfen der Stahlformen. — Temperaturgefälle in den Wänden der Formen aus Gußeisen, Stahl und Kupfer. — Wünschenswerte Eigenschaften für Formenbaustoffe. — Einfluß des Formenbaustoffes auf die Güte der Gußstücke.

Vor mehr als einem Jahrhundert wurde das graue Gußeisen als Ersatz für die früher gebrauchten Steinformen eingeführt. Seit dieser Zeit ist es das fast ausschließlich verwandte Material für die Gießformen aller Metalle geblieben. Gußeisen bietet den großen Vorteil der Haltbarkeit, der Billigkeit und der leichten Gestaltung von Gußstücken mit glatter Oberfläche. Dennoch kann es nicht als ein vollkommenes Material für Formen betrachtet werden, da sich schon häufig nach kurzer Lebenszeit an seinen inneren, arbeitenden Flächen Risse bilden. Ein weiteres störendes Merkmal des Gußeisens ist die Neigung, bei Überhitzung Gase zu entwickeln, die dann die als „Bläser" („blowing") bekannten Fehlstellen an den Gußstücken hervorrufen (siehe S. 18). Ein außergewöhnliches Musterbeispiel einer solchen Fehlstelle ist in Abb. 68 an einem Block von 70/30 Messing zu sehen. Sie kommt besonders an der während des Gießens sich bildenden Auftreffstelle des Strahles an der Formwand vor und ist gewöhnlich bei der Messingherstellung nach den handelsüblichen Methoden, also bei Verwendung einer Formentünche aus vergasbarem, kohlenstoffhaltigen Material nicht bedenklich. Dagegen begegnet man dieser Störung häufiger bei höher schmelzenden Legierungen, wie etwa Neusilber („nickel-silver") mit einem Nickelgehalt von 25 bis 30% *(1)*. Die Wärmeabschirmung durch Lampenschwarz

Abb. 68. In gußeiserner Form bei einer Anfangstemperatur von 300° C. gegossener Block der ausgedehnte Blasstellen („blowing") aufweist.

(Ruß) als Formenauskleidung ist geringer als eine solche durch vergasbare Stoffe. Sie genügt häufig nicht, um örtliche Überhitzung und Blasstellen im Messing zu vermeiden, außer wenn der Anprall des Strahles vorsichtig vermieden wird.

Die wissenschaftliche Forschung hat sich nur wenig mit den grundlegenden Eigenschaften der Gußformen beschäftigt, auch nicht mit besonderen Gesichtspunkten, die die Verwendung von Gußeisen für diesen Zweck berühren. Ja, man kann tatsächlich ruhig behaupten, daß gußeiserne Formen viele Jahre lang verwendet worden sind, ohne daß man dementsprechend die für Gießformen erforderlichen, wesentlichen Materialeigenschaften angemessen untersucht hätte. Bestimmte, in diesem Zusammenhange förderlich erscheinende Sondereigenschaften sind jedoch geprüft worden. Pearce und Morgan *(2)* haben beachtliche Aufschlüsse über die thermischen Eigenschaften der für die Gußformen verwendeten Eisensorten gegeben. Donaldson (a. a. O.) hat ihre Wärmeleitfähigkeit untersucht, während Brearley *(3)* in einigen Einzelheiten Entwurf und Handhabung der beim Gießen des Stahls benutzten gußeisernen Blockformen erörtert. Viele Ergebnisse dieser Untersuchungen sind auf das Nichteisengebiet nicht anzuwenden. Andererseits sind solche Punkte, wie die Reinheit und die Rißfreiheit der Formenoberfläche, die Frage, ob eine leichte Wölbung am Block ratsam ist, usw. für alle Arten des Blockgießens von gleicher Bedeutung. Matuschka *(4)* hat den Temperaturwechsel während der Abkühlung eines Stahlblockes in der Form erforscht und hat die Temperatur an verschiedenen Wandstellen einer Form handelsüblicher Größe festgestellt.

Die Einführung von Junkers kupferausgekleideten, wassergekühlten Formen für das Gießen von Walzmessingblöcken lenkte die Aufmerksamkeit mehr auf die Formen in den Nichteisengießereien. Die Junkerformen bestehen in der Hauptsache aus dünnen Kupferplatten von 6 bis 18 mm Stärke, die die arbeitenden Wandflächen der Form bilden und die an einem stählernen oder gußeisernen Mantel so befestigt sind, daß ihre Rückseiten von Kühlwasser umspült werden können. Das Wesen dieser Einrichtung ist nach der Beschreibung der Britischen Patentschrift Nr. 237622 die Anwendung der Wasserkühlung dünner Metallplatten, die von dem Hauptkörper der Form isoliert sind. Dabei dient das Isoliermaterial als wirksame Packung und dichtet die Kupferplatte gegen das gußeiserne Gehäuse sicher ab. Die Form steht senkrecht. Die beiden Wände bewegen sich in einem seitlich angebrachten Scharnier gegeneinander und lassen sich wie ein Buch öffnen. Das ergibt eine leichte Handhabung (siehe Abb. 69). Das Kühlwasser tritt durch das untere Scharnier ein und durch das obere aus. Leitrippen im Innern sichern einen gleichmäßigen Wasserlauf über die Oberflächen der

Kupferplatten. Der Erfinder *(5)* nimmt für sich nicht nur das Freibleiben von Rissen an den arbeitenden Stellen in Anspruch, wie es an

(Durch das Entgegenkommen von Messrs. I. C. I. Metals, Ltd).
Abb. 69. Kupferverkleidete und wassergekühlte Form nach Junker, zur Herausnahme des Blockes geöffnet.

gußeisernen Formen erfahrungsgemäß vorkommt, sondern auch längere Lebensdauer, rascheres Arbeiten und die Möglichkeit, die Abkühlungsgeschwindigkeit des Blockes durch Regeln des Kühlwasserzuflusses zu überwachen.

Auch Rohn *(6)* hat mit beachtenswertem Erfolge kupferausgekleidete, wassergekühlte Formen nach besonderem Entwurfe für hochschmelzende Nickellegierungen verwendet und nimmt für sie eine lange Lebensdauer selbst dann in Anspruch, wenn auf irgendwelchen Ausstrich völlig verzichtet wird. Roth *(7)* hat in allgemeinen Ausdrücken die Anwendung wassergekühlter Formen für den Messingguß besprochen. Oertel *(8)*, Hessenbruch und Bottenberg *(9)* bestätigen die erfolgreiche Anwendung kupferausgekleideter, wassergekühlter Formen für Stahlrundknüppel.

In jüngster Zeit ist von Erichsen eine ganz neue Art dünnwandiger, wassergekühlter Form befürwortet worden. Bei ihr bestehen die Wände aus einer Legierung der „Invar"-Art mit geringer Wärmeleitfähigkeit (Britische Patente Nr. 358697, Oktober 1931 und 299850, Mai 1929). Die Hauptzüge dieser jüngsten Neuerungen und ihr Wert für Industrie und Metallurgie werden in Abschnitt XIV (S. 163) erörtert.

Zahlentafel 11 zeigt die Schwankungen in der Zusammensetzung von sechzehn für Blockformen bestimmten Gußeisensorten. Die größten Unterschiede weist der Phosphorgehalt auf, der in schlechten Eisensorten hoch sein kann. In den Grenzen der Zusammensetzung dieser Sorten sind keine merklichen Unterschiede in der Neigung zum Blasen zu entdecken. Jedenfalls steht diese störende Eigenschaft bei Gußeisen mit einer Zusammensetzung in den aufgeführten Grenzen wahrscheinlich nicht in Verbindung.

Zahlentafel 11.

Schwankungen in der Zusammensetzung gußeiserner Blockformen.

	Vom Hundert
Graphitischer Kohlenstoff . .	2,5 bis 3,1
Gebundener Kohlenstoff . .	nichts bis 0,8
Silizium	1,5 bis 4,0
Mangan	0,3 bis 1,0
Schwefel	0,04 bis 0,13
Phosphor	0,14 bis 1,2

Die Schwierigkeit, das Blasen bei gußeisernen Blockformen zu überwinden und den möglichen Wert neuer für den Bau von Formen in Aussicht genommener Materialien nach bestehenden Werten abzuschätzen, lag hauptsächlich in den nichtbekannten Ursachen des Blasens und in der Unkenntnis der für die Formen erforderlichen Haupteigenschaften.

Das Blasen gründet sich offensichtlich auf eine Gasentwicklung zwischen Metall und Wand, weil sich Oberflächenhohlräume im Messing bilden. Es kommt leicht bei einer aus graphitreichem Gußeisen bestehenden Form vor, während andere Stoffe, wie ganz weicher Stahl, Kupfer und reiner Graphit unter normaler Behandlung frei von dieser Störung bleiben. Es scheint somit, daß der Werkstoff der Form selbst der verantwortliche Teil ist, und daß die Gase nicht durch eine metallische Einwirkung des Messings auf die Formwände entwickelt werden. Die Gegenwart des Graphites selber, oder die durch seine mechanische Entfernung in den Oberschichten erzeugte Porosität sind nicht die Hauptursache des „Blasens“ („blowing“). Dies zeigt die Erfahrung, daß Gußeisensorten annähernd dieselbe Wirkung ergeben, gleichgültig, welches Gefüge innerhalb des weiten Gebietes vom Grau- bis zum Weißeisen sie aufweisen. Nur der Kohlenstoffgehalt muß gleich sein. Hochgekohlte Stähle, die bis zu 1% Kohlenstoff enthalten, verhalten sich in gleicher Weise wie die Gußeisensorten.

Zur probeweisen Untersuchung verschiedener Formenbaustoffe auf ihr Verhalten zum Blasen benutzten die Verfasser *(10)* die für Versuche in kleinem Maßstabe bestimmte und auf S. 103 beschriebene Vorrichtung. Bei dieser wird eine kleine Scheibe geschmolzenes Messing auf eine waagerechte Platte aus dem zu untersuchenden Formenmaterial unter genauer Beobachtung gegossen. Die Versuchsergebnisse zeigen, daß, wenn keine Wärmeabschirmschicht die Platte bedeckt, bei hochgekohltem Stahl oder Gußeisen in der Unterseite der Scheibe sich Gashohlräume bilden. Dies geschieht immer bei oxydierter Plattenoberfläche. Je fortgeschrittener die Oxydation ist, desto größer wird der Inhalt dieser Hohlräume. Einige auf diesem Wege gewonnene Prüfergebnisse sind in Zahlentafel 12 enthalten.

Bei weichem Stahl mit weniger als 0,1% Kohlenstoff kommt keine wahrnehmbare Gasentwicklung unter gewöhnlichen Gießverhältnissen und bei beliebig hohem Oxydationsgrade vor. Gießt man aber den Block in einer von Anfang an auf hohe Temperatur (etwa Rotglut) gebrachten Form aus weichem Stahl, so wird die Erstarrungszeit soviel verlängert, daß genügender Gasdruck zwischen Stahl und Oxydschicht entsteht, um einen Teil der bei der Temperatur an der Form sich bildenden dicken Oxydschale in die Blockoberfläche einzupressen. Verminderung des Kohlenstoffgehaltes in den Oberflächenschichten weißer und in geringerem Maße grauer Gußeisensorten durch seine Verwandlung in Oxyde beim Glühen verringert, aber beseitigt die Neigung zum Blasen nicht.

Das „Blasen“ („blowing“) erweist sich somit deutlich als eine Oberflächeneinwirkung der Oxydschicht in der Form auf den Kohlenstoff oder auf Kohlenstoffverbindungen im Material der Form, und die Menge der entwickelten Gase (vermutlich Kohlenoxyde) wächst sowohl mit dem Kohlenstoffgehalt als auch mit dem Grade der Oxydation.

Zahlentafel 12.

Der Einfluß der verschiedenen Oxydationsstufen und des Kohlenstoffgehaltes auf die „Blas“-Erscheinung („Blowing“) von Eisen-Kohlenstofflegierungen auf 70/30 Messingscheiben.

Platte	Oberfläche der Platte	Versuchstemperatur °C	Oxydationsgrad	Fassungsraum der Gashohlräume in Messingscheiben ccm
Graues Gußeisen	Bearbeitet	100	Null	0,17
		320	Blau	0,29
		650	Schwarz	0,65
Weicher Stahl 0,1% C	Bearbeitet	100	Braun	0,01
		400	Tiefblau	0,01
		700	Schwarz	Null
Hochgekohlter Stahl 1% C	Bearbeitet und geschliffen	100	Null	Null
		100	Bleiches Strohgelb	0,04
		350	Strohgelb	0,10
		350	Tiefblau	0,20
Weißes Gußeisen	Gußzustand	350	Strohgelb	0,09
		350	Tiefblau	0,14

Man bestimmt die Temperatur, bei der sich diese Einwirkung in einer Eisensorte vollzieht, und den dazu erforderlichen Grad der Oberflächenoxydation durch Erhitzen von Probestücken im Vakuum und durch Messung der bei verschiedenen Temperaturen entwickelten Gasmenge. Es geben bearbeitete Graugußstücke im Vakuum erhitzt zwischen 700 und 800° C eine beträchtliche Gasmenge ab. Die Entwicklung wird bei 750° C lebhaft. [Bei einem maßgebenden Versuche wurden 1,4 ccm (bei Normaldruck und -temperatur) auf den qcm während zweistündiger Erhitzung auf 800° C entwickelt.] Nach mehrmaliger solcher Behandlung hörte die Gasentwicklung auf. Nimmt man aber das Probestück aus dem Ofen und läßt es an der Luft liegen, so ergibt sich bei Wiedererhitzen auf dieselbe Temperatur eine erneute Gasentwicklung [z. B. 0,7 ccm (bei Normaltemperatur und -druck) auf den qcm unter den gleichen Bedingungen]. Obwohl dabei vorher eine Oxydation der Oberfläche nicht beobachtet werden konnte, so muß doch die Notwendigkeit einer gewissen Oxydation des Eisens vor erneut beginnender Gasentwicklung nötig gewesen sein. Denn wenn das Stück in vollkommen reinen und trocknen Stickstoff gestellt und dann erhitzt wird, so ergibt sich keine weitere Gasentwicklung. In derselben Art behandelte Weißeisenproben zeigen die gleichen Ergebnisse und entwickeln wiederholt beträchtliche Gasmengen zwischen 700 und 800° C, aber immer nur, wenn eine gewisse Oxydation zwischen dem jedesmaligen Ausglühen zugelassen wird.

Nach mikroskopischer Untersuchung in gleicher Weise behandelten Graugusses wird der gebundene Kohlenstoff in diesem mehr als der Graphit angegriffen. Die Verfasser gebrauchten in einer Versuchsreihe ein Probestück mit ursprünglich 2,85% Graphit und 0,55% gebundenem Kohlenstoff, sowie mit einem Gefüge nach Abb. 70. Sie fanden nach oft wiederholten Oxydationen und Ausglühungen im Vakuum eine beträchtliche, aus dem Karbid stammende Ablagerung von Graphit durch die ganze Stange hindurch. Es ergab sich in der Mittelschicht ein Gefüge aus Graphit, Perlit und Ferrit, wie das in Abb. 71 zu sehen ist. In den Schichten an der Oberfläche war dagegen Perlit nicht zu entdecken, hier bestand das Gefüge ganz aus Ferrit mit Graphit (siehe Abb. 72). Gleichzeitig erwies die Analyse, daß der Graphitgehalt in der Stabmitte bis auf 0,15% auf Kosten des gebundenen Kohlenstoffes angewachsen war, während in den Oberflächenschichten ein gleiches Anwachsen des Graphitgehaltes bei fast vollständiger Aufzehrung des gebundenen Kohlenstoffes stattgefunden hatte.

Weil also der gebundene Kohlenstoff in weitem Maße an dieser Umsetzung teilnimmt, so könnte man denken, daß ein nichtperlitisches Gußeisen mit rein ferritischem oder graphitischem Gefüge von der Erscheinung des Blasens frei sein müßte. Nun ist sie bei einem solchen Eisen unzweifelhaft stark vermindert, aber die Neigung zu ihr liegt doch noch vor. Das mag einer gewissen Wechselwirkung mit dem Graphit selbst oder auch der Porosität zuzuschreiben sein, die durch die mechanische Entfernung des Graphits aus den Oberflächenschichten entstanden ist. Deshalb ist die Verwendung eines nichtperlitischen Eisens mit Gefüge nach Abb. 73 zur Beseitigung des Blasens nicht ganz zufriedenstellend, und dieses Eisen jedenfalls ein etwas weiches und in mechanischer Beziehung ungeeignetes Material für Gießformen.

Im gegenwärtigen Gießereigebrauch ist ein Oxydhäutchen auf der Oberfläche einer gußeisernen Gießform sehr schwer ganz zu vermeiden. Dicke und Beschaffenheit der gebräuchlichen Sorten Formentünche, wie sie in den Betrieben angewendet werden, schützen einigermaßen sowohl gegen Oxydation wie gegen örtliche Überhitzung während des Gießens, aber man kann sich nicht unbedingt auf diesen Schutz verlassen. Im gewöhnlichen Fabrikationsgang können gußeiserne Formen nicht so behandelt werden, daß sie die gänzliche Abwesenheit des Blasens unter erschwerten Verhältnissen verbürgen. Das einzige Vorgehen, sich von dieser Störung zu befreien, liegt daher in der Verwendung eines kohlenstoffreien Formenstoffes, der beim Wiedererhitzen kein Gas abgibt, selbst wenn er oberflächlich oxydiert ist. Wie schon festgestellt, erfüllt ganz weicher Stahl diese Forderung. Aber aus ihm gefertigte Formen unterliegen zwei ernsten Einwänden der Praxis, erstens dem Bestreben des Metallstrahles, an der Auftreffstelle an die Wand der

Form anschweißen zu wollen, und zweitens die Neigung der Form, sich bedenklich zu werfen und so nach einer kleinen Anzahl von Güssen

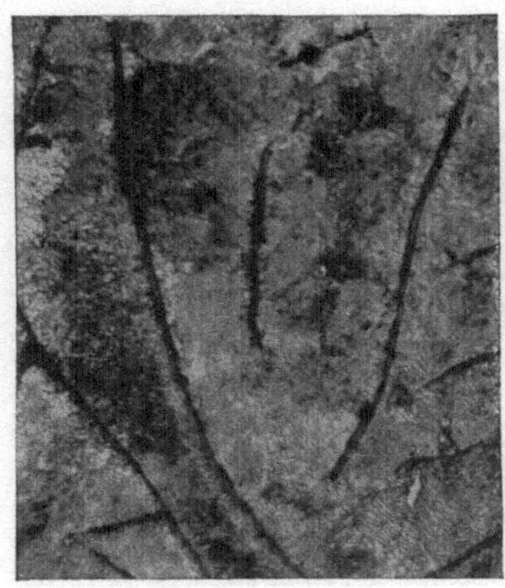

Abb. 70. Kennzeichnendes Gefüge von normalem, grauen Gußeisen. ×250.

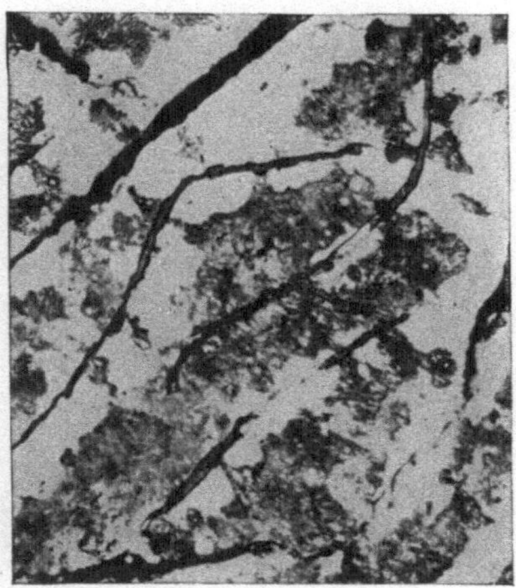

Abb. 71. Mittelschicht von grauem Gußeisen mit ursprünglichem Gefüge wie in Abb. 70 nach Behandlung im Vakuum. Sie zeigt die Ablagerung von Graphit. ×250.

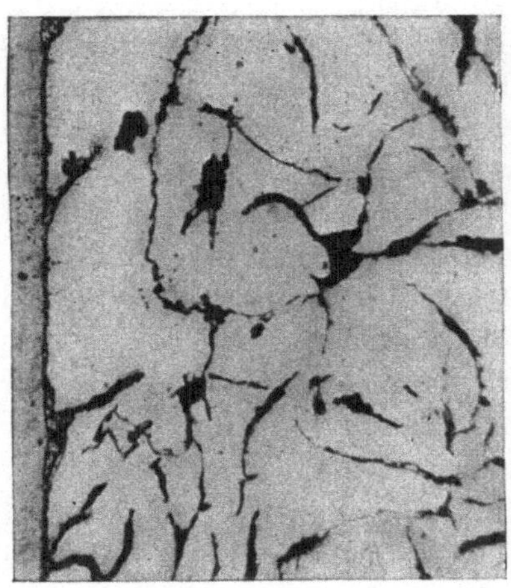

Abb. 72. Rand des in Abb. 71 gezeigten Zylinders, stellt die Entkohlung des Perlits dar. × 250.

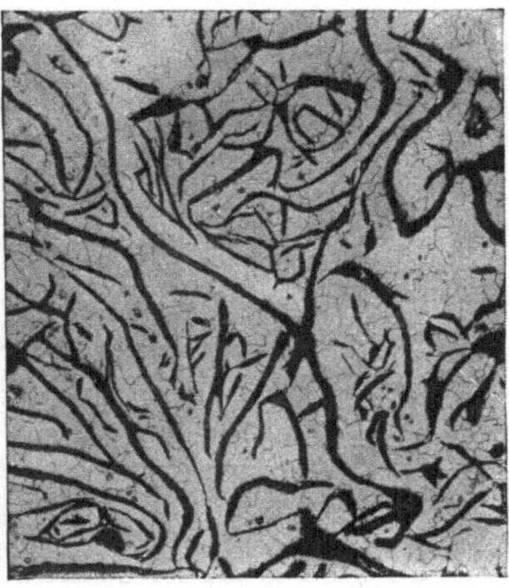

Abb. 73. Gefüge eines Musterbeispieles von nichtperlitischem Gußeisen. × 100.

unbrauchbar zu werden. Abb. 74 stellt Beschaffenheit und Maß des Werfens dar, wie sie sich in einer 610 mm langen Form für Walzmessingblöcke aus weichem Stahl (0,1% Kohlenstoff) nach nur sechs vergossenen Schmelzen ergeben haben.

Die Formveränderung, die eine Stoffmasse, wie z. B. eine Gießform bei nicht gleichmäßiger Erwärmung oder Abkühlung erfährt, rührt von

Abb. 74. Form aus weichem Stahl nach sechsmaligem Heißwerden durch 70/30 Messing.

Wärmespannungen her. Diese entstehen aus den ungleichmäßigen Volumenänderungen innerhalb der Querschnitte. Wenn andere Einwirkungen sich gleich bleiben, so werden die Wärmespannungen und die daraus hervorgehenden Verwerfungen um so größer, je höher die Temperaturunterschiede in den Wandstärken der Formen sich gestalten.

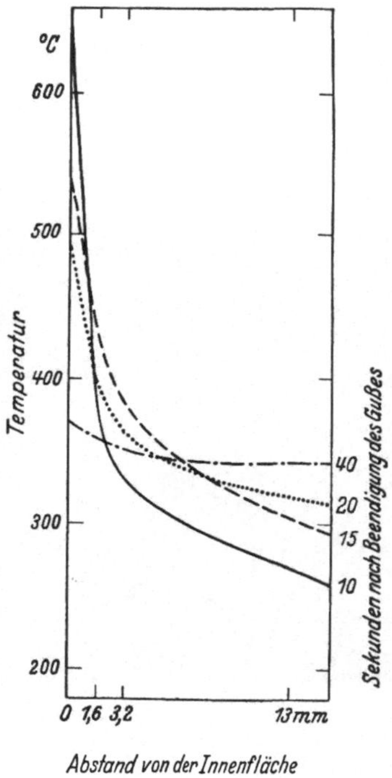

Genaue Messungen der Temperaturgefälle in Gießformen verschiedenen Materials wurden während Guß und Erstarrung eines Blockes von 70/30 Messing durchgeführt, und zwar wurden gleichzeitig die Temperaturen an verschiedenen Stellen der Wände während des Vorganges gemessen *(10)*. Es wurde dabei streng darauf gesehen, daß der Metallstrahl von den Wänden unbehindert fließen konnte. Solche Temperaturgefällinien in Formen von weichem Stahl, Gußeisen oder Kupfer zeigen die Abb. 75 und 76. Sie sind von der Beendigung des Gießens eines 25 mm starken Blockes an in verschiedenen Zeitabständen gemessen worden. Die Wandstärken der Formen betrugen dabei auch 25 mm. Die Kurven zeigen, daß bei Formen aus weichem Stahl und aus Gußeisen die inneren Wandflächen von dem geschmolzenen Metall rasch auf ungefähr 600° C

Abb. 75. Linien des Temperaturgefälles in den Wänden der Formen von 25 mm Stärke beim Gießen von 305 × 152 × 25mm Blöcken aus 70/30 Messing. Form aus weichem Stahl.

erwärmt werden, ehe der eigentliche Körper an Temperatur zunimmt. Nach kurzer Zeitspanne wird ein Punkt erreicht (der wahrscheinlich mit dem Wegschrumpfen des Blockes von der Form zusammenfällt), an dem die durch die Formwand abgeleitete Wärme das Maß übersteigt, in dem Wärme auf die innere Wandfläche vom Block aus übertragen wird. Dann sinkt die Temperatur der innen liegenden Schichten, während die des Gesamtkörpers steigt. Bei Kupfer geschieht die Wärmeleitung durch die Wand der Form so rasch, daß zu keiner Zeit ein großer Temperaturunterschied im Wandquerschnitt besteht.

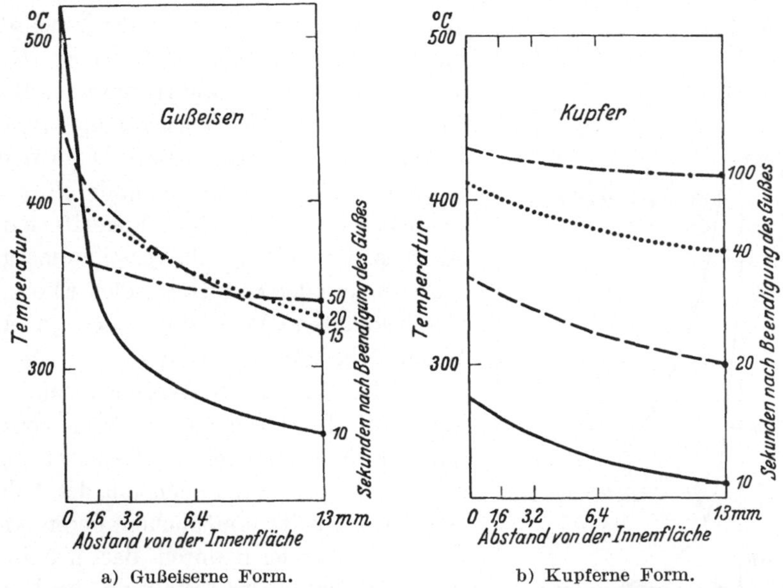

a) Gußeiserne Form. b) Kupferne Form.

Abb. 76. Linien des Temperaturgefälles in den Wänden der Formen von 25 mm Stärke beim Gießen von 305 × 152 × 25 mm-Blöcken aus 70/30 Messing.

Erlaubt man dem Metallstrahl an der Wandfläche einer gußeisernen Form anzutreffen, so steigt die Temperatur der Oberflächenschicht an dieser Stelle auf etwa 800° C. Die Erwärmung ist hoch genug, um eine rasche Gasentwicklung dank des oben erörterten Vorganges zu gestatten. In Abb. 77 kann man die Temperaturgefällinien in solch einer gußeisernen Form mit und ohne Antreffen des Strahles an die Wand gegeneinander halten.

Der rasche Temperaturwechsel in der inneren Wandfläche einer stählernen oder gußeisernen Form verursacht starke und sich schnell ändernde Spannungen in diesem Teile der Formenwand, der sich in den ersten 10 Sekunden nach dem Gusse rasch ausdehnt. Die Form strebt infolgedessen danach, am oberen und unteren Ende aufzuklaffen, um diese Längenveränderung auszugleichen, wird aber durch die

Klammern und durch die Starrheit der kalten Metallmasse auf ihrer Rückseite festgehalten. Dadurch entsteht in den heißen Schichten der Form eine heftige, durch bleibende Formveränderung zum großen Teile ausgeglichene Druckspannung. Nun kühlen sich die inneren Wandflächen ab, während der Gesamtkörper der Form sich aufwärmt. An diesem Punkte kehren sich die Spannungen um und es setzt an der Innenfläche der Wand eine Zugspannung ein. Wird die Form entlastet, so bringen die elastischen Verformungsspannungen und das später eintretende Abkühlen die Form zum Werfen. Sie wird dann an der Innenseite hohl, wie das in Abb. 74 zu sehen ist. Gußeisen vermag nicht in wahrnehmbaren Maße zu fließen und die Zugspannung an der Innenseite führt zu Querrissen. Diese wieder beugen dem Werfen vor und lindern weitere Beanspruchungen durch leichtes Öffnen dieser Risse. Fortschreitende Verschlimmerung führt zu der allen Benutzern solcher Formen wohlbekannten Verfassung der inneren Wandfläche (siehe Abb. 78).

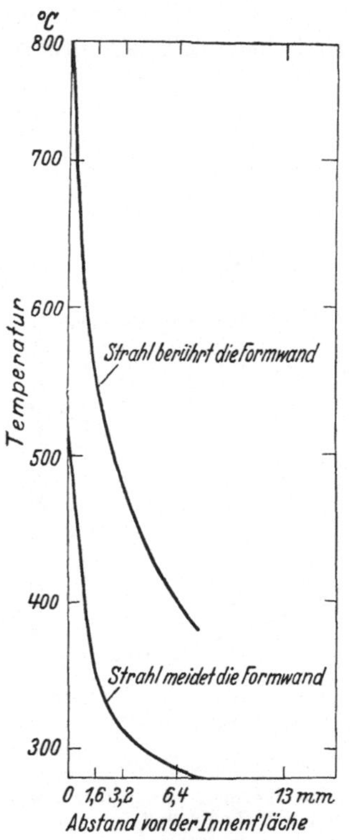

Abb. 77. Temperaturverlauflinien. Sie lassen hohe Temperaturen erkennen, die durch das Auftreffen des Metallstrahles auf die Formwand in dieser eintreten.

Bei Kupfer sind die Wärmespannungen innerhalb der Formenwände sehr gering, und der völlige Mangel an Elastizität in geglühtem Kupfer zusammen mit der hohen Geschmeidigkeit ermöglichen deren vollständigen Ausgleich durch das plastische Fließen während der Erkaltung der Form.

Aus den beschriebenen Beobachtungen muß dem Anschein nach ein Formenbaumaterial, das sich so wenig wie möglich verziehen soll, folgende Eigenschaften benötigen: a) hohe Wärmeleitfähigkeit, um Wärmespannungen zu vermindern; b) eine hohe Elastizitätsgrenze, besonders bei erhöhten Temperaturen, um plastische Verformungen niedrig zu halten, oder c) eine vernachlässigbar tiefe Elastizitätsgrenze, um die ganze Entlastung von den eintretenden Spannungen der bleibenden Verformung zuzuweisen.

Die Wärmeleitfähigkeit der Eisenmetalle ist stets niedrig. Ein vollkommen befriedigendes Material für Gießformen kann nur aus Stählen ausgesucht werden, die eine hohe Streckgrenze besitzen, wie etwa vergüteter Nickel-Chrom-Molybdänstahl. Aber diese Materialien begegnen, abgesehen von den hohen Anschaffungskosten, noch immer dem Einwand, daß der Metallstrom zum Anschweißen an die Form beim Gießen neigt. Deshalb besteht keine begründete Aussicht für eine wirklich zufriedenstellende Verwendung solcher Stahlformen in der Praxis. Dagegen sind Versuchsformen aus solchem vergüteten Nickel-Chrom-Molybdänstahl (Streckgrenze 86,6 kg/mm²) angefertigt worden, bei denen das befürchtete Anschweißen des Strahles durch Aluminisierung der Innenwandfläche überwunden werden konnte. Solche Formen bewährten sich leidlich zufriedenstellend. Bei Kupferformen aber gibt es das störende Anschweißen nicht, sofern nur die Kühlung hinreichend ist. Vom allgemeinen wirtschaftlichen Standpunkt aus besitzt dies Material die vielversprechendsten Eigenschaften[1].

Abb. 78. Innenfläche einer Graugußform nach ungefähr hundertmaligem Heißwerdsn. Sie zeigt Querrisse.

Der wichtigste Gesichtspunkt für einen zufriedenstellenden Gebrauch kupferner Formen zum Gießen hochschmelzender Legierungen ist das Kühlen der inneren Wandflächen. Wenn ein 25 mm starker Messingblock in einer kupfernen Form mit Wandstärken von nur 13 mm gegossen wird, so wird beim Aufstoßen des Strahles an die Wand der Form diese an der betreffenden Stelle in ihrer ganzen Stärke auf eine hohe Temperatur gebracht und das Gußstück wird wahrscheinlich angeschweißt („weld on") sein. Wasserkühlung der Wandrückseite überwindet diese Schwierigkeit. Zum gleichen Ziele kann man bis zu einem gewissen Grade

[1] Aluminiumformen sind wohl versuchsweise für das Gießen von Messingblöcken verwendet worden, befriedigen aber wegen des niedrigen Schmelzpunktes des Metalls nicht ganz. Für das Gießen niedrig schmelzender Metalle kann sich jedoch Aluminium als passendes Formenmaterial erweisen.

durch Anwendung einer Kupferwand von genügender Stärke kommen, wodurch man sich vor einer zu hohen Gesamttemperatur des ganzen Materiales sichern kann. Z. B. hat eine Kupferform mit 38 mm Wandstärke genügend Spielraum an Wärmeaufspeicherung, um die ihr von einem 25 bis 38 mm starkem 70/30 Messingblock mitgeteilte Wärme aufzunehmen, ohne daß dabei eine bis zur Gefahr des Anschweißens ansteigende Temperatur eintreten könnte. Der wesentlichste Gesichtspunkt für die erfolgreiche Verwendung von Kupfer ist die hohe Wärmeleitfähigkeit des Metalls[1]. Daher sollte nur Kupfer von hoher Wärmeleitfähigkeit genommen werden. Ob Wasserkühlung zum genügenden Kalthalten der Form, oder ob besonders dicke Kupferwände für den gleichen Zweck, der Wärmeaufnahme, verwendet werden, das hängt ganz von den Verhältnissen des Verfahrens, von der Einrichtung der Gießerei und von hinzutretenden Sondererfordernissen ab.

Bei Stahl und ähnlichen schlecht leitenden Stoffen wird die innere Wandfläche rasch auf eine hohe Temperatur hinaufgetrieben, ehe durch Leitung der ganze Körper der Form erwärmt ist. Daher würde die Vergrößerung der Wandstärke über ein gewisses aus baulichen Gründen erforderliches Mindestmaß hinaus nicht die hohen Anfangstemperaturen der Wandinnenflächen vermeiden. Beim Kupfer dagegen zeigt die Gleichförmigkeit der Temperatur unter den beschriebenen Versuchsbedingungen an, daß die Wärmeleitung in den Wänden der Form mit der Höhe der einströmenden Wärme Schritt hält. Die Wandverstärkung an den Formen würde daher wie eine Herabsetzung der eintretenden Höchsttemperatur anzusehen sein.

Überschaut man noch einmal die Anwendbarkeit des Kupfers für Formen, so muß die Zusammensetzung der zu gießenden Legierung die Gießtemperatur, das Gießverfahren mit besonderer Rücksicht auf das Bestreben des Strahls, an die Formenwand anzustoßen und anderes mehr in Betracht gezogen, und es muß nachdrücklich betont werden, daß starkwandige Kupferformen an Stelle von wassergekühlten nur da verwendet werden sollten, wo günstige Bedingungen die Temperatur der inneren Formwand während des Gießens unterhalb Rotglut zu halten gestatten.

Für lange starke Blöcke wird wahrscheinlich eine Wand von wenigstens ähnlicher Stärke wie die des Blockes erforderlich sein. Beim Gießen hochschmelzender Legierungen, wie z. B. Nickellegierungen, bietet die Wasserkühlung einer Kupferform entschiedene Vorteile für die Handhabung wie auch aus Gründen der Sparsamkeit.

[1] Unreinheiten erniedrigen merklich die Wärmeleitfähigkeit des Kupfers. Z. B. wird bei 20° C diese Leitfähigkeit des Kupfers um ungefähr 50% durch den Zusatz von 0,1% Phosphor, 0,4% Arsen oder 1,5% Zinn herabgesetzt.

Ein weiterer Gesichtspunkt ist der Einfluß des Baustoffes der Form auf die Eigenschaften des gegossenen Blockes. Der Gütevergleich von in Grauguß-, wassergekühlten Kupfer-, starkwandigen Kupfer- oder sonderlegierten Stahlformen gegossenen 70/30 Messingblöcken zeigt keine großen Unterschiede in Oberflächenbeschaffenheit, Gefüge und Fehlerlosigkeit, wie man solche aus den verschiedenen Eigenschaften dieser Stoffe hätte erwarten können. In Hinsicht auf die Oberflächenbeschaffenheit kommt am meisten das Blasen in Frage. Es gerät außer Betracht, wenn andere Stoffe als Gußeisen benutzt werden. Kupferformen ergeben eine um ein weniges größere oberflächliche Abschreckwirkung, wenn die gebrauchte Formentünche besonders dünn aufgetragen ist. Dagegen hebt schon eine mäßig dicke Schicht von Lampenschwarz diese Wirkung auf und ergibt eine hochwertige Oberfläche.

Mißt man die innere Fehlerlosigkeit durch Dichtebestimmungen an Blöcken aus Formen aller Art, so zeigt sich keine wahrnehmbare Abweichung. Unter gleichen Gießverhältnissen und bei gleicher Blockgröße ist der Unterschied im Ausfall bei einer kupfernen an Stelle einer eisernen Form vernachlässigbar. Allerdings ändert die kupferne Form das Blockgefüge ein wenig, doch ist die Einwirkung nicht erheblich.

Aus allgemeinen Erwägungen heraus könnte man es sich vorstellen, wie der Gebrauch einer Gießform aus gut leitendem Materiale das Temperaturgefälle in dem Block und in gleicher Weise das Bestreben nach Stengelkristallisation während der Erstarrung steigern müßte, aber der Ausfall ist in Walzmessingblöcken in der Größenordnung von 25 mm Stärke nicht groß. Die Abb. 79 und 80 zeigen das Gefüge von $305 \times 152 \times 25$ mm 70/30 Messingblöcken in Formen aus grauem Gußeisen beziehentlich in solchen aus Kupfer mit Wasserkühlung gegossen. Es wurde dabei eine träge Formentünche aus Lampenschwarz gebraucht, um die Durchwirbelung durch Gase des Ausstriches zu vermeiden. Der Block aus der wassergekühlten Kupferform zeigt die Bildung etwas längerer Stengelkristalle, im übrigen ist das Gefüge dasselbe. Größere Blöcke ($609 \times 152 \times 25$ mm), in starkwandigen Kupfer- und aus vergütetem legierten Stahl bestehenden Formen gegossen, weisen einen gleichen, geringfügigen Unterschied nach derselben Richtung auf. Andere Einflüsse, wie Wirbelung beim Gießen sind offenbar größer, obgleich bei größeren Blöcken mit ausgedehnteren Querschnitten wahrscheinlich beim Gebrauch besser leitenden Formenmaterials deutlichere Unterschiede erhalten werden mögen. Bei Blöcken von schwachen Querschnitten für Walzmessing scheinen wechselnde Kühlwassergeschwindigkeiten in mit Kupfer ausgekleideten, wassergekühlten Formen keine wahrnehmbaren Gefügeänderungen herbeizuführen.

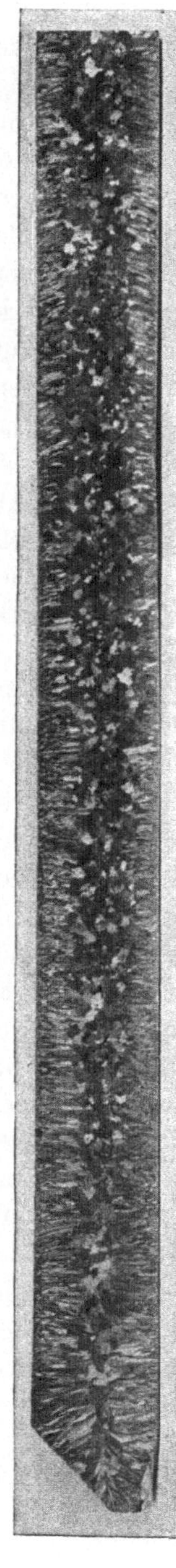

Abb. 79. Gefüge eines 70/30 Messingblockes, gegossen in mit Lampenruß ausgekleideter Graugußform.

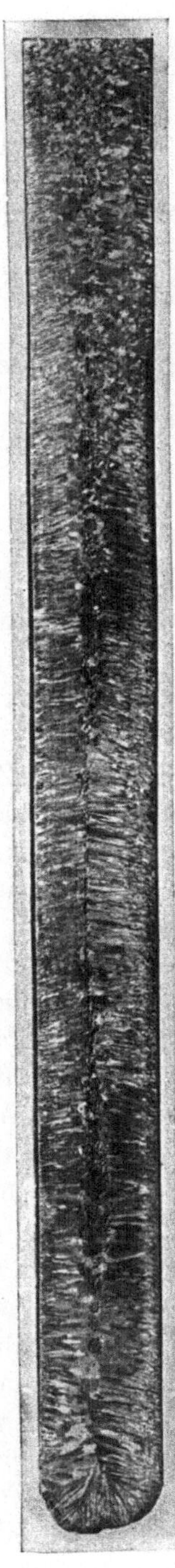

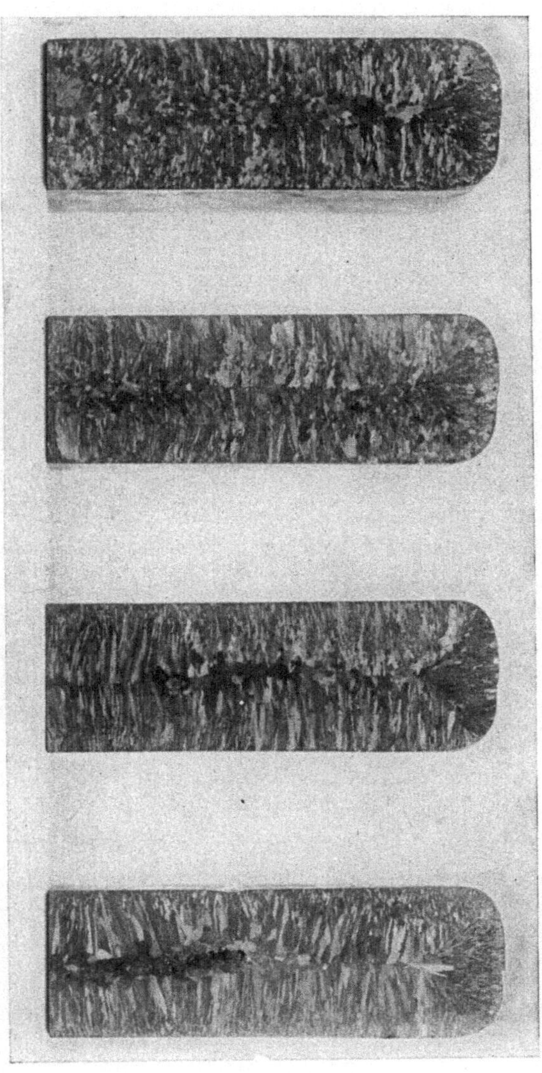

Abb. 80. Gefüge eines 70/30 Messingblockes, gegossen in einer wassergekühlten, mit Lampenschwarz ausgekleideten Kupferform.

Schrifttum.

1. W. R. Barclay: J. Inst. Met., Lond. 1932, Bd. 49, S. 230.
2. Fourth Report on the Heterogeneity of Steel Ingots, Iron and Steel Inst. 1932.
3. A. W. und H. Brearley: „Ingots and Ingot Moulds“ 1918.
4. B. Matuschka: Arch. Eisenhüttenwes. 1929, Bd. 2, S. 405 und J. Iron Steel Inst. 1931, Bd. 124, S. 361.
5. O. Junker: Z. Metallkde. 1926, Bd. 18, S. 312; Metallwirtsch. 1930, Bd. 9, S. 406.
6. W. Rohn: Z. Metallkde. 1927, Bd. 19, S. 473—78.
7. W. Roth: Gießerei 1933, Bd. 20, S. 413.
8. W. Oertel: Stahl u. Eisen 1929, Bd. 49, S. 696.
9. W. Hessenbruch und W. Bottenberg: Mitt. Kais.-Wilh.-Inst. Eisenforschg., Düsseld. 1931, Bd. 13, S. 205.
10. G. L. Bailey: J. Inst. Met., Lond. 1932, Bd. 49, S. 203.

XIII. Abgeänderte und verbesserte Gießverfahren.

Vorteilhafteste Verhältnisse. — Anempfohlene Verbesserungen des Herkömmlichen. — Zur Wahl gestellte Verfahren zum Vermeiden einer vergasbaren Formentünche.

In den vorhergehenden Abschnitten ergaben sich bei den verschiedenen Untersuchungen eine Anzahl praktischer Hinweise. Es ist nunmehr an der Zeit, die gefundenen Zahlen und Aufklärungen im Zusammenhang zu betrachten, und die für die Praxis hauptsächlich wichtigen Punkte kurz zu Verbesserungsvorschlägen für die gebräuchlichen Verfahren und für die mögliche Einführung neuer zusammenzufassen.

Man kann sich aus den vielen erforschten, im Gießvorgang mitspielenden Einzeleinflüssen die Entstehung des Blockes im Laufe des Gießens und Erstarrens gut vor Augen stellen. Auch kann das Temperaturgefälle und die Wirkung der Oxydation aus den in jedem Sonderfalle bekannten Verhältnissen für jede Stufe annähernd vorausgesagt werden. Weil sich für Flachblöcke der gewöhnlichen Form ein idealer Temperaturabfall vom Fuß- zum Kopfende nicht erzielen läßt, so verbleibt eine äußerst niedrige Gießtemperatur als einziges Mittel, um sich vor Schwindungshohlräumen zu sichern. Diese ist aber wiederum wegen der durch sie unvermeidlich eingeführten Oberflächenmängel und der von eingeschlossenen Gasen stammenden Hohlräume nicht brauchbar. Daher sind alle, innere Gesundheit, also Freiheit von Schwindungshohlräumen anstrebenden Maßnahmen nachteilig, wenn man davon ausgeht, die Beschaffenheit der für Walzmessing bestimmten Blöcke im ganzen verbessern zu wollen. Nun kommt aber diese Art von Fehlstellen selten in größerer Menge vor und liegt dazu immer auf der Mitte der Blockstärke. Sie hat demnach verhältnismäßig wenig Einfluß auf die Güte des Walzmaterials. Infolgedessen scheint das meistversprechende Vorgehen zur Verbesserung des Fabrikates darin zu bestehen, Bedingungen zu schaffen, die in Blöcken unter der Oberfläche liegende Hohlräume und Oberflächenfehlstellen, wie Falten, unterdrücken.

Für die gewöhnlichen Fabrikationsverfahren sind in diesem Sinne die wesentlichsten Bedingungen:

a) Eine hohe Gießtemperatur und eine große Gießgeschwindigkeit als die Haupthilfsmittel, um die Gefahr eingefangener Gase zu verringern und Oberflächenfalten zu vermeiden. Die dabei unvermeidlich erzeugten Schwindungshohlräume in den Mittelschichten werden weitgehend durch Maßregeln bekämpft, die das Eindringen des Strahles in das flüssige Metall der Form mindern. Zu diesem Zwecke ist eine Verteilerrinne oder ein viellöcheriger Trichter am besten geeignet.

b) Anwendung der geringsten Menge vergasender Formentünche, nur soweit sie zur Freihaltung von Oberflächenoxydation unbedingt nötig ist. Der Zusammenhang zwischen solcher Formentünche und unter der Oberfläche liegenden Fehlstellen im Block macht es wünschenswert, daß die an der Formwand entwickelte Gasmenge so gering als möglich wird. Weiterhin werden die Gase um so schneller frei, je dünner die Formentünche aufgetragen ist.

c) Gießen bei senkrecht stehender Form. Das Gießen in eine geneigte Form führt mittelst der verursachten Injektorwirkung zum Einschluß von Bestandteilen aus der die Form umgebenden Gashülle und ebenso von aus der Tünche an den Wänden der Form unmittelbar entwickelten Gasen. Wenn die Form senkrecht steht, kann sie ebenso durch einen viellöcherigen Trichter, wie auch mit einem geschlossenen Strahle gefüllt werden.

Jede dieser einzelnen, oder miteinander verbundenen Abänderungen wird auf ein vermehrtes Freibleiben des Blockes von Fehlstellen hinwirken, die sonst die Güte des gewalzten Materials beeinträchtigten.

Andere Verfeinerungen erhöhen die Güte der Blöcke erheblich. Sie vermeiden Fehler, die durch die Form und durch mit dem Gießstrahl fortgerissene Schlacke verschuldet werden. Eine dahingehende Verbesserung besteht im Ersatz gußeiserner Formen durch starkwandige oder wassergekühlte Kupferformen. Man vermeidet durch sie blasige Stellen. Weiterhin sichert die Anwendung einer Pfanne mit Ausguß am Boden einen reinen Metallstrahl und bequeme Möglichkeit, die Gießgeschwindigkeit zu beherrschen. Die verschiedenen Werke werden im wechselnden Umfange von diesen weiteren Maßnahmen Gebrauch machen können.

Die soeben beschriebenen Abänderungen stellen ohne Veränderung der Hauptgesichtspunkte des Verfahrens oder der Gießereianlage einführbare Verbesserungen dar. Angesichts der wahrscheinlich zu erwartenden Fortschritte im Warmwalzen von 70/30 Messing wie von anderen, zur Zeit kalt gewalzten Legierungen, soll auch auf die Vorteile von Blöcken geringerer Länge und dafür größerer Stärke hingewiesen werden. Ganz abgesehen von den metallurgischen Vorzügen starker Blöcke werden die Formen für das Gießen in senkrechter Stellung standfester, und die Zahl der zu lagernden, zu handhabenden und vorzurichtenden Formen wird geringer und erspart Kosten. Das Verfahren geleiteter Erstarrung, bei dem man eine Ecke der Form isoliert und den Einguß in die Nähe des wärmeabschirmenden Streifens legt (beschrieben im Abschnitt IX, S. 91) hat bei Formen größer als 305 × 152 × 25 mm keine Anwendung gefunden. Wendet man den Grundgedanken dieses Verfahrens an, so wird man wahrscheinlich die Blockmitten verbessern. Aber es ist zweifelhaft, ob in der Gießereipraxis der erzielte Vorteil nicht in gleicher Höhe mit dem ihn begleitenden Aufwand und den Handhabungsschwierigkeiten stehen dürfte.

Die verhältnismäßig einfachen, in Vorstehendem umrissenen Maßnahmen sind imstande, die Beschaffenheit der Blöcke zu verbessern und den Ausschuß wesentlich herabzuziehen. Dagegen gibt es solange keine Hoffnung auf regelmäßig erzeugte Blöcke von vollkommen gesunder Oberfläche, solange es nicht gelingt, den Einschluß von Gasen im Block zu vermeiden. Bei der nicht zu umgehenden Injektorwirkung des Strahles wird beim Kokillenguß langer dünner Blöcke der Einschluß kleinster Luftteilchen sich dort durch kein Mittel vollständig vermeiden lassen, wo beim Gießen ein Metallstrahl in die Flüssigkeit eindringt. Die ergiebigste Quelle mit Gas angefüllter Hohlräume in Handelsmessingblöcken bleibt die allgemein verwendete, vergasende Formentünche. Ihre Wirkung wird verstärkt, wenn die Form beim Füllen geneigt steht. Die bekannten Aufgaben des Formenausstriches erfordern gar nicht die Erzeugung von Gasen zwischen dem geschmolzenen Metall und der Wand der Form, sondern sollen hauptsächlich in Bewahrung vor Oxydation und im Schutze der Innenwandflächen bestehen. Es müßte daher möglich sein, verschiedene Mittel zu ersinnen, durch welche die vergasbare Art von Formentünche ganz ausgeschaltet und ihre Aufgaben durch andere Stoffe erfüllt werden könnten. Als Ausgangspunkt für ein solches Vorgehen könnten die Versuche mit den gegossenen Scheiben (auf S. 108 beschrieben) und die weiteren Versuche an kleinen, in reduzierenden Gashüllen gegossenen Blöcken dienen.

Bringt man einen Gasbrenner unter einer mit Gießöffnungen am Boden versehenen Pfanne so an, daß der ganze Raum zwischen Form und Pfanne von einer leuchtenden Kohlengasflamme erfüllt ist, so kann die Oxydation des Metallstrahles ganz vermieden werden. Während des Gießens kann man den orangefarbigen Strahl durch die Flamme hindurch sehen. Er ist frei von der weißen Flamme brennenden Zink-

Abb. 81. Versuchsvorrichtung zum Gießen von 610 × 152 × 38 mm Messingblöcken auf verbesserte Weise in starkwandiger Kupferform, mit trägem Formenausstrich mit reduzierender Hülle von Kohlengas und einer vom Boden her gießenden Pfanne.

dampfes, wie sie für in Luft gegossenes Messing kennzeichnend ist. Eine für das Gießen von Walzblöcken 610 × 152 × 38 mm nach diesem Verfahren erdachte, für Versuche bestimmte Vorrichtung ist in Abb. 81 zu sehen.

Die Pfanne besteht aus einem eisernen Mantel, wie er gewöhnlich für Gießpfannen geliefert wird. Er ist mit feuerfestem Material ausgekleidet. Ein großer, auf eine passende Länge herunter geschnittener Tiegel bildet eine gute Innenauskleidung, die leicht gereinigt werden kann. Im Pfannenboden ist eine aus Karborundum geformte Mündung befestigt. Sie wird durch Einstampfen von Karborundumzement in eine stählerne Form oder Matrize hergestellt. Der die Gießgeschwindigkeit regelnde Stopfen besteht aus einem hitzebeständigen Stahlrohr, an dessen unterem Ende eine zum Mundstück passende, feuerfeste Spitze (aus „salamander“) befestigt ist (siehe S. 78). Die Gasringleitung ist unter der Pfannenmündung einstellbar und besteht aus einem gebogenen Rohre mit vielen Löchern auf der Innenseite. Das Metall wird nach raschem Abschäumen aus dem Tiegel in die Pfanne geschüttet. Dieses braucht nicht zu ängstlich gemacht zu werden, weil Schlacke und Oxyd in der Pfanne an die Oberfläche des Metalls steigen und nicht in den Gießstrahl gelangen. Die Form wird so ausgerichtet, daß der Strahl von den Wänden unbehindert einfallen kann. Ein vorgewärmter Speisekopf oder Einsatz aus feuerfestem Ton wird vor dem Guß oben auf der Form befestigt. Bei langen und weiten Formen wendet man auch noch eine Verteilungsrinne oder einen mehrlöcherigen Trichter an. Diese Vorrichtung gewährt nun alle Möglichkeiten, bei hoher Temperatur und hoher Gießgeschwindigkeit in eine senkrecht gestellte Form oxydationsfrei ohne Anwendung einer vergasungsfähigen Formentünche zu gießen. Ein geringer Ausstrich ist notwendig, um die Innenflächen der Form zu schützen und ein gewisses Maß Wärmeabschirmung zu erhalten, das an der wirbelnden Metalloberfläche ein zu starkes erstes Abschrecken vermeiden soll. Durch eine über die Form streichende Azetylenflamme wird sie mit Ruß als einem bewährten Stoffe belegt. Nach diesem Verfahren in Formen aus Gußeisen, Temperguß, Stahl und Kupfer hergestellte Probegüsse ergaben nach dem Walzen der Blöcke ein hochwertiges Material, wenn die Blockoberfläche nicht durch blasige Stellen beeinträchtigt war. Um dieser durch das Fehlen einer vergasenden Tünche erhöhten Gefahr zu begegnen, sind kupferne Formen empfehlenswert. Eine Reihe auf diese Weise hergestellter und mit Röntgenstrahlen geprüfter Blöcke zeigt keine im Innern liegende Fehlstellen. Der Vergleich einer großen Zahl derartiger, in den Werken ausgewalzter Blöcke mit solchen üblicher Handelsgüte bestätigte die Versuche. Eine Gießtemperatur von 1100° C und eine Gießgeschwindigkeit von etwa 38 mm Blocklänge in der Sekunde sind für Blöcke von 205 mm Breite, 38 mm Dicke und bis zu 610 mm Länge geeignet.

Eine Hauptsache in diesem Verfahren bildet die reduzierende Flamme und ihre Regelung. Eine angemessen reichliche Flamme ist für das Gelingen des Gusses wesentlich. Ihre Wirksamkeit kann leicht während des Gießens nach dem Aussehen des Strahles abgeschätzt werden. Jede Spur einer Oxydation wird sofort durch die weiße Flamme brennenden Zinkdampfes angezeigt. Die rohe Form der in der Abbildung gezeigten Gasringleitung genügt für hohen Gasdruck von etwa 300 mm Wassersäule, ist aber für einen verfügbaren Druck von nur etwa 75 mm Wassersäule nicht mehr geeignet. Sie wird dann besser durch eine andere Gestaltung der reduzierenden Flamme ersetzt.

Zahlentafel 13.

Analysen der Flammengase zwischen einer Pfanne mit Gießöffnung am Boden und dem Einguß an der Form beim Gebrauch verschiedener Brennerarten.

Nr.	Brenner	Gasanalyse (Raumteile in %)					
		CO_2	O_2	CO	Kohlenwasserstoffe CH_4	H_2	N_2 (und Rest)
1	Zusammensetzung des verwendeten Kohlengases . . .	4	0,7	9	27	45	14
2	Ringbrenner (s. Abb. 81). Hochdruckgas	4	1	6,9	14	25	49
3	Leuchtende Flamme aus offenem Rohre (254 mm von der Rohrmündung). Hochdruckgas .	4,6	0,8	7,4	7,8	17,5	62
4	Leuchtende Flamme aus offenem Rohre (483 mm von der Rohrmündung) Hochdruckgas . .	6	1,5	4,9	1,4	5,5	80,7
5	Brenner für Niederdruckgas (s. Abb. 82)	3,6	0,9	8,4	19	36	32
6	Wells Paraffinbrenner (0,35 at Druck)	8,5	4	5,5	1	2,5	78,5
7	Wells Paraffinbrenner (0,84 at Druck)	5	4	10,5	2	7	71,5

Die Analysen einer Anzahl aus verschiedenen Brennerarten entnommenen Gasproben sind in Zahlentafel 13 angeführt. Die Posten 1, 2, 3 und 5 sind die Durchschnittsziffern von zwölf verschiedenen, nahezu übereinstimmenden Beobachtungen. Die Zahlen stellen nicht die wahre Zusammensetzung des Flammengases dar, weil kein Abzug für Wasserdampf oder freien Kohlenstoff gemacht worden ist. Man kann aber aus den für Methan und Wasserstoff gewonnenen Werten besonders für die Wasserdampfmenge einen Anhalt gewinnen, wenn man diese Werte mit denen im zugeführten Gase vergleicht. Die Analysen zeigen aber die jeweiligen oxydierenden oder reduzierenden Eigenschaften der Flammengase an.

Die Ergebnisse mit dem Paraffinbrenner sind wegen des hohen Sauerstoff- und wegen des geringen Kohlenwasserstoff- und Wasserstoffgehaltes nicht verwertbar.

Der in Abb. 82 abgebildete Brenner für niederen Druck gibt zwischen Form und Pfanne eine der Zusammensetzung des zugeführten Kohlengases sehr nahe kommende Gashülle und ist deshalb befriedigender, als der mit Hochdruckgas gespeiste Ringbrenner. Der Niederdruckbrenner ist so gebaut, daß das Kohlengas in die Form hinunter gelenkt wird. Der Kopf der Form wird dabei durch eine über den Brenner gestülpte Haube vor Luftzug geschützt, die ihrerseits mit einem Loch für den Einguß versehen ist. Selbstverständlich muß die Weite der Zuflußrohre und Hähne angemessen sein, um keinen Druckverlust an der Austrittsöffnung zu ergeben. Sie wies in unserem Falle eine lichte Weite von 9,5 mm auf. Diese Einrichtung hat die zufriedenstellendsten Ergebnisse in der Praxis erzielt. Sie ist einfach zu handhaben, und es können mit ihr gänzlich oxydhautfreie Blöcke bei niedrigem oder auch höherem Gasdruck erhalten werden. Vom Gas am Boden einer 610 mm tiefen Form genommene Analysen, für die alle 1,5 Minuten nach ingang-gesetzter Flamme die Proben entnommen wurden, zeigen (Zahlentafel 14) deutlich die Überlegenheit des Niederdruckbrenners über den Hochdruckringbrenner.

Zahlentafel 14.

Analysen von der Bodenatmosphäre einer 610 mm tiefen Form, 1,5 Minuten nach Anzünden des Kohlengasbrenners.

Brenner	CO_2 %	O_2 %	CO %
Ringbrenner (Hochdruckgas) . .	4,2	4,3	3,6
Niederdruckbrenner	4,6	0,8	8,0

Zahlentafel 15.

Analysen von der Bodenatmosphäre einer 610 mm tiefen Form. Brenner nach Abb. 82. Gasdruck 76 mm Wassersäule.

Brennzeit vor der Gasentnahme	CO_2 %	O_2 %	CO %
1 Sekunde	2,5	12,0	2,2
4 Sekunden	4,4	4,5	4,0
30 „	5,0	1,4	7,8
2 Minuten	4,6	1,0	7,8
4 „	3,6	0,8	8,9

Abb. 82. Brenner, der mit niedrig gepreßtem Kohlengas eine reduzierende Atmosphäre bereitet. Das Gas wird durch das gebogene Einlaßrohr auf den Boden der Form gelenkt und brennt aus dem in der Mitte gelegenen Austrittsloch, durch welches das Metall eingegossen wurde.

Im Hinblick auf die oben gegebenen Werte ist die Brennzeit des Gases innerhalb der Atmosphäre der Form von Bedeutung. Zieht man in verschiedenen Zeitabständen nach dem Anzünden des Niederdruckgasbrenners durch ein feines Quarzrohr, das man in eine 25 mm über dem Boden einer 610 mm tiefen Form liegende Bohrung gesteckt hat, Proben, so ergeben diese bei der Analyse die in Zahlentafel 15 angeführten Werte.

Sie zeigen deutlich, daß mit der Niederdruckbrenneranordnung Sauerstoff rasch vom Boden der Form entfernt wird, und zwar der größte Teil bei Anwendung eines Druckes von 76 mm Wassersäule schon in 30 Sekunden. Wahrscheinlich gibt selbst eine schlecht abgedichtete Form mit einem Brenner dieser Art zufriedenstellende Ergebnisse.

Das beschriebene, abgeänderte Verfahren umfaßt ein beträchtliches Abweichen von den gewöhnlichen Gepflogenheiten. Darunter findet sich das Weglassen der vergasbaren Formentünche und ihr Ersatz durch eine träge Auskleidung mit Lampenschwarz, zusammen mit der Fürsorge für eine reduzierende Kohlengasatmosphäre. Dieses Vorgehen vermag von oben gegossene Blöcke größter Güte zu erzeugen. Doch kann, wie schon erwähnt, immer noch leicht der Einschluß von Gasen erfolgen, die durch den Strahl hineingeschleudert werden. Auf diese Weise gegossene Blöcke neigen dann, wie auch alle nach andrer Art von oben gegossenen Blöcke, bei über Kreuz Walzen zu Blech zur Bildung kleiner Blasen.

Es ist schon früher erwähnt worden, daß die Beigabe eines kleinen Hundertsatzes Phosphor (etwa 0,05%) die Bildung eines zusammenhängenden Oxydhäutchens auf der Oberfläche des geschmolzenen Messings verhindert. Obgleich das Maß der Zinkverdampfung bei einem solchen Phosphormessing größer ist, als bei reinem Messing, so wird doch das gebildete Oxyd nicht in der Schwebe gehalten, noch haftet es an der Oberfläche des Metalls. Phosphorhaltiges Messing kann somit bei vollem Luftzutritt ohne Anwendung einer vergasbaren Formentünche oder der sie ersetzenden Gasflamme und damit ohne Furcht vor Fehlstellen durch Oxydation vergossen werden. Der Grundgedanke des Vorganges ähnelt im allgemeinen dem des Gasflammenverfahrens. Man erzielt mit ihm gleiche Ergebnisse an Güte bei dem erzeugten Block. Ein weiteres Merkmal phosphorhaltigen Messings ist, daß es die Form stets bis in den letzten Winkel erfüllt, weil das Fließvermögen augenscheinlich erhöht wird. Allerdings ist mit dieser Eigenschaft auch eine größere Neigung zum Platschen verbunden. Wenn dieses auch bei gußeisernen oder anderen die Wärme schlechter leitenden Formen weniger empfindlich ist, so kann es doch die Oberfläche in Kupferformen gegossener Stücke beeinträchtigen. Denn verplatschtes Metall wird bei diesen sofort bei Berührung mit der Wand der Form abgeschreckt. Die Anwendung der Phosphorbeigabe zum Messing, im Verein mit einem trägen Formenausstrich wie Ruß, besitzt den großen Vorzug der Einfachheit und könnte mit Vorteil bis zu einem gewissen Grade wahlweise an Stelle des Gasflammen- oder des allgemein in der Industrie gebrauchten Verfahrens angenommen werden. Der Grundgedanke der Phosphorverwendung liegt darin, daß durch sie Mittel zum Vermeiden von Oxydationsfehlern im Innern des Metalls selbst vollständig vorhanden sind.

Schon eine kleine Menge vorhandenen Phosphors beeinflußt die mechanischen Eigenschaften des Messings. Die auffälligste Wirkung ist eine Verminderung der Korngröße beim Glühen. Diese Frage wird im Anhang D „Die phosphorhaltigen Messinge“ behandelt.

XIV. Besondere Gießverfahren.

Das Durvilleverfahren. — Das Erichsen(„Erical“)-Verfahren. — Das Gießen von unten oder der steigende Guß.

Die Betrachtungen haben sich zunächst auf das gewöhnliche Tiegelgußverfahren zur Erzeugung flacher Walzmessingblöcke und auf Abänderungen desselben erstreckt, die kein gründliches Abwenden von den gebräuchlichen Gießmethoden in sich schließen. Neben solchen erprobten Verfahren haben sich unlängst neue eingeführt. Sie bringen ungewohnte Grundgedanken in die Messinggießerei. Aus ihnen tritt das Durvilleverfahren hervor, das eine ganz neue Art des Gießens einführt, ferner das Erichsenverfahren, für das durch Anwendung einer besonderen Art Formen neue Vorzüge beansprucht werden, und das „Von unten Gießen“, das, obgleich es in der Stahlgießerei in weitestem Maße angewendet wird, doch noch nicht industriell für den Guß von Messing und anderen Materialien Eingang gefunden hat.

Das Durvilleverfahren[1].

Das Durvilleverfahren wurde zur Vermeidung von Oberflächenfehlern an aluminiumhaltigen Legierungen (wie z. B. Aluminiumbronze) erdacht. Diese neigen zu solchen, wenn sie auf dem üblichen Wege gegossen werden. Früher (auf S. 51) wurde bereits das Bestreben des Aluminiumoxydhäutchens, Falten und Spritzer während des Gießens zu bilden, besprochen. Der Grundgedanke des Durvilleverfahrens besteht nun darin, Durchwirbelung des Metalls während des Gießens zu vermeiden, denn sie ist die Hauptursache der eben genannten Mängel. Die benutzte Vorrichtung besteht aus einer Gießform. Sie ist durch eine Rinne derart mit einer Pfanne verbunden, daß eine Seitenwand

[1] P. H. G. Durville (Britisches Patent 23719, 1913).

der Pfanne, der Boden der Rinne und eine Seitenwand der Form in einer geraden Linie liegen. Die Pfanne wird mit Metall gefüllt. Durch Wenden der Vorrichtung läßt man es langsam in die Form überlaufen.

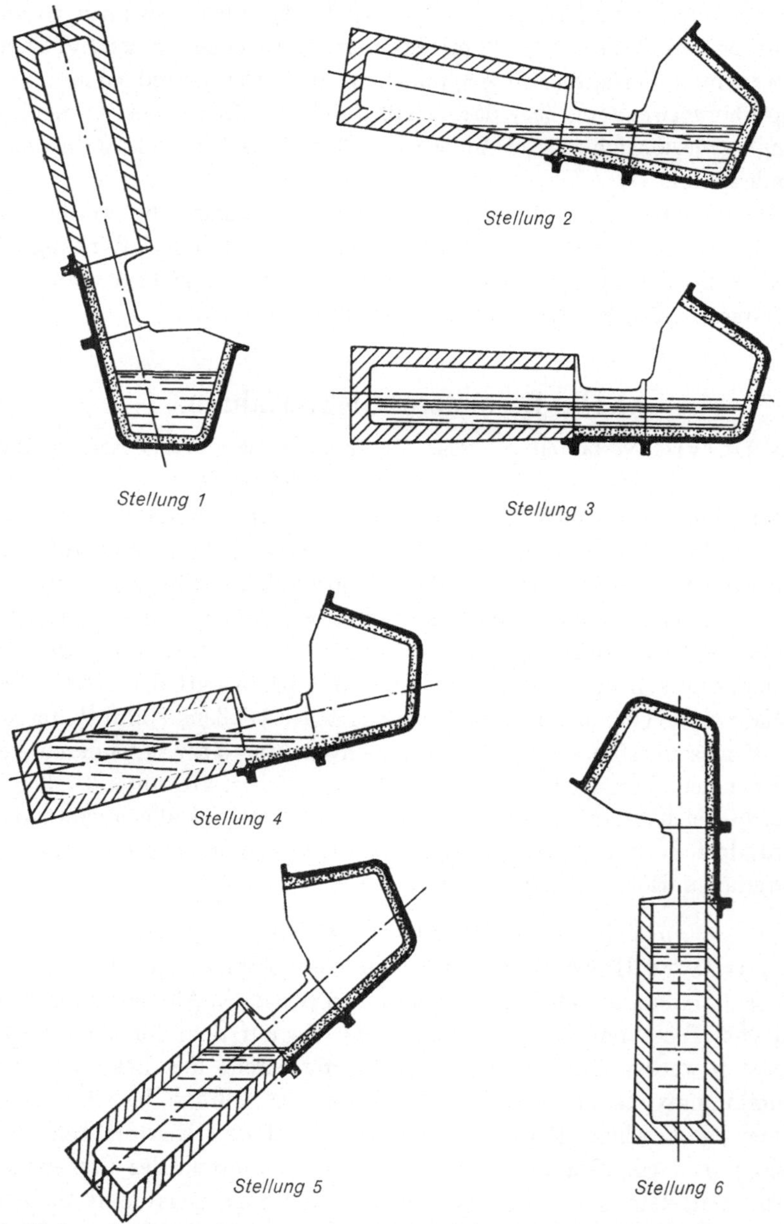

Abb. 83. Lage des Metallspiegels beim Durville-Gießverfahren in verschiedenen Stellungen beim Wenden.

Die verschiedenen, während des Wendevorgangs auftretenden Lagen des Metallspiegels zeigt Abb. 83 in schematischer Darstellung. Das Verfahren gleicht einigermaßen dem gewöhnlichen Gießverfahren von Aluminiumwalzblöcken. Bei diesen wird die Form im Winkel gekippt, das Metall läuft an einer Ecke herunter, und mit dem Fortschreiten des Gusses wird sie schrittweise wieder aufgerichtet.

Das Durvilleverfahren war ursprünglich zum Gießen von 8—9% Aluminium enthaltender Aluminiumbronze bestimmt und zwar für die französische Münze. Der vom Erfinder ursprünglich entworfene Apparat war zum gleichzeitigen Gusse von vier je ungefähr 610 × 356 × 38 mm großen Blöcken entwickelt worden. Die dazu nötige Form wurde aus eisernen Platten aufgebaut. Die Böden und Seitenwände bildeten U-förmig gestaltete, die Platten trennende Stücke. Die Innenfläche der Form war ohne weitere Zurichtung glatt bearbeitet. Auch wurde keine Formentünche verwendet. Am Kopf dieser vierteiligen Form saß ein eiserner Rahmen, der vier gesonderte Köpfe für das Nachspeisen von gegen 50 mm Tiefe und 38 mm Breite trug. Diese waren aus von dünnem Eisenblech umkleideter Asbestpappe und feuerfesten Ziegeln zusammengebaut. An den Speisekopfrahmen schloß sich ein etwa 915 mm langer Trog an, der die Pfanne mit der Form verband. Die innere Wandfläche dieses Eisenblechtroges bedeckte eine Schicht feuerbeständiger Ziegel. Die Gießpfanne war beckenförmig gestaltet, hatte schräge, mit feuerfestem Material ausgekleidete Seitenwände und trug eine Einrichtung, um Trog und Pfanne zusammen zu verbolzen.

Beim Guß von Aluminiumbronze wird das Metall ohne Flußmittel geschmolzen und die Temperatur auf 1200—1300° C gebracht. Man gießt es dann in die Pfanne, die nach Abb. 84 an der Gießvorrichtung befestigt ist. Das Metall wird sorgfältig abgeschäumt, man läßt es auf etwa 1100—1150° C abkühlen und schwenkt dann die Vorrichtung. Der Vorgang geht glatt und regelmäßig vor sich und nimmt etwa 30 Sekunden in Anspruch (siehe Abb. 85). Nach Abnahme der Pfanne können die vier Blöcke aus der Form herausgehoben werden, ihre Wände haben gegen den Kopf hin einen ganz leichten Anzug (siehe Abb. 86).

Auf diese Weise gegossene Blöcke aus Aluminium, wie solche aus aluminiumhaltigem Messing, sind von hoher Güte. Die Oberflächen, von denen Abb. 87 ein Musterbeispiel zeigt, sind glatt und lassen nur schmale Grate erblicken. Diese hängen mit der absatzweise während der Drehung sich ändernden Standhöhe des Metalls zusammen. Bei der angewandten niedrigen Gießtemperatur sind Schwindungshohlräume auf ein Mindestmaß zurückgeführt. Im allgemeinen kann man sagen, daß diese Blöcke in bezug auf oberflächliche und innere Gesundheit von hoher Güte sind.

Angesichts der vielversprechenden Hauptzüge dieses Verfahrens verdienen die Bestimmung der günstigsten Gießverhältnisse für jede einzelne Legierung und die Ausdehnung seiner Anwendung auf andere Materialien als Aluminiumbronze oder Messing ernste Beachtung. Um alle Möglichkeiten des neuen Verfahrens auszuschöpfen, gebrauchten

Abb. 84. Die Original-Durvillemaschine, die Pfanne fertig zum Schwenken angebracht. (Durch das Entgegenkommen der Société des Alliages et Bronzes Forgeables).

die Verfasser die in kleinem Maßstabe hergestellte, in Abb. 88 gezeigte Versuchseinrichtung. Sie besteht aus einer kleinen, in einem Stück aus einem feuerfesten Tiegel geschnittenen Pfanne mit Trog und einer aus Stahlplatten aufgebauten Form für drei Blöcke. Jeder einzelne dieser war etwa 230 × 114 × 25 mm groß. Ein geheizter Speisekopf kommt zwischen Pfannenöffnung und der Form zur Anwendung.

Abb. 85. Die Original-Durvillemaschine nach vollendeter Schwenkung. (Durch das Entgegenkommen der Société des Alliages et Bronzes Forgeables).

Wird reines 70/30 Messing auf diese Weise mit frei der Luft ausgesetzter, metallischer Oberfläche gegossen, so wird die gebildete Zinkoxydhaut während des Gießvorganges zerstört und gefaltet und gibt zu Fehlstellen Veranlassung. Die Gegenwart von Aluminium im Messing beseitigt diese Schwierigkeit und erzeugt eine starke Oberflächenhaut von Aluminiumoxyd. Schon so wenig wie 0,1% Aluminium in 70/30

Messing genügt, um das Metall mit hoher Oberflächengüte ohne Anwendung irgendwelcher Formentünche gießen zu lassen[1].

Abb. 86. Original-Durvillemaschine. Beim Herausziehen der Blöcke.
(Durch das Entgegenkommen der Société des Alliages et Bronzes Forgeables.)

Wie schon von der Abwesenheit des Wirbels während des Gusses erwartet werden konnte, ist das Streben nach Stengelkristallbildung bei der Erstarrung viel größer als bei den gewöhnlichen Arten des

[1] Die Wirkung eines Aluminiumzuschlags auf die physikalischen und mechanischen Eigenschaften der Kupfer-Zinklegierungen wird in Anhang C „Aluminiumhaltige Messinge", S. 189, mitgeteilt.

Tiegelgusses. Ihm kann nur durch sorgfältige Beobachtung des Vorgangs Einhalt geboten werden. Bei einer hohen Gießtemperatur zeigen

Abb. 87. Oberfläche eines nach dem Durvilleverfahren gegossenen 91/9 Aluminumbronzeblockes.

etwa $230 \times 114 \times 25$ mm große, 0,2% Aluminium enthaltende 70/30 Messingblöcke fast nur noch Stengelgefüge auf, ob die Geschwindigkeit des Schwenkens groß (6 Sekunden) oder klein (24 Sekunden) ist. Erniedrigt man die Gießtemperatur, so erreicht man in schnell gegossenen Blöcken eine Zunahme des Anteils der gleichachsigen Kristalle und bei einer Gießtemperatur von 980° C (im Vergleich mit 1100° C beim Tiegelverfahren) und schneller Schwenkung (6 Sekunden) wird zum großen Teile das in Abb. 89 zu sehende gleichachsige Gefüge erhalten.

Abb. 88. Versuchsvorrichtung für Durvilleguß.

Selbst bei dieser niedrigen Gießtemperatur bringt eine geringe Schwenkgeschwindigkeit (24 Sekunden) vollständig stengliges Gefüge hervor, wie solches auch bei hohen Gießtemperaturen (siehe Abb. 90) erreicht würde. Das Kleingefüge kennzeichnender Oberflächenschichten der in den Abb. 89 und 90 dargestellten Blöcke ist in den Abb. 91 und 92 zu sehen. Man erkennt deutlich die geraden Kristallgrenzen in der Oberfläche eines Blockes von stengligem Gefüge. Die Gefahren eines solchen Gefüges für das Walzen sind schon früher (auf Seite 75) besprochen worden. Die Einwirkung wechselnder Gießverhältnisse auf die Blockoberfläche ist gering, und nur bei sehr langsamer Schwenkung werden Überlagerungen von einigermaßen ernster Größe gebildet.

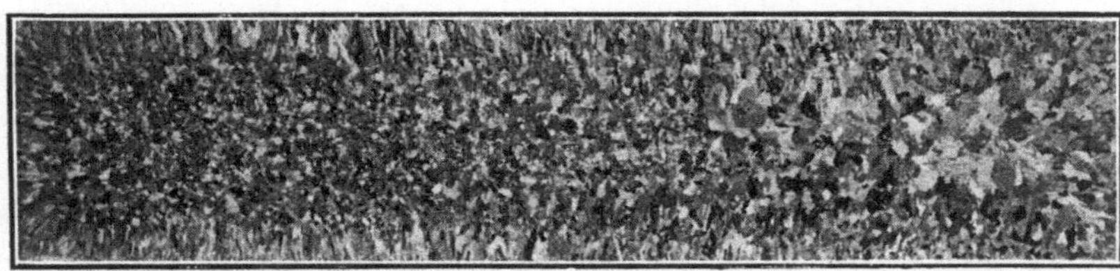

Abb. 89. Gefüge von 70/30 Messing mit 0,2 % Aluminium im Durvilleverfahren bei 980° C und rascher Schwenkung gegossen. Natürliche Größe.

Abb. 90. Gefüge von 70/30 Messing mit 0,2 % Aluminium im Durvilleverfahren bei 1100° C gegossen. Natürliche Größe.

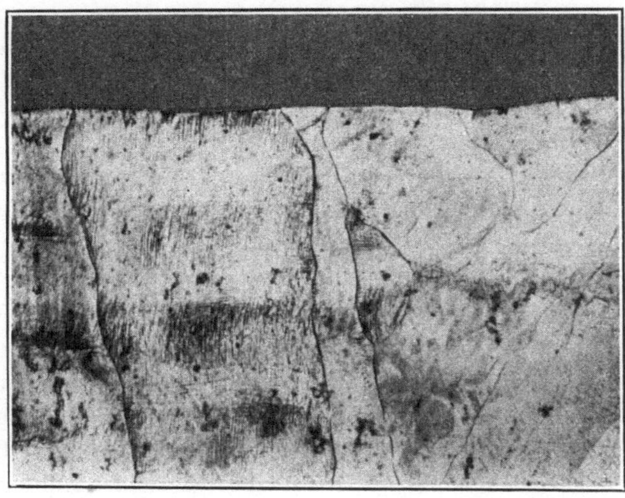

Abb. 91. Kleingefüge in der Oberflächenschicht des in Abb. 89 dargestellten Blockes. × 100.

Beim Guß von eine geringe Menge Aluminium enthaltendem 70/30 Messing sind infolgedessen die günstigsten Gießbedingungen zur Erlangung einer guten Oberfläche und eines geeigneten Gefüges niedrige

Gießtemperatur und eine große Schwenkgeschwindigkeit. Wichtig ist zu merken, daß Aluminiummessing noch ohne Schwierigkeit bei einer Temperatur von nur 40° C über dem Liquiduspunkt gegossen werden kann. Die Blöcke waren fast ständig frei von den sonst so zahlreichen, eingeschlossene Gase enthaltenden Hohlräumen. Diese würden unweigerlich aufgetreten sein, wenn die Blöcke von oben mit einer so geringen Temperatur gegossen worden wären (siehe S. 83). Eine niedere Gießtemperatur hat noch andere Vorteile, unter denen das verringerte Saugen, eine gewisse Ersparnis an Brennmaterial und die verhältnismäßig lange Zeit hervorragen, in der das Metall in der Pfanne zum Abschäumen verbleiben kann.

Abb. 92. Kleingefüge in der Oberflächenschicht des in Abb. 90 dargestellten Blockes. × 100.

Die mitgeteilten Beobachtungen bezogen sich besonders auf Blöcke in den Abmessungen von etwa 230 × 114 × 25 mm. Es fanden sich aber entsprechende, äußerst zufriedenstellende Verhältnisse für das Gießen aluminiumhaltiger Messingsorten zu größeren, bis zu 45 kg wiegenden Walzblöcken, oder zu zylindrischen Knüppeln beachtlicher Größe zum Ziehen von Rohren.

Dieselben Verhältnisse sind für das Gießen von Aluminiumkupfer im Schwenkverfahren geeignet. Aluminiumbronzewalzblöcke neigen, falls sie ein vollständig stengliges Gefüge haben, zum Reißen beim Walzen, besonders wenn das Material eingeschlossenes Aluminiumoxyd oder andere Unreinheiten enthält. Das ist bei Verwendung von wiedergeschmolzenen Abfällen möglich. Dementsprechend muß die Gießtemperatur streng beobachtet und so niedrig als möglich gehalten werden, ohne eine übermäßige Menge Metall in der Pfanne zurückzubehalten. Die Verfolgung mit dem Pyrometer ist ratsam. So ließen sich ganz aus wiedereingeschmolzenen Abfällen hergestellte Versuchsblöcke aus 91/9 Aluminiumbronze gut walzen, wenn die Gießtemperatur 1100° C nicht überschritt[1]. Ein kennzeichnendes, unter solchen Verhältnissen erhaltenes Gefüge zeigt Abb. 93. Bei höherer Temperatur wird Stengelgefüge erhalten (Abb. 94). Es entstammt einem Block, der beim Walzen arg riß.

Das Durvilleverfahren ist außer für kupferreiche Legierungen mit Aluminiumzusatz auch noch vollständig zufriedenstellend anwend-

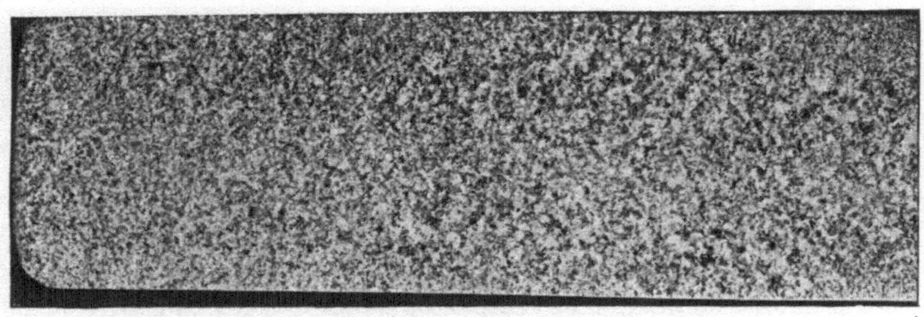

Abb. 93. Gefüge einer bei niedriger Temperatur gegossenen 91/9 Aluminiumbronze. Natürliche Größe.

Abb. 94. Gefüge einer bei hoher Temperatur gegossenen 91/9 Aluminiumbronze. Natürliche Größe.

bar für den Guß reinen Aluminiums und aluminiumreicher Legierungen. Reines Aluminium ist auf diese Art mit Erfolg bei einer Temperatur von 680° C (also nur 20° C über dem Erstarrungspunkt) gegossen worden. Man erhält dabei mit Leichtigkeit ein feines Gefüge und einen hohen Grad von Gesundheit zusammen mit glatter Oberfläche. Da die Dichte von metallischem Aluminium und seinem Oxyd gleich ist, bedeutet es für seine Behandlung einen gewissen Vorteil, wenn man den Schmelzofen gleich an die Form angeschlossen hat und an die Stelle der Pfanne setzt. Auf diese Weise könnte die Aluminiumlegierung geschmolzen

[1] Für Kaltwalzen darf der Aluminiumgehalt 9% nicht übersteigen.

und gegossen werden, ohne daß man befürchten müßte, in der Schmelze schwebendes Oxyd während des Übergießens aus dem Schmelztiegel in die Durvillepfanne mitzureißen.

Wenn auch die Vorteile des Schwenkverfahrens besonders in Verbindung mit dem Gießen aluminiumhaltiger Materialien hervortreten, so ist doch dieses Verfahren nicht auf solche Legierungen beschränkt. Falls man bei Blöcken aus reinem Messing keinen Zusatz irgendeines anderen Bestandteiles wünscht, der der Schmelze eine widerstandsfähigere Oxydhaut geben könnte, so wird man dennoch das Verfahren mit Erfolg anwenden. Man braucht nur gewisse Hilfsmittel hinzuzufügen, um Oxydbildung auf der Metalloberfläche zu vermeiden. So gibt, wie in dem auf S. 144 beschriebenen, abgeänderten Verfahren beim Tiegelguß, der Gebrauch einer außerhalb befindlichen, den Raum zwischen der Pfannenöffnung und der Form ausfüllenden Kohlengasflamme zufriedenstellende Ergebnisse. Andererseits könnte Oxydation auch durch Anwendung eines geeigneten Flußmittels vermieden werden. Jedenfalls lassen sich auf diese Weise Blöcke hoher Güte regelmäßig erzielen. Nach dem Durvilleverfahren gegossene Blöcke aus reinem Messing besitzen nicht nur eine hohe Oberflächengüte, sondern sind auch vollständig frei von unter der Oberfläche liegender Porosität und von den sehr kleinen Löchern, die gewöhnlich bei von oben auf übliche Art gegossenen Blöcken den hineingerissenen Gasen entstammen. Das fertig gewalzte Material ist nicht nur von größeren Fehlstellen frei, wie Spritzern und großen Blasen, sondern auch von der kleinen Sorte Blasen, über die schon früher (S. 39) berichtet wurde, und die gewöhnlich beim Erzeugen über Kreuz gewalzter Messingbleche störend auftreten. Es ist in der Tat wahrscheinlich, daß für das Gießen von reinen Walzmessingblöcken das Durvilleverfahren die zur Zeit erfolgreichste Art der Herstellung ist. In gleicher Weise besteht keine unüberwindbare Schwierigkeit in der Anpassung des Verfahrens an das Gießen anderer nicht aluminiumhaltiger Materialien, wie Nickelmessinge, Sondermessinge, Bronzen, Zink usw.

Die fabrikationsmäßige Anwendung des Durvilleverfahrens hat sich in England fast ganz auf die Herstellung von Walzmessingblöcken beschränkt und auf die Erzeugung von vollen Rundblöcken für die Rohrfabrikation. Hohle, rohrförmige Stücke von verhältnismäßig kurzer Länge können ohne Schwierigkeit angefertigt werden. Nur hängt die Verwendung des Verfahrens nach dieser Richtung hin in weitem Maße von den Abmessungen des in Frage kommenden Gußstückes ab. Lange, rohrförmige Gußstücke dünnen Querschnittes sind für diesen Schwenkguß nicht geeignet. Das geht aus der Schwierigkeit hervor, das Metall genügend langsam und sanft in einen engen Raum einlaufen zu lassen, aus der für solche lange, dünne Stücke erforderlichen hohen

Temperatur und aus der durch die Kerne veranlaßten Störung. Die Anwendung des Verfahrens und der Entwurf des Apparates für ein besonders gestaltetes Gußstück oder eine besondere Gattierung muß demnach den einzelnen Verhältnissen angepaßt werden. Allgemein sollten beim Entwurfe einer Anlage für Fabrikationszwecke folgende Gesichtspunkte gelten:

1. Die tiefgelegene Wand von Pfanne und Form muß eine gerade Linie bilden (Stellung 3, Abb. 83) und frei sein von Absätzen oder Unregelmäßigkeiten, die einen Metallstrahl veranlassen könnten in die Form zu spritzen.

2. Die Länge der Pfanne und des Gießtroges zusammen sollte die Länge der Form nicht zu sehr unterschreiten. Dies ist notwendig, um bei Beginn des Gießens einen Abfall der Flüssigkeitshöhe am Eingang zur Form zu vermeiden. Ein feuerfester („salamander") Tiegel bildet ein befriedigendes Material zum Auskleiden der Pfanne. Er blättert nicht leicht ab, und jede hängen gebliebene Metallkruste kann leicht entfernt werden.

3. Um schnelles Arbeiten mit einer Vorrichtung sicher zu stellen, sollte eine Anzahl Formen gleichzeitig benutzbar sein. Das schließt ein vorzusehendes Verfahren zum raschen, unschwierigen Auswechseln der Formen ohne ungebührlichen Aufenthalt ein.

4. Die Gießtemperatur sollte so niedrig als möglich sein. Für hochschmelzende Legierungen sollten 50° C über dem Liquiduspunkt einen auskömmlichen Spielraum bieten. Für Metalle wie Aluminium oder Zink könnte er noch beträchtlich verringert werden.

5. Das Abschäumen der Metalloberfläche in der Pfanne muß sorgfältig vorgenommen werden, um das Mitreißen von Schlacke in die Form zu verhüten.

6. Das Schwenken sollte schnell, aber ruhig erfolgen.

7. Wenn auch Formentünche nicht wesentlich ist, so ist doch ein dünner Überzug mit Lampenschwarz wünschenswert. Er soll das erste Abschrecken der Blockoberfläche mildern.

8. Beim Gießen von Legierungen, die keine kräftige Oxydhaut auf der Oberfläche bilden, ist das Metall vor Oxydation zu schützen.

9. Bei genügend niedriger Gießtemperatur tritt an und für sich meist nur geringes Saugen auf. Es kann vollständig durch Anwenden eines Speisekopfes aus feuerfestem Ton vermieden werden.

Das Erichsenverfahren.

Schon in der kurzen Übersicht der neuen Fortschritte auf dem Gebiet der Gießverfahren (S. 15) ist eine neue Bauart wassergekühlter Formen erwähnt worden. Sie stammt von Erichsen[1] und ist unter der kurzen

[1] Britisches Patent Nr. 358697 (1931).

Bezeichnung Erichsen („Erical“)-Kokille bekannt geworden. Bei ihr bestehen die wärmeabführenden Platten oder Wände aus einer Nickeleisenlegierung von ausnehmend geringer Wärmeleitfähigkeit[1]. Außerdem besitzen diese Teile eine geringe Wärmeausdehnungszahl. Infolgedessen nimmt der Erfinder für sich in Anspruch, daß die Blockerstarrung entgegen den Verhältnissen in einer gewöhnlichen Form verlangsamt wird.

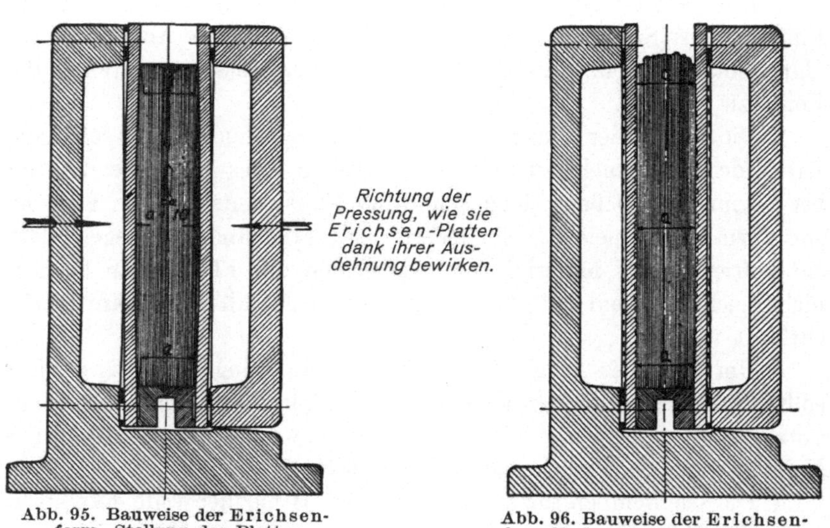

Abb. 95. Bauweise der Erichsenform. Stellung der Platten vorm Guß.

Abb. 96. Bauweise der Erichsenform. Erstarrung des Blockes unter dem Drucke der Formenwände.

Während der Erstarrung sind die Innenflächen der Wände an den Formen von höherer Temperatur als die Außenflächen. Die sich daraus ergebende ungleichmäßige Ausdehnung zwingt die Platten sich so zu biegen, daß sie nach innen gekrümmt werden. Sie üben deshalb dort eine so starke Pressung auf den Block während der Erstarrung aus, daß flüssiges Metall in der Mittelschicht nach aufwärts gedrängt wird. Dies bezeichnet man als den „Erichsen(Erical)-Effekt“. In dünnen Blöcken (bis zu 50 mm aufwärts) wird das flüssige Metall in genügender Menge herausgequetscht, um das Schrumpfen vollständig auszugleichen. Auch das Saugen wird vermieden, ohne daß man ein Nachspeisen nötig hätte, ja in einigen Fällen wird der Block tatsächlich durch die Wirkung in die Länge gestreckt. Bei dicken Blöcken (von 50 bis zu 100 mm) kann ein geringer Betrag von Saugen unter besonderen Gießumständen vorkommen.

Man gibt vom Erichsen(„Erical“)-Effekt an, daß er in gleicher Weise bei allen Arten Messing, Bronzen und Neusilber eintritt. Das

---

[1] Die Wärmeleitfähigkeit der Legierung ist angenähert ein Fünftel von der des Eisens oder ein Fünfunddreißigstel von der des Kupfers.

Krümmen der Platten bei plötzlicher, einseitiger Erhitzung ist offenbar die unmittelbare Einwirkung eines jähen Temperaturabfalls in der Platte und entsteht in derselben Weise wie das Reißen der gußeisernen Formen, oder das Klaffen solcher Formen, bei denen die Klammern nicht stramm genug angezogen sind.

Weiter nimmt der Erichsen(„Erical“)-Effekt für sich in Anspruch, ein gleichmäßig feines Blockgefüge, und somit eine günstige Eigenschaft für die Weiterverarbeitung durch die Druckwirkung, zu erzielen. Die Walzeigenschaften des gegossenen Materials und die Verformbarkeit des fertigen Bleches werden als wesentlich verbessert hingestellt.

Die mittleren Blockteile sollen nicht von Rissen befallen werden. Solche können durch Schrumpfungserscheinungen an dem Teile entstehen, der durch den nach innen gerichteten Druck der Platten während der Erstarrung abgeschnürt wird. Deshalb werden die Platten von vornherein mit einer gegen die Wasserseite gerichteten Vorkrümmung durch die Flanschenschrauben versehen. Auf diese Weise gleichen sich die während des Gießens auftretenden Spannungen ungefähr aus, und die Platten werden angenähert

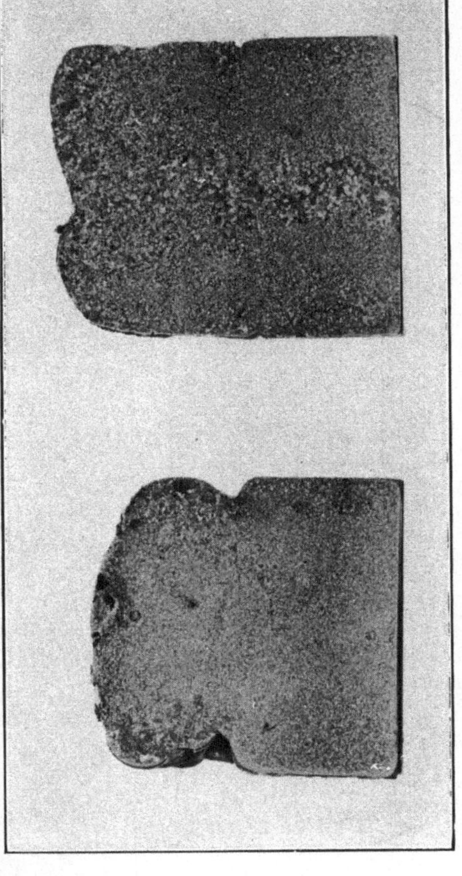

Abb. 97. Schnitte durch den Kopf eines nach dem Erichsenverfahren gegossenen Blockes. Er zeigt das Ausquetschen des Materials während der Erstarrung. Natürliche Größe.

Abb. 98. Querschnitt eines nach dem Erichsenverfahren gegossenen Blockes. Er zeigt das Großgefüge. ½ natürlicher Größe.

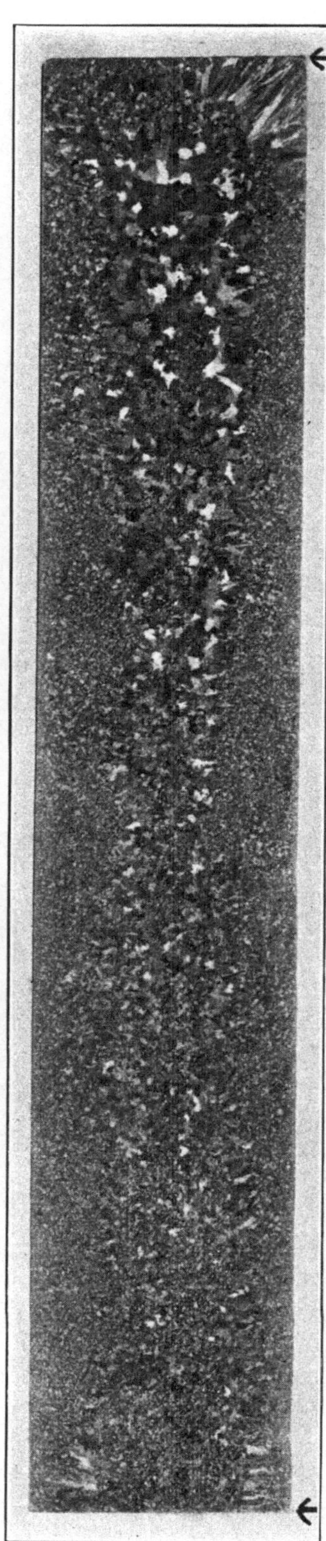

Abb. 99. Schnitt durch einen 70/30 Messinghandelsblock, gegossen in kupferverkleideter, wassergekühlter Form. Natürliche Größe.

eben, der Block erhält höchstens in der Mitte der Außenseiten ein leichtes Maß an Hohlsein.

Die Bauweise der Form ist in Abb. 95 und 96 zu sehen. Die notwendige Beweglichkeit der Verbindung zwischen den Platten und dem Kühlmantel wird mit Hilfe einer Gummidichtung erhalten. Die Form wird in senkrechter Stellung benutzt, und das Metall durch einen Trichter eingegossen. Wenn der Strahl an die Innenfläche der Form anstößt, ist Anhaften zu befürchten. Deshalb muß der Trichter genau ausgerichtet sein. Eine entflammbare Formentünche (mit Öl als Grundlage) wird auf einer dünnen Auskleidung von feuerfestem Ton angewandt. Sauberkeit der Erichsen(„Erical")-Platten ist von großer Wichtigkeit. Es werden besondere Arten des Reinigens empfohlen.

Der Kopfteil eines nach dem Erichsenverfahren gegossenen 560 × 495 × 38 mm großen Messingmusterblockes ist in Abb. 97 dargestellt und läßt das Herausquetschen des Materials mitten aus dem Innern in seiner üblichen Erscheinungsform erkennen. Das Großgefüge eines 65/35 Messingblockes, der nach dem Erichsen(„Erical")-Verfahren gegossen wurde, zeigt Abb. 98. Es ist kennzeichnend für Blöcke aus Formen mit vergasbarer Tünche. Die Kristalle sind im ganzen nur unbedeutend feiner, als die in nach gewöhnlichem Verfahren gegossenen Blöcken. Größere Kristalle werden aber in einzelnen Teilen des Blockes, besonders in der unteren Hälfte gefunden. Ein Vergleich des Gefüges dieses Blockes (Abb. 98) mit dem eines Handelsblockes (Abb. 99), der in einer mit Kupfer ausgekleideten, wassergekühlten Form gegossen wurde, läßt vermuten, daß das feine Gefüge im allgemeinen mehr dem Einfluß der vergasbaren Tünche, als irgendeiner besonderen Wirkung des Formenmaterials zuzuschreiben ist.

Wie zu erwarten war, ist die Gesundheit der Erichsen(„Erical")-Blöcke etwas höher als die in der gewöhnlichen Fabrikation erhaltene. Immerhin lassen die Dichtebestimmungen erkennen, daß Hohlräume bis zu einem Betrage von 0,35 Raumhundertteilen vorhanden sind. Mitgerissene Gase, die dann eingeschlossen wurden, mögen daran schuld sein. Sie stellen ja auch eine Sorte Mängel dar, die sich nicht unbedingt durch das Zusammenpressen während der Erstarrung beseitigen läßt.

Durch die Behauptung angeregt, Erichsen(„Erical")-Messing sei von feinerem Korn als auf gewöhnliche Art gegossenes Messing und infolgedessen auch ein geeigneteres Material zum Kaltverarbeiten, haben die Verfasser einen Vergleich zwischen den mechanischen Eigenschaften von Flachwalzmessing aus einem Erichsen(„Erical")-Block und mit solchem aus einem Block gleichen Kupfergehaltes gezogen, der im Tiegelgußverfahren in einer gußeisernen Form hergestellt wurde. Das Flachwalzmessing von dem geglühten Erichsen(„Erical")-Block wurde im Walzzustande (ohne nachfolgendes Glühen) sowohl in der

Festigkeit wie in der Dehnbarkeit dem gewöhnlichen Handelserzeugnis gegenüber unterlegen befunden. Beim Weiterwalzen aber mit dazwischen eingelegtem Glühen zeigte das Erichsen(„Erical")-Material bei jeder Stufe eine höhere Zugfestigkeit und einen geringeren Hundertsatz an Dehnung. Die Härtewerte folgten in ihrem Verlauf denen der höchsten Zugfestigkeitswerte, während Tiefungsproben (Erichsen und Guillery) bessere Ergebnisse als beim gewöhnlichen Handelserzeugnis aufwiesen. Das Kleingefüge des kaltverarbeiteten und geglühten Erichsen-

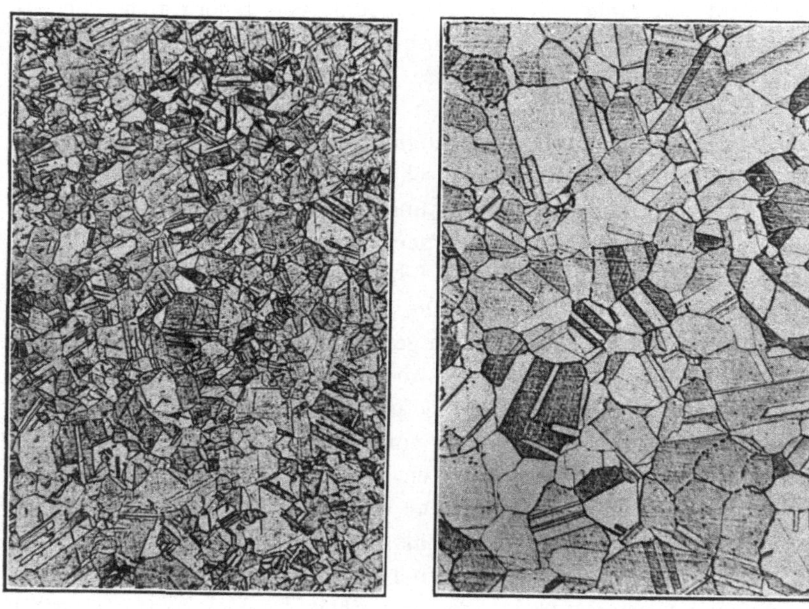

a) b)

Abb. 100. Kleingefüge eines nach Abwalzen um 70 % in zwei Stufen, bei 650° C geglühten 65/35 Flachmessings. × 50.
a) „Erical"messing. b) Gewöhnliches im Tiegel gegossenes Messing.

(„Erical")-Messings war in allen Stufen feiner als das des gewöhnlichen Materials. Musterbeispiele für bei 650° C, nach Abwalzen auf 60% in zwei Stufen, geglühtes Flachmessing werden in Abb. 100 vorgeführt. Das feinere Korn des Erichsen(„Erical")-Materials erklärt die beobachteten Unterschiede in den mechanischen Eigenschaften. Es wurde der chemischen Zusammensetzung zugeschoben, da beträchtlich mehr Eisen und Phosphor als im Handelsblock vorhanden sind. Die Unterschiede in Gefüge und Eigenschaften konnten daher nicht der Gießweise zugeschrieben werden.

Man kann aus allem schließen, daß das Erichsenverfahren von der Güte des gegossenen Blockes aus gesehen, nur insofern förderlich ist, als die während des Erstarrens ausgeübte Zusammenpressung die Gesundheit erhöht. Es ist schon aus theoretischen Gründen unwahrscheinlich, daß ein Gießverfahren eine Verbesserung in der Verarbeitungsfähigkeit von solchem Flachmessing hervorbringt, das verschiedenen Stufen des Abwalzens mit dazwischengelegtem Ausglühen ausgesetzt ist. Die Untersuchung hat dies bestätigt.

Wenn auch die Erichsen(„Erical")-Form im Grundgedanken neu ist und beträchtliche metallurgische Beachtung verdient, besonders für das Gießen zur Seigerung neigender Legierungen, so besitzt sie doch Nachteile in der Handhabung. Sie stellt sich in dieser Beziehung etwas ungünstiger, wenn man sie mit den wassergekühlten Kupferformen, wie sie für den Messingguß gebraucht werden, vergleicht. Da keine bestimmte Angabe über die Lebenszeit der besonders legierten Platten erlangbar ist, so erscheint es billig anzunehmen, daß die schweren Beanspruchungen der Erichsen(„Erical")-Platten entweder zu immer mehr wachsendem Werfen oder zu Oberflächenrissen führen müssen. Es ist zwar baulich Vorsorge für das Umdrehen der Platten in regelmäßigen Zeiträumen getroffen worden. Dies wird die Neigung zum Werfen wohl vermindern. Wenn aber dieser Wechsel häufig notwendig sein sollte, um wirksam zu sein, so dürfte das Schwierigkeiten in der Gießerei ergeben.

Das „Gießen von unten". (Steigender Guß.)

Das Verfahren des „Gießens von unten" ist in der Stahlfabrikation wohlbekannt. Es hat dort wachsende Verbreitung gefunden. Seine Vorteile sind gute Oberflächen und Innengesundheit und die leichte Bewältigung großer Stahlmengen. Die Formen, von denen immer eine Anzahl zu gleicher Zeit gefüllt wird, sind an beiden Enden offen und stehen auf einer Fußplatte mit Rohren aus feuerfestem Ton oder solchen geschlossenen Rinnen. Diese führen von jeder Form zu einer in der Mitte gelegenen Säule oder dem Trichter („trumpet"), in den das geschmolzene Metall eingegossen wird.

Die Anwendung des „Von unten Gießens" auf die Messinggießerei verdient Beachtung, weil sie die unerwünschte Durchwirbelung vermeidet, die für die gewöhnliche Gießweise „von oben" kennzeichnend ist. Wenn 70/30 Messingblöcke in Luft von unten gegossen werden, so macht sich ein Oberflächenoxydhäutchen auf dem in der Form aufsteigenden Metall in fehlerhaften Stellen an der Blockoberfläche geltend. Wenn die Form beim Gießen unter einem mäßig großen Winkel angelehnt wird, so kann sich das Häutchen nur an eine Wand anhängen. Es wird dann ein Block mit einer fast vollkommen glatten und fehlerfreien Seite gewonnen, während die entgegengesetzte Seite gänzlich mit Oxydhaut bedeckt ist, die durch das Fließen des Metalls wellenförmig gefaltet wurde. Mit einer vergasbaren Formentünche hergestellte Blöcke gleichen im Aussehen den in der Industrie von oben gegossenen Blöcken bester Beschaffenheit.

Sowohl das Gasflammenverfahren wie die Anwendung eines Phosphorzusatzes kann mit Erfolg dem „von unten Gießen“ angepaßt werden, um so auch bei dieser Art der Messingerzeugung Verwendung zu finden.

Für das „Von unten Gießen“ 305 × 152 × 38 mm großer Versuchsmessingblöcke wird eine gußeiserne Form der üblichen Bauart, nur offen an beiden Enden, verwendet. Sie ruht auf einer stählernen Platte, in der sich eine Nut mit einem aus feuerfestem Ton geformten Bodeneinguß befindet. An das Ende desselben ist ein senkrecht stehender Einguß aus gleichem Material angekittet. Das Metall läuft aus der Bodenmündung der Pfanne durch den senkrecht stehenden Einguß und die am Boden entlanggeführte Rinne und tritt durch eine Reihe von Löchern in die Form. Ein erwärmter Speisekopf kann zur Erleichterung des Nachfüllens gebraucht werden. Die Form ist mit Ruß überzogen. Abb. 101 stellt eine behelfsmäßig gebaute Vorrichtung der beschriebenen Art dar.

Die Verwendung des Gasflammenverfahrens (im Gebrauche bei reinem Messing) erfordert hier die Benutzung zweier Brenner, um das geschmolzene Metall überall vor Oxydation zu bewahren. Der eine kommt über den senkrechten Einguß, der andere über die Krönung der Form zu stehen. Wird dem Messing Phosphor hinzugefügt, so bedarf es keines Flammenschutzes. Die Oberflächengüte der von unten gegossenen Blöcke, seien sie aus reinem 70/30 Messing oder aus Phosphormessing, ist entsprechenden von oben gegossenen Blöcken sichtbar überlegen. Dabei ist in der Regel in der Oberflächengüte nur ein geringer Unterschied zwischen von unten in Luftberührung gegossenem Phosphormessing und in derselben Weise, aber mit Gasflamme gegossenem 70/30 Messing. An den Ecken kann leicht ein schwaches Kräuseln nahe am Kopfende des Blockes eintreten. Aber diese Erscheinung ist nicht weiter nachteilig. Von unten gegossene Blöcke ergeben gewalztes Flachmessing von großer Güte und viele aus der Herstellung gezogener Gegenstände entnommene Proben zeigten keinen Unterschied in den Verarbeitungseigenschaften zwischen von oben gegossenen und von unten gegossenen Blöcken gleicher Legierung.

Wo die Blockoberfläche von höchster Glätte verlangt wird, scheint das Verfahren, von unten zu gießen, deutliche Vorteile zu haben, besonders wenn man es mit einer Phosphorzugabe zum Messing verbindet. Beim Tiegelguß, bei dem die einzelne Beschickung klein ist, machen die Handhabungsschwierigkeiten und der große Anfall von Eingußmaterial das Gießen von unten unwirtschaftlich. Aber angesichts der dauernd wachsenden Größe der Schmelzen als Kennzeichen des jüngsten Fortschrittes der Fabrikationsgestaltung, scheint es sehr wohl möglich, daß bei gegebenen Verhältnissen der Guß von unten ein nutzbringendes Verfahren in der Nichteisenindustrie werden könnte.

Abb. 101. Versuchsvorrichtung für das Gießen von unten.

Anhang A.

Die Herstellung von Messingband und von Messingblech.

Entwicklung der Walzwerke. — Zeitgemäße Walzwerke. — Glühpraxis. — Beizen. — Kaltwalzen von 70/30 Messingblöcken. — Warmwalzen.

In vergangenen Zeiten wurden Kupfer- und Messingblöcke durch Aushämmern von Hand zu Platten gestaltet. Altertumsforscher fanden unter frühzeitigen, einfachen Werkzeugen und Verzierungen Kupferbleche unbeholfener Herstellung. Das Treiben von Blech mit dem Hammer hielt sich sehr lange und wurde mit fortschreitender Erkenntnis in der Mechanik durch den Gebrauch gewöhnlich wassergetriebener Hammerwerke weiter entwickelt. Auf diese Weise bildete sich die einzige Art der Anlage zur Anfertigung von Blech und Bändern heraus, die bis zum Ende des 17. Jahrhunderts und in manchen Werken sogar noch länger bestand.

Die Blechherstellung durch mechanisches Hämmern war unter dem Namen Streckhammerverfahren („battery process“) bekannt, und die Bezeichnung „Hammer“ („battery“) kommt noch im Namen einiger besonderer Werke vor. Das Streckhammerverfahren wurde in England im 16. Jahrhundert aus Deutschland eingeführt. Das alleinige Recht zu seiner Benutzung in der Kupfer- und Messingfabrikation erhielt die Society of Mineral and Battery Works im Jahre 1568 verliehen. Die verwendeten Hämmer hatten verschiedenes Gewicht, einige von ihnen wogen bis zu 230 kg, und wurden durch Wasser getrieben. Man streckte die gegossenen Blöcke zuerst zu Platten geeigneter Stärke aus. Diese werden dann in passende Gestalt geschnitten und durch Weiterhämmern in die endgültige Form gebracht.

Während das Streckhammerverfahren zur Herstellung fertiger Gegenstände, wie Gefäße der verschiedensten Art, in Gebrauch blieb, so wurden die Walzwerke, einmal eingeführt, in wachsendem Umfange für die Herstellung des ersten Blechs benutzt. Das erste Walzwerk war schon frühzeitig im 16. Jahrhundert von einem Goldschmied namens Marx Schwab in Augsburg ersonnen worden *(1)*. Die frühesten Walzwerke wurden von Hand gedreht, und das Verfahren machte nur geringe Fortschritte, bis die Verwendung von Wasserkräften allgemein wurde. Umkehrwalzwerke wurden in England zur Herstellung von Bleiblech entwickelt, und das erste war wahrscheinlich das in Deptford im Jahre 1670 durch Thomas Hale *(2)* erbaute. 1697 wurde das erste Kupferwalzwerk in England bei der Dockwra Copper Co. errichtet. Aber bevor Watt die Dampfmaschine erfand, überflügelten für den vorliegenden Zweck im allgemeinen die Walzwerke die Streckhämmer nicht. Das ursprüngliche Dockwra-Werk gleicht wahrscheinlich dem von Swedenborg beschriebenen *(3)*, der jedenfalls die vollkommendste verfügbare Beschreibung des anfänglichen Verfahrens beim Walzen gibt. Ein Auszug wird in Folgendem mitgeteilt:

„Wenn das Messing ausgegossen ist und eine Platte von passender Stärke gebildet hat, so wird es dann geschnitten ..... in schmalere Platten von 50 mm Breite und 1370 mm Länge, diese ...... werden zwischen zwei eisernen Walzen ausgestreckt. Die Walzen sind etwa 150 mm im Durchmesser und werden durch zwei Wasserräder gedreht, aber ehe dieses Messing vollständig von den Walzen ausgestreckt ist, wird es rotwarm gemacht ..... Diese Walzen bestehen aus Gußeisen und werden durch Schneidstähle rund gedreht. Sie sind nicht länger als 2, 3 oder 4 Tage benutzbar, dann müssen sie auf der Drehbank wieder instandgesetzt werden.“

Die Verwendung solcher Walzwerke in Schweden ist in reichem Maße Christopher Polhem (1661—1751) zu verdanken, der einen hervorragenden Anteil an der Entwickelung mechanischer Werkanlagen in frühen Zeiten gehabt hat. Polhem ersann Verfahren, um Stahlwalzen zu härten und nach dem Härten zu schleifen. Seine hervorragendste Erfindung aber war das Vierrollenwalzwerk. Dieses verwendete „zwei dünne schmiedeeiserne Walzen zwischen zwei dicken gußeisernen, welche die dünnen Walzen vor dem Nachgeben schützen sollten“ *(4)*.

Die Entwickelung der derzeitigen Walzwerke aus diesen frühen Anfängen ist nach verschiedenen Richtungen erfolgt. Heute steht eine große Auswahl von solchen Werken für verschiedene Zweige der Fertigung zur Verfügung. Für das Kaltwalzen von 70/30 Messing zu Bändern und Blech wird am meisten das einfache Duowalzwerk verwendet. Der Walzendurchmesser nimmt mit der Stärke des gewalzten Materials ab. Für die Blechherstellung nimmt man lange Walzen, und ihr Durchmesser muß notwendigerweise vergrößert werden, um ihnen die notwendige Festigkeit zu geben. Kleine Walzendurchmesser aber packen das Metall leichter und gebrauchen weniger Kraft dank der geringeren mit dem Werkstück in Berührung stehenden Oberfläche. Solche kleine Walzen kann man nach dem Vorgehen Polhems sehr wohl verwenden, wenn man ihnen nur durch Hilfswalzen größeren Durchmessers, den Stützwalzen („backing up rolls“) die nötige Abstützung gewährt. Verschiedene Arten von Walzgerüsten, die diesen Grundgedanken verkörpern, werden benutzt, und ihre Anwendung für Nichteisenblechherstellung beginnt zu wachsen. Die einfachste Art derselben ist das Vierrollenwalzwerk. Es besteht aus zwei Arbeitswalzen von kleinem Durchmesser, die auf Tragrollen größeren Durchmessers aufsitzen. Eine Abart dieser Ausführung ist das Sechsrollenwalzwerk („cluster mill“), bei dem jede der Arbeitswalzen mit kleinem Durchmesser zwei Tragwalzen besitzt. Bei dieser Bauart brauchen die arbeitenden Walzen keine Lager, und sie können im Durchmesser kleiner sein als bei einem für den gleichen Zweck gebauten Vierrollenwalzwerk. Das Sechsrollengerüst wird jetzt zur Erzeugung kaltgewalzter Bleche und Bänder benutzt und leistet die besten Dienste bei der Herstellung von Blechen unter 4 mm Stärke. Bei Messing dieser Stärke können verhältnismäßig gewichtige Abwalzungen (50% oder mehr der Stärke) in einem einzelnen Stich vorgenommen werden.

Um die Verwendung von Walzen noch kleineren Durchmessers zu ermöglichen, als beim Sechswalzenstuhl ausführbar ist, ist ein Zwölfwalzenstuhl *(5)* erdacht worden, in dem die vier Stützwalzen ihres ungenügenden Durchmessers halber die volle Belastung nicht mehr auf sich nehmen können und deshalb selbst von sechs großen Walzen getragen werden, die das Werkstück nicht behindern.

Noch eine andere Art eines Walzstuhls mit Stützwalzen (Lauth) *(6)* verdient Aufmerksamkeit. Sie hat drei Walzen, von denen die oben und unten liegende einen großen Durchmesser haben und angetrieben werden, während die zwischen ihnen befindliche Walze kleineren Durchmessers frei läuft. Diese in der Mitte liegende Walze kann entweder mit der oberen oder mit der unteren Walze in Berührung gebracht und der Stuhl wie ein Triowalzwerk benutzt werden. Das Lauthsche Trio ist für Warmwalzen vorteilhaft, aber beim Kaltwalzen sind die Unterschiede in den Durchmessern zwischen den beiden arbeitenden Walzen leicht Ursache für innere Spannungen im Walzerzeugnis und für Kraftverluste.

In einigen Fällen werden Duowalzwerke zur Beschleunigung der Erzeugung hintereinander angeordnet. Die Abwalzstärke und die Gangart jedes Walzensatzes sind so angepaßt, daß das Walzgut alle Stufen durchläuft und die größtmögliche Abwalzung erfährt, ehe ein Glühen wieder notwendig wird. Darin ist kein neuer Grundgedanke enthalten, denn Entwürfe von nach dieser Weise arbeitenden Walzwerken wurden Hazeldine im Jahre 1798 *(7)* bereits patentiert. Kontinuierliche Duowalzwerke sind nicht gerade häufig für das Kaltwalzen von Flachmessing angewandt worden, sondern haben mehr Verbreitung zum Drahtwalzen gefunden, bei dem die Schwierigkeit, gleiche Spannung über eine beträchtliche Breitenausdehnung einzuhalten, nicht auftritt.

Zuguterletzt soll noch eine jüngere Art Messingwalzwerk (Steckel) *(8)* Erwähnung finden, die auf einem ganz neuen Grundgedanken beruht. In diesem Werk werden die Walzen nicht angetrieben, sondern laufen frei, während das Walzgut von kraftgetriebenen Haspeln hindurchgezogen wird. Die arbeitenden Walzen haben kleinen Durchmesser und werden durch große Stützrollen getragen. Man behauptet, daß ohne Zwischenglühen das Walzgut in der Dicke weiter ausgestreckt werden kann als bei der gewöhnlichen Bauart der Walzwerke. Die Benutzung des Steckelwalzwerkes hat sich zum großen Teil auf die Stahlverarbeitung beschränkt, obgleich seine ebenso gute Verwendbarkeit für Nichteisenmetalle feststeht.

Schon frühzeitig wurde in der Fabrikation erkannt, daß nach einer gewissen Stufe des Kaltwalzens die Metalle wieder ausgeglüht werden mußten, und Abbildungen des Hammerverfahrens lassen vermuten, daß die erste Art des Ausglühens ein einfaches Erhitzen in einem Feuer, gleich dem eines Grobschmiedes gewesen sein mag. Später wurden Öfen entwickelt, in denen die ausgewalzten Metalltafeln auf einen Herd geschichtet wurden, um sie einem Kohlenfeuer unmittelbar auszusetzen und so zu erhitzen. Ein solches Verfahren setzte nicht nur das Material den schädlichen Verbrennungsgasen aus, sondern erzielte auch nur eine ungleichmäßige Erwärmung. In neuzeitlichen Betrieben verwendet man geschlossene Muffelöfen. Man kann in ihnen einen Einsatz von etwa 500 bis 3000 kg auf eine gleichmäßige Temperatur bringen, ohne ihn den Ofengasen auszusetzen. Elektrisch geheizte Muffeln haben eine starke Entwickelung erlebt, und in den derzeitigen Fabrikbetrieben finden elektrische Öfen für fortlaufendes Glühen von gewalztem Flachmessing Beachtung.

In allen diesen Öfen ist ein gewisser Betrag an oberflächlicher Oxydation unvermeidlich, und in den ersten Stufen des Abwalzens, in denen dieser auf ein Minimum gebracht wird, wendet man keine besonderen Verfahren, an ihn gänzlich zu entfernen. Nur beim letzten Ausglühen bedient man sich einer Reihe von Verfahren, wie des Gebrauchs von Muffeln mit Wasserverschluß, von Glühtöpfen usw., um die Oxydation fernzuhalten. Der Gebrauch besonderer Blankglühverfahren („bright annealing methods") nimmt zu. Man hat durch sie die Schwierigkeiten in der Behandlung des Messings zum größten Teile überwunden.

Wo die Glühofenatmosphäre oxydierend ist, werden Verfahren zur Entfernung der oberflächlichen Oxydschicht angewendet. In den ersten Walzstufen wird das Messing in einer etwa 10 Vol.-%igen Lösung von Schwefelsäure gebeizt. Enthält die Schicht Kupferoxyd, so ergibt seine Verbindung mit der Schwefelsäure einen dünnen Niederschlag von metallischem Kupfer auf der Oberfläche des Messings, und die dadurch entstehenden roten Flecken („red stain") schädigen das Aussehen des fertigen Bleches. Nach dem letzten Glühen werden manchmal Beizen, wie Mischungen von Salpeter- und Schwefelsäure, Chromsäure usw. mit oxydierender Wirkung angewandt. Sie haben das Bestreben, das Metall zu ätzen („to etch") und lassen das Kristallgefüge hervortreten. In diesem Falle ist Glühen unter Luftabschluß („close annealing") vorzuziehen, um jede wesentliche Bildung von Kupferoxyd in der Oberflächenhaut zu vermeiden.

Wenn auch der Walzvorgang in Einzelheiten Abweichungen aufweist, so kann doch das Folgende als die durchschnittliche Gepflogenheit beim Kaltwalzen von Flachmaterial aus 70/30 Messing betrachtet werden. Zuerst wird vom Kopfe des Blockes so viel heruntergearbeitet bis die Schnittfläche lunkerrein geworden ist. Die gebräuchliche Dicke des Blockes beträgt etwa 25 bis 38 mm, und in der ersten Stufe des Walzens („in breaking down stage") sind kräftige Abwalzungen zur Vermeidung innerer Spannungen im Walzgut notwendig. Im allgemeinen beträgt eine solche über 50% und wird in zwei oder drei Stichen auf Stühlen mit großem Walzendurchmesser (600 mm) erzielt. Das Werkstück läuft dabei mit einer Geschwindigkeit von etwa 0,5 m in der Sekunde hindurch. Darnach glüht man das Material bei einer Temperatur von etwa 600 bis 650° C und kratzt dann die Oberfläche ab oder bearbeitet sie, um an ihr sitzende Gießfehler zu entfernen, und weil an dieser Stelle des Verfahrens die nun beseitigte Wölbung des rohen Blockes das Zurichten der Oberfläche erleichtert. Dieses Zurichten ist jedoch nicht allgemein gebräuchlich, und wo es angewandt wird, ist es in verschiedener Weise ausgebildet. In einigen Fällen werden die Oberflächenschichten durch Bearbeitung der Blockflächen mit Messerfräsern vor dem Walzen entfernt.

Nach dem Glühen wird das Werkstück in einem Schwefelsäurebad gereinigt und ist nun fertig für den nächsten Walzgang, der seine Stärke gewöhnlich um weitere 50% herabsetzt; und so geht das um 50% Abwalzen mit dazwischen vollzogenem Glühen weiter bis zur Endstufe, bei der die Stärkenverminderung von der endgültigen Verfestigung („temper") abhängt, die man von dem fertigen Blech wünscht. Bei den noch in weitem Maße verwendeten Duowalzwerken wächst die zur Stärkenveränderung um je 50% nötige Stichzahl mit dem Dünnerwerden des Materials. Es sind fünf oder sechs Stiche für Walzmaterial von 0,75 bis 1,5 mm Stärke nötig. Die neuzeitlichen, kräftigen, schnelllaufenden Duos brauchen dagegen diese große Anzahl Stiche nicht mehr, und es können in einem einzigen solchen schwere Abwalzungen erzielt werden. Die Walzenumfangsgeschwindigkeiten für die Grob- und Feinwalzwerke bewegen sich zwischen 0,76 und 1,00 m/sec, und das augenblickliche Bestreben geht dahin, diese Geschwindigkeit für das Vervollkommnen dünnen Walzgutes bis auf 1,3 bis 2,0 m/sec zu steigern.

Für alle Messingsorten von höheren Kupfergehalten als etwa 61% ist das Kaltwalzen nach den beschriebenen Verfahren geeignet. Unter einem Kupfergehalt von 65% bedeutet jede Verminderung an Kupfer eine Zunahme an Härte, und schon bei 62% Kupfer sind die kräftigen Stiche, wie man sie bei 70/30 Messing anwenden kann, nicht mehr angängig. Messingsorten von noch niedrigerem Kupfergehalt (60 bis 56%) werden durch Bearbeiten so rasch hart, daß wirtschaftliches Kaltwalzen nicht mehr möglich ist.

Das Warmwalzen von 60% Kupfer enthaltendem Messing wurde zuerst von Muntz im Jahre 1832 ausgeführt. Auf dieser Zusammensetzung (61 bis 57% Kupfer) aufgebaute Legierungen sind bei allen Temperaturen zwischen etwa 550° C und 800° C leicht bearbeitbar und haben ein ausgedehntes Feld der Anwendung. Dagegen unterliegt 70/30 Messing nicht dem Phasenwechsel, der dem 60/40 Messing die leichte Bearbeitung bei hohen Temperaturen erteilt. Obgleich es bei Temperaturen von etwa 650° C bis 850° C an Geschmeidigkeit zunimmt, bleibt es immer noch weniger geschmeidig als 60/40 Messing bei denselben Temperaturen und neigt in der Nähe von 500° C dazu, spröde zu werden. Das Warmwalzen des 70/30 Messings ist deshalb insofern schwierig, als es in kurzer Zeit vollzogen sein muß, außerdem ist Reinheit, besonders Bleifreiheit dabei wesentlich. In den letzten Jahren hat sich das Warmwalzen von 70/30 Messing in der Industrie befriedigend eingebürgert. Es ist dies in Hinsicht auf die Möglichkeit, stärkere Blöcke bewältigen zu können, von weitgehender Bedeutung.

Die Bauweise des Warmwalzwerkes ist wesentlich auf die Fähigkeit schnellen Herunterwalzens der Blockstärke gerichtet, und zu diesem Zwecke sind entweder ein Triowalzwerk mit beiderseitigen Dachwippen oder eine Duoumkehrstraße geeignet. Hintereinandergeschaltete, ununterbrochen arbeitende Walzwerke sind ebenso für das Warmwalzen passend. Ein 70/30 Messingblock von 100 mm Stärke kann zu Bändern oder Blech in einer Hitze bis auf 5 mm heruntergewalzt werden, wobei eine Anfangswalztemperatur von gegen 850° C vorausgesetzt wird. Die weitere Streckung und die Feinstiche können dann kalt ausgeführt werden. Die Schnelligkeit, mit der das Warmwalzwerk das Material zu behandeln gestattet, führt zu beträchtlichen Ersparnissen in den Walzkosten. Aber ein voller Übergang vom Kaltwalzverfahren zum Warmwalzen schließt auch andererseits zwei Dinge ein: die Errichtung neuer Walzwerke und einen Wechsel in den Gießgewohnheiten, um die großen, das Höchstmaß an Nutzen gewährenden Blöcke herstellen zu können. Warmwalzen von 70/30 Messing ist deshalb auch zuerst in größeren Werken entwickelt worden, und es erscheint sehr wohl möglich, daß die älteren Verfahren zur Erzeugung von Flachmessing mittels Kaltwalzens dünner Blöcke auf manche Jahre hinaus noch für eine beträchtliche Erzeugung an Flachmessingmaterial aufzukommen haben werden.

Schrifttum.

1. Mazerolle: Archiviste de la Monnaie de Paris. Congrès international de Numismatique 1900.
2. Feldhaus: Technik Sp. (280).
3. E. Swedenborg: „Opera Philosophica et Mineralia", 1734, Bd. III, Abschnitt 44.
4. C. Polhem: „Patriotiska Testamenta" 1761.
5. Britische Patente 354234 und 363970. W. Rohn: Metallurgia, Manchester 1932, Bd. 7, S. 47.
6. Britisches Patent 2813, 1862.
7. Britisches Patent 2244, 1798.
8. Iron Age 1932, Bd. 129, S. 168 und 214.

Anhang B.

Aufbau und Dichte der in der Industrie gebräuchlichen Messingsorten.

Kristallgefüge der Metalle und Legierungen. — Das Zustandsdiagramm. — Das Gefüge mustergültiger Messingsorten. — Die Dichte der Messingsorten.

Zum Verständnis für die wirksamen Größen beim Gießen, Verarbeiten und Glühen von Metallen ist einige Kenntnis ihres Aufbaues, wie ihres Gefüges unerläßlich. Alle festen Metalle und Legierungen bestehen aus kleinen kristallinen Körnern. In einem reinen Metall sind diese einzelnen Kristalle untereinander im Aufbau gleich. Abb. 102 zeigt das Kleingefüge von reinem Blei und möge als Beispiel das Gefüge der meisten reinen Metalle vertreten, die, abgesehen von Farbenunterschieden, dasselbe allgemeine, mikroskopische Bild ergeben[1]. Jedes Kristallkorn („crystal grain") ist auf einem regelmäßigen geometrischen Netz oder Gitter aufgebaut, wenn es nicht an der Annahme einer vollkommen geometrischen Gestalt durch die gegenseitige Störung der anliegenden Körner während des Erstarrens gehindert worden ist. Die einzelnen Kristalle beginnen ihr Wachstum in verschiedenen Richtungen nach ihren Achsen, und diese Mannigfaltigkeit im Gerichtetsein („orientation") bewahrt sie vor dem Zusammenwachsen in einen einzigen gleichmäßig gefügten Kristall.

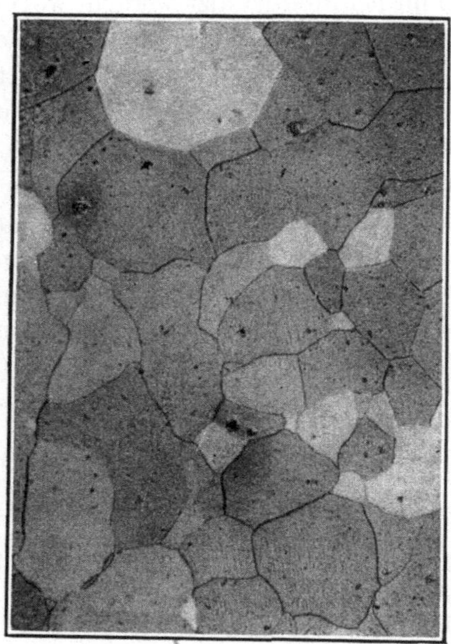

Abb. 102. Reines Blei, stranggezogen. × 20.

Verwickelter und mannigfaltiger ist die Kristallisation von Legierungen. Im vorliegenden Falle ist es aber nur nötig, eine Legierung aus zwei Metallen (wie Kupfer und Zink) zu betrachten, die in geschmolzenem Zustande mit einander in allen Verhältnissen zu einer in sich gleichartigen (homogenen) Lösung, wie etwa Wasser und Alkohol, gemischt werden können. Wenn eine solche flüssige metallische Lösung erstarrt, so geschieht dies unter den einfachsten Bedingungen zwischen zwei Grenzfällen: 1. die Lösung entmischt sich unter Bildung eines Kristallgemisches aus den beiden Elementen und 2. der Zustand der Lösung bleibt während der Erstarrung aufrecht erhalten, und es entstehen Kristalle von besonderem, beide Metalle enthaltenden, einheitlichen Aufbau („feste Lösungen, solid solutions"). Eine einfache Lösung

[1] Für die mikroskopische Untersuchung wird die Oberfläche einer Metallprobe eben geschliffen und poliert und dann mittels einer geeigneten Lösung zur Sichtbarmachung des Gefüges geätzt. In einigen Legierungen zeichnen sich verschiedene Kristallarten durch ihre Form und ihre Farbe aus, und in reinen Metallen beeinflussen Unterschiede in der Kristallflächenlage die Lichtspiegelung und lassen die anliegenden Kristalle verschieden getönt erscheinen.

bilden die Mehrzahl der in der Industrie vorkommenden Zweistofflegierungen nur in bestimmtem, begrenzten Bereiche der Zusammensetzung. In anderen Bereichen bilden sich zusätzliche Bestandteile, die weitere feste Lösungen oder Kristalle von gänzlich verschiedener Beschaffenheit, wie z. B. metallische Verbindungen sein können. Die mechanischen Eigenschaften einer Legierung schwanken beträchtlich mit der unterschiedlichen Zusammensetzung. Reine Metalle und feste Lösungen sind im allgemeinen, wenn auch nicht unabänderlich, geschmeidig, während die Verbindungen auffallend hart und spröde sind.

Wird eine Legierung nach der Erstarrung abgekühlt, so kann ein Gefügewechsel kraft Veränderung der festen Löslichkeit mit der Temperatur eintreten. Solche Umwandlungen sind die Grundlage für die als Vergütung („heat-treatment") bekannten Verfahren.

Man ist gewöhnt, den Aufbau eines Legierungssystems in einem Zustandsdiagramm („equilibrium diagram") darzustellen. In diesem ist die Art der Zusammensetzung waagerecht und die Temperatur senkrecht dazu aufgetragen. Es gibt die Grenzen der Zusammensetzung und der Temperatur jedes Bestandteiles oder jeder Phase („phase") an. Ein solches Diagramm für Kupfer-Zinklegierungen bis mit 65% Zinkgehalt zeigt Abb. 103 (1, 2, 3). Es stellt die Gleichgewichtsbedingungen dar, die bei niederen Temperaturen nur nach ungewöhnlich langem Glühen erhalten werden können. Seine praktische Bedeutung für die Kupfer-Zinklegierungen wird später erörtert werden.

Die Einsicht in das Diagramm zeigt für die Beimischung von Zink zum Kupfer das stetige Fallen des Erstarrungsbeginnes (Liquidus) von 1083° C bei reinem Kupfer bis zu 833° C bei einer 60% Zink enthaltenden Legierung. Im Gegensatz zu reinen Metallen, die nur einen einzigen Erstarrungspunkt haben, werden aus festen Lösungen bestehende Legierungen über einen Temperaturbereich fest. So beginnt eine 70/30 Kupfer-Zinklegierung bei 960° C (Liquidus) zu erstarren, wird aber erst bei 910° C (Solidus) vollständig fest. Bei Legierungen aus festen Lösungen, die auf diese Weise erstarren, unterscheidet sich die Zusammensetzung der zuerst ausgeschiedenen Kristalle von der der sie umgebenden Flüssigkeit, und jeder Kristall hat das Bestreben, sich in seiner Zusammensetzung von der Mitte nach seinem Rande abzustufen. Wenn das Festwerden genügend langsam erfolgt, verschwindet diese Ungleichmäßigkeit durch Diffusion. Aber beim Kokillenguß von 70/30 Messing zeigt das Kleingefüge, wie jedes Korn in seiner Mitte reicher an Kupfer und in seinen Außenflächen ärmer an solchem ist. Die Erscheinung, unter dem Namen Kristallseigerung („coring") bekannt, wird in Abb. 104 dargestellt. Durch Ausglühen erfolgt ein Ausgleich in der Zusammensetzung der Körner durch Diffusion. Es bildet sich ein im wesentlichen den reinen Metallen gleiches Gefüge.

Die mit Alpha (α)[1] bezeichnete, feste Lösung des Kupfer-Zinksystems, für die 70/30 Messing ein Musterbeispiel abgibt, kann 32,5% Zink bei der „Solidus"-Temperatur von 905° C und 39% Zink bei atmosphärischen Temperaturen enthalten. Wenn bei den entsprechenden Temperaturen größere Zinkmengen vorhanden sind, so tritt ein zweiter Bestandteil, die mit Beta (β) bezeichnete feste Lösung auf.

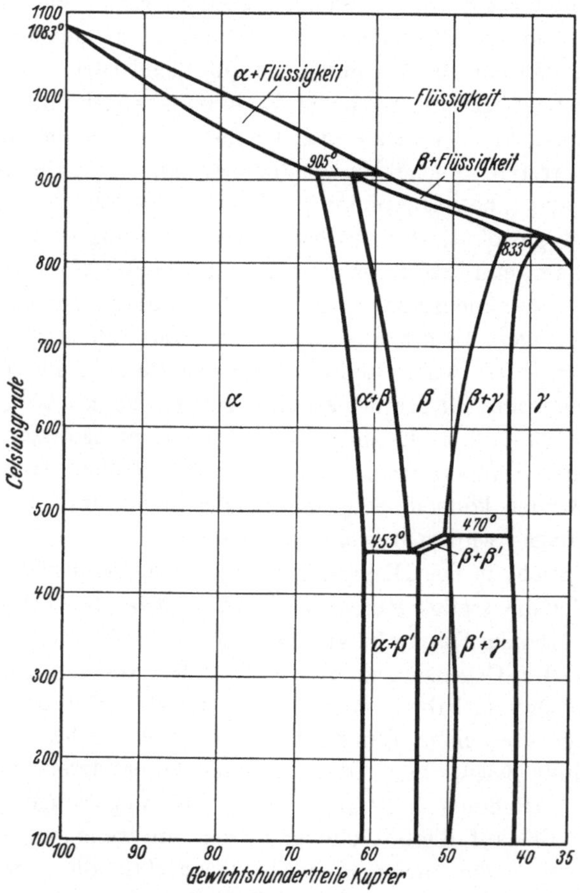

Abb. 103. Zustandsdiagramm für Kupfer-Zinklegierungen: 35 bis 100 % Kupfer.

Im Bereiche von 32,5% Zink bis 37% Zink bei 900° C und von 39% Zink bis zu 46% Zink bei gewöhnlichen atmosphärischen Temperaturen, besteht die Legierung aus einer Mischung von Kristallen der α-Lösung und von solchen der β-Lösung, während über diese Hundert-

[1] Griechische Buchstaben werden gewöhnlich für Legierungssysteme zur Unterscheidung verschiedener fester Lösungen gebraucht. Ihre Anwendung ist bequemer, als wenn man der großen Anzahl der verschiedenen, bekannten Arten fester Lösungen Einzelnamen geben wollte.

sätze Zink hinaus die Legierung bis zu 50% Zink gänzlich aus β-Kristallen besteht. Diese Zusammensetzung kann dann als Grenze der für die industrielle Verwendung brauchbaren Zusammensetzungen angenommen werden. Abb. 105 zeigt das Gefüge von 60/40 Messing im Gußzustande mit einem erheblichen Betrage an β-Phase. Über 50% Zink hinaus erscheint, wie auch im Diagramm zu sehen, ein dritter, mit Gamma (γ) bezeichneter Bestandteil, der äußerst hart und spröde ist und die Legierung für Bearbeitungszwecke unbrauchbar macht.

Abb. 104. 70/30 Messing. Gußzustand. × 50.

Abb. 105. 60/40 Messing. Gußzustand. × 100.

Die Einwirkung der Gefügewandlungen auf die mechanischen Eigenschaften der Legierungen ist beträchtlich. Wenn der Zinkgehalt bis zum Höchstmaß des in der α-Phase löslichen anwächst, so wechselt die Farbe der Legierung vom Rot des Kupfers bis zum Gelb des 65/35 Messings. Die Zugfestigkeit und Härte der Legierungen wird mit dem Zinkgehalt größer, während die Dehnbarkeit bis zu einem Höchstmaß in der Nähe von 70% Kupfergehalt ansteigt und dann zu fallen beginnt, ehe noch die Zusammensetzung die Grenze der α-Lösung erreicht. Die β-Lösung ist viel härter und weniger geschmeidig als die α-Lösung bei gewöhnlichen Temperaturen. Mit ihrem Auftreten wird die Farbe der Legierung dunkler.

Reine α-Legierungen sind besonders geeignet für kalte Bearbeitung und können warm oder kalt gewalzt werden. Die β-Lösung kann leicht bei hohen Temperaturen zur Verarbeitung kommen, aber erlaubt kalt nur eine geringe Formenveränderung. Mischlegierungen aus den beiden Phasen haben zwischenliegende Eigenschaften und können deshalb bis zu einem gewissen Grade kalt wie warm bearbeitet werden.

Die kurze, in großen Zügen gehaltene Besprechung des Zustandsdiagramms ist hereingenommen worden, um einen Eindruck von den grundlegenden Eigenschaften der Legierung mit verschiedener Zusammensetzung zu verschaffen. Doch muß nachdrücklich hervorgehoben werden, daß die Gleichgewichtsverhältnisse, wie sie das Diagramm darstellt, in der laufenden Praxis nicht immer erreicht werden können. So z. B. bringen beim Kokillenguß eines 68% Kupfer enthaltenden Messings die rasch erstarrten α-Kristalle nicht das Höchstmaß an Zink zur Lösung. Es bilden sich deshalb einige β-Bestandteile. In 65/35 Messing tritt die Erscheinung ganz ausgesprochen auf (Abb. 106), so daß eine beträchtliche Menge an β-Phase vorhanden ist. Aber durch Glühen bei 700° C geht das Gefüge der Legierung einheitlich in die α-Form über. Ähnlich verhält es sich bei einer 62%igen Legierung. Nach dem Zustandsdiagramm sollte sie in der β-Form erstarren und sich bei weiterem Abkühlen schrittweise in die α-Form wandeln. Da ihre Diffusionsgeschwindigkeit aber gering ist, zeigt die Legierung auch nach ausgedehntem Glühen Rückbleibsel der β-Phase. Kurz gesagt, der rasche Verlauf der Abkühlung und die verhältnismäßig kurzen Glühzeiten der Praxis rücken die Grenzen der α- und β-Phase gegen die Kupferseite des Diagramms vor. Die Grenze für die Zinklöslichkeit in der α-Phase, wie sie in der herkömmlichen Praxis erhalten werden kann, liegt in der Größenordnung von 2% unter der im Diagramm gezeigten, doch kann sie je nach der Art der Behandlung beträchtlich schwanken.

Abb. 106. 65/35 Messing. Gußzustand. × 50.

Die Kaltverformung von 70/30 Messing, z. B. das Walzen, verzerrt die Kristallkörner, wie das in Abb. 107 zu sehen ist und bringt erhöhte Härte oder Widerstand gegen weiteres Verzerren hervor. Erwärmt man solches kalt bearbeitetes Material wieder, so erreicht man eine Temperatur, bei welcher die Verzerrung der kalt verformten Kristalle durch Rückbildung (Rekristallisation) abgestellt wird. Es bilden sich neue spannungsfreie Kristalle. Die wirkliche Rekristallisationstemperatur hängt von der aufgewendeten Kaltverformung ab und kann 350° C tief sein, wenn auch das Wachstum der neuen Körner bei einer so tiefen Temperatur sehr langsam ist. Abb. 108 zeigt das feine körnige, rekristallisierte Gefüge von 70/30 Messing. Dieses war um 50% in der Stärke kalt heruntergewalzt und dann 3 Stunden lang bei 350° C geglüht worden. Mit gesteigerter Glühtemperatur nimmt das Wachstum der Kristalle rasch zu, und die Abb. 109, 110 und 111 zeigen die nach halbstündigem Glühen bei 500° C, 600° C und 800° C erlangten, jeweiligen Gefüge. Das durch Glühen bei zu hoher Temperatur auffallende Kornwachstum ist unerwünscht wegen der Verschlechterung der weiteren Bearbeitbarkeit. Das in Abb. 110 gezeigte Gefüge kann als befriedigendes Muster für die Fabrikation gelten.

Abb. 107. 70/30 Messing, kalt gewalzt. × 100.

Vom wissenschaftlichen Standpunkt aus ist die Kenntnis der wahren Gleichgewichtsbedingungen wichtig. Deshalb haben die Verfasser als Grundlage aller Beobachtungen über das Messing die größtmöglichste Löslichkeit des Zinks in der α-Lösung bestimmt *(2)*.

Frühere, vorliegende Zustandsdiagramme geben die Löslichkeit des Zinks in der α-Lösung zu ungefähr 37% an. Diese Zahl war mit hoher Wahrscheinlichkeit zu klein. Stead und Stedman *(4)* beobachteten, wie bei Muntzmetall, das normalerweise aus angenähert gleichen Teilen von α- und β-Gefüge besteht, bei dreimonatiger Erhitzung auf 430° C der größte Teil der β-Phase verschwand. Die Verfasser dieses Buches fanden, daß 62% Kupfer enthaltendes Messing nach achttägigem Glühen bei 500° C gänzlich in die α-Form umgewandelt worden war. Die Schwierigkeit, wirkliches Gleichgewicht zu erlangen, liegt an der Langsamkeit, mit der Zink in die α-Lösung bei niedrigen Temperaturen diffundiert. Trotzdem vermochten die Verfasser durch ein teilweise neu angewandtes Verfahren Gleichgewicht in einer 61,1% Kupfer enthaltenden Legierung in etwa 1 Stunde zu erreichen. Das Verfahren

Abb. 108. 70/30 Messing, kalt gewalzt, 3 Stunden bei 350° C geglüht. × 100.

Abb. 109. 70/30 Messing, kalt gewalzt, ½ Stunde bei 500° C geglüht. × 100.

Abb. 110. 70/30 Messing, kalt gewalzt, ½ Stunde bei 600 C geglüht. × 100°.

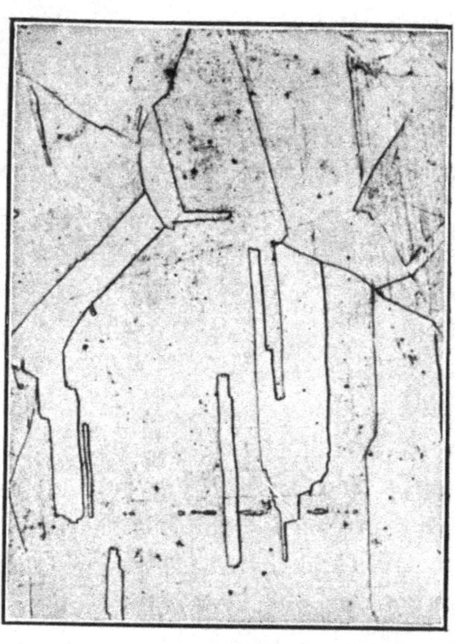

Abb. 111. 70/30 Messing, kalt gewalzt, ½ Stunde bei 800° C geglüht. × 100.

bestand im Abschrecken der Legierung von 820° C herab in einer eiskalten Salzsole, um ein fast vollständiges β-Gefüge zu erhalten. Dieses war aber bei gewöhnlichen Temperaturen äußerst unbeständig, und beim einstündigen Wiederglühen der abgeschreckten Legierung bei 450° C wurde der Gleichgewichtszustand rasch erhalten und die Legierung in eine gleichmäßige α-Lösung verwandelt. Es wurde nun eine Reihe Legierungen von 61,1, 62,0, 63,2, 64,0, 65,2 und 67,7% Kupfergehalt vorgenommen. Durch Abschrecken und Wiederglühen der Probe mit dem niedersten Kupfergehalt und durch unmittelbares Glühen der höher kupferhaltigen Legierungen wurden alle durchgehend im α-Zustande erhalten. Kleine Stücke jeder Legierung wurden aus verschiedenen Temperaturen rasch abgeschreckt und auf das erste Erscheinen der β-Lösung hin untersucht. Für jede Zusammensetzung wurden die Temperaturen bestimmt (die Abstände betrugen dabei nicht über 20° C), zwischen denen der Wechsel von α- zu ($\alpha + \beta$)-Messing sich vollzog. Auf diese Weise konnte die Grenze der α-Phase genau im Diagramm festgelegt werden.

Die Kenntnis der Dichte der Legierungen d. h. des Gewichtes in Grammen auf den Kubikzentimeter, ist von größter Wichtigkeit. Denn man kann mit ihr, die genaue Kenntnis der Dichte gesunden Materials gleicher Zusammensetzung vorausgesetzt, eine Mengenmessung der Undichtheit durchführen. Solche Bestimmungen an Messing sind von Bamford *(5)* veröffentlicht worden. Es ist aber zweifelhaft, ob die verwendeten Proben tatsächlich vollständig gesund waren, und ob der Gleichgewichtszustand der Legierungen genau bestimmt worden war. Deshalb wurden die Dichten der Zink-Kupferlegierungen von den Verfassern nochmals festgelegt. Es geschah dies mit der größtmöglichen Genauigkeit bis zu einem Zinkgehalt von 46% *(6)*. Die dabei erhaltenen Werte sind den in diesem Buche gegebenen Feststellungen des Undichtheitsgrades zu Grunde gelegt worden.

25 mm dicke Blöcke wurden ohne Zwischenglühung bis zu einer Stärke von 15 mm abgewalzt, und aus diesem Material Zylinder von 13 mm Durchmesser und 38 mm Länge herausgearbeitet. Das angewandte Walzen genügte nicht, um etwa die Dichte, abgesehen von der möglichen Beseitigung von Hohlräumen zu beeinflussen. Deshalb können die in der zweiten Spalte der Zahlentafel 16 gegebenen Werte der Dichte als die von vollkommen gesunden Kokillengüssen angesehen werden.

Führt man eine mikroskopische Untersuchung an einer Anzahl Schnitte von jedem Stabe aus, so zeigt sich ein α-Gefüge mit geseigerten Kristallen in den mehr als 71% Kupfer enthaltenden Legierungen. Unter diesem Gehalt fand sich der mit abnehmendem Kupfergehalt wachsende β-Bestandteil.

Die Dichten wurden durch die geläufigen Verfahren des Wiegens in Luft und Wasser bestimmt, und ihre Werte in Grammen für den

Kubikzentimeter nach der allgemein angenommenen Formel bestimmt:

$$\Delta = \frac{m}{w}(Q-\lambda) + \lambda.$$

Um für die im Gleichgewichtszustande befindlichen Legierungen Vergleichswerte zu erhalten, wurden eine Anzahl Zylinder von jeder Zusammensetzung lange Zeit geglüht, und die Dichten nach Abarbeiten von 0,25 mm von der Oberfläche nochmals bestimmt. Die so nach dieser Glühbehandlung erlangten Werte sind in Spalte 3 der Zahlentafel 16 gegeben. Man sieht, mit einem Kupfergehalt von mehr als 71% ändert sich die Dichte der in Kokille gegossenen Legierungen durch das Glühen

Zahlentafel 16.
Dichte der in der Industrie verwendeten Messingsorten nach verschiedener Behandlung.

Kupfergehalt %	Dichte nach dem Gießen und Walzen g/ccm	Dichte nach dem Glühen bis zum Gleichgewichtszustand g/ccm	Dichte nach dem Abschrecken aus dem gegossenen und gewalzten Zustand g/ccm	Abschrecktemperatur in °C
99,99	8,933	8,933	—	—
96,5	—	8,886	—	—
90,0	8,795	8,793	—	—
80,2	8,657	8,654	—	—
70,0	8,512	8,500	—	—
65,2	8,457	8,400	8,456	820
62,0	8,410	8,368	8,424	820
59,8	8,382	8,370 [1]	8,397	820
51,7	8,292	8,294	8,298	700

[1] Diese Probe befand sich nicht ganz im Gleichgewichtszustand.

nicht empfindlich. Wo die Legierungen, wie ursprünglich gegossen, die später zu einen gewissen Teil in die α-Phase durch Glühen gewandelte β-Phase enthielten, war diese Umstellung von einem Absinken der Dichte begleitet. Der größte Unterschied von 0,06 g/ccm lag bei einer 65% Kupfer enthaltenden Zusammensetzung. Die 60—65% Kupfer enthaltenden Proben mit diesem Abfall in der Dichte beim Glühen wurden 45 Minuten lang auf 820° C erhitzt, abgeschreckt und ihre Dichte erneut bestimmt. Auf diesem Wege fand sich ein Anwachsen in der Dichte bis zu einer etwas größeren Zahl als der für das ursprünglich gewalzte Material festgelegten. Es konnte sonach erscheinen, als ob für eine gegebene Zusammensetzung das Anwachsen des β-Phasenteiles im Verhältnis zum α-Phasenteil eine Erhöhung der Dichte und umgekehrt mit sich führen müßte. Das in Zahlentafel 16 zu sehende Abfallen der

Dichte beim Glühen fällt dem Phasenwechsel insofern nicht ganz zur Last, als er zum Teil von entstehender Porosität begleitet war. Zusammendrücken oder eine andere mechanische Verformung der geglühten Proben in dieser Reihe hoben die Dichte auf einen Wert, der sich dem von in der Kokille gegossenen Materiale nähert. Jedoch war ein deutlich bemerkbarer Unterschied in dem Bereiche 60—70% Kupfer-

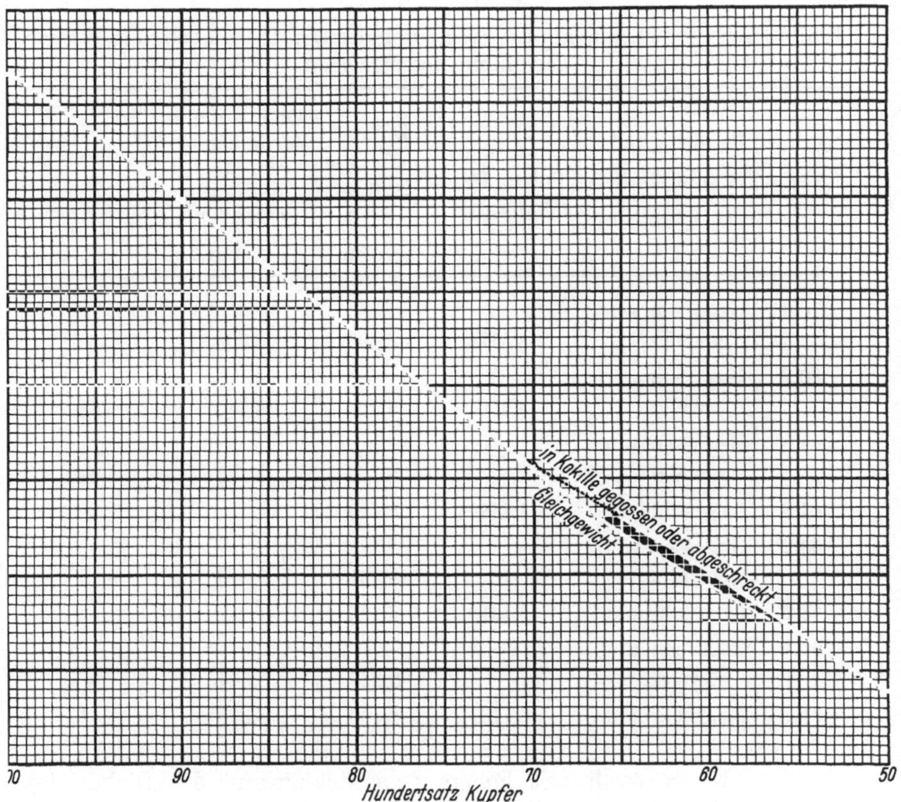

Abb. 112. Dichtekurve der 50 bis 100 % Kupfer enthaltenden Messingarten.

gehalt zwischen der Dichte gesunden Kokillengusses oder abgeschreckten Metalls einer- und gesunden Materials im Gleichgewichtszustande andererseits.

Diese Abweichung ist besonders bei 63—65% Kupfer enthaltenden Messingsorten auffällig. Das Glühen dieser Legierungen nach dem Walzen erzeugte bei einzelnen Proben jeder Zusammensetzung einen Abfall der Dichte um 0,04—0,06 g/ccm. Schreckte man das geglühte Material noch einmal ab, so stieg die Dichte auf einen um 0,01—0,02 g/ccm höheren Wert als den für gegossenes Material, während darauffolgendes Glühen wieder eine Abnahme an Dichte hervorrief, die aber nun in diesem Falle etwas geringer war als der Dichteschwund beim ersten Glühen. Die erhaltenen Ergebnisse sind in Zahlentafel 17 zusammengezogen und im Verein mit den in Zahlentafel 16 gegebenen Zahlen ist die in Abb. 112 dargestellte Kurve gezeichnet worden. Die wahre Dichte des geglühten Messings wird als die des geglühten und danach verdichteten Materials angesehen.

Zahlentafel 17.

Einfluß der Verdichtung auf die Steigerung der Dichte bei nach dem Walzen geglühten Messingsorten.

Kupfergehalt %	Ursprüngliche Beschaffenheit der Legierung	Dichte in der ursprünglichen Beschaffenheit g/ccm	Dichte nach dem Glühen g/ccm	Dichte nach Verdichtung der geglühten Zylinder g/ccm	Dichte nach dem Wiederabschrecken der verdichteten Zylinder g/ccm
70,0	Gegossen und gewalzt . .	8,512	8,495	8,508	—
65,2	Gegossen und gewalzt . .	8,456	8,396	8,445	8,460
64,0	Gegossen und gewalzt . .	—	8,362	8,432	8,436
64,0	Abgeschreckt.	8,448	8,429	—	—
63,2	Gegossen und gewalzt . .	—	8,361	8,422	8,433
63,2	Abgeschreckt.	8,431	8,425	—	—
61,1	Gegossen und gewalzt . .	—	8,366	8,384	—
61,1	Abgeschreckt.	8,416	8,400	8,399	8,414

Diese Kurve stellt mit hohem Genauigkeitsgrad die Dichte des gesunden Materials über den Bereich der in Rede stehenden Zusammensetzung dar. Die Prüfung einer großen Zahl industrieller Proben gewalzten Messings ergab Werte in naher Übereinstimmung, in keinem Falle höhere, als in der graphischen Darstellung angegeben. Der von der Wärmebehandlung herrührende Dichteunterschied über den Bereich des 55—65% Kupfergehaltes verdient ernste Beachtung der Praxis. Eine Wärmebehandlung, die das Abschrecken von Messing aus diesem Bereich in sich schließt, kann zu inneren Spannungen von erheblicher Größe führen. Sie sind den Gefügewandlungen beim Abkühlen zuzuschreiben. Ein recht beachtenswertes Beispiel eines solchen Fehlgusses kam in Gestalt eines Messingzünderkörpers mit 57,2% Kupfergehalt *(2)* vor. Er war offensichtlich aus einer Temperatur innerhalb des β-Bereiches abgeschreckt worden. In der Außenschicht war die Abkühlungsgeschwindigkeit groß genug, um ein ganz aus fester β-Lösung bestehendes Gefüge zurückzuhalten. Doch in den inneren Schichten, die sich langsamer abgekühlt hatten, war die β-Lösung zum Teil zerfallen, wobei sich etwas α-Lösung gebildet hatte. Die daraus entstammende, räumliche, aus diesem Gefügewechsel hervorgehende Ausdehnung hatte innere Spannungen erzeugt, die den Zünderboden durch Reißen zum Ausschußstück machten.

Schrifttum.

1. O. Bauer und M. Hansen: Z. Metallkde. 1927, Bd. 19, S. 423.
2. R. Genders und G. L. Bailey: J. Inst. Met., Lond. 1925, Bd. 33, S. 213.
3. J. L. Haughton und W. T. Griffiths: J. Inst. Met., Lond. 1925, Bd. 34, S. 245.
4. J. E. Stead und H. G. A. Stedman: J. Inst. Met., Lond. 1914, Bd. 11, S. 119.
5. T. Bamford: J. Inst. Met., Lond. 1921, Bd. 26, S. 155.
6. G. L. Bailey und R. Genders: J. Inst. Met., Lond. 1925, Bd. 33, S. 191.

Anhang C.

Aluminiummessinge.

Schrifttum. — Einfluß wiederholten Rückschmelzens. — Mechanische Eigenschaften. — Warmbearbeiten. — Aufreißen. — Korrosionswiderstand. — Oxydation bei hohen Temperaturen. — Metallographie.

Beim Durville-Gießverfahren (siehe Abschnitt XIV, S. 151) gilt die Gegenwart von Aluminium im Messing insofern als großer Vorteil, als es die Beschaffenheit der Oberfläche des geschmolzenen Metalls verändert. Der Wert eines Zuschlagstoffes als eine Eigentümlichkeit für ein Gießverfahren ist jedoch von seinem Einfluß auf die Eigenschaften der Legierung abhängig. Die Aluminiummessinge stellen nicht nur einen weiten Bereich möglicher, in der Wirtschaft brauchbarer Legierungen dar, sondern die im geschmolzenen Messing auftretenden, ausgesprochenen Oberflächenerscheinungen lassen einen entsprechenden Einfluß in den Legierungen im festen Zustande vermuten. Infolgedessen führten die Verfasser eine Untersuchung über Aluminiummessinge *(1)* durch. Die Entdeckung des eigentümlichen Zusammentreffens von Eigenschaften bei den 2% Aluminium enthaltenden Legierungen war dabei eins der Ergebnisse. Die ursprünglich für die Entwicklung einer korrosionsfesten Legierung ausgewählte (76/22/2) Zusammensetzung hat sich inzwischen schon als ein erfolgreiches Material für die Herstellung von Kondensatorrohren eingeführt.

Guillet *(2)* hat schon früher Forschungen über Aluminiummessinge durchgeführt. Er versuchte die Schätzung einer Gleichwertigkeitszahl des Aluminiums gegenüber dem Zink. Carpenter und Edwards *(3)* gaben später eine metallographische Übersicht des kupferreichen Teiles des Dreistoffsystems und zeigten, daß diese Zahl veränderlich und für die α- und β-Phase verschieden war. Es wurde auch die Anwendung von Aluminiummessingen für Korrosionswiderstand erfordernde Zwecke erwähnt. Aufzeichnungen über die mechanischen Eigenschaften verschiedener Aluminiummessinge sind in den Veröffentlichungen von Thibaud *(4)* und Smalley *(5)* zu finden. Noch später hat Thews *(6)* Beobachtungen über das Verhalten und die Eigenschaften dieser Messingsorten besonders vom Standpunkt des praktischen Gießereifachmannes aus mitgeteilt. Die Vorteile des Aluminiums als desoxydierendes Mittel und seine Wirksamkeit, die Schlacke auf ein Mindestmaß herabzuziehen, sind dabei scharf hervorgehoben. Genders, Reader und Foster *(7)*, haben die Ergebnisse ihrer Arbeit über Aluminiummessinge in Hinsicht auf deren Anwendung zum Dauerformenguß bekanntgemacht. Die Arbeit enthielt auch einen vorläufigen Entwurf des Dreistoffzustandschaubildes. O. W. Ellis *(8)* berichtet über zusammengesetzte Messinge mit etwa 57% Kupfer, und sieht als solche mit hoher Zugfestigkeit Aluminiummessinge an, denen Eisen und Mangan zur Erhöhung der Dehnung und Festigkeit hinzugefügt waren. Dann sind von der Deutschen Gesellschaft für Metallkunde für den Einfluß von Aluminium, Blei, Eisen und Zinn auf Messing noch einige Angaben veröffentlicht worden *(9)*. Es wurden Proben an gewalztem Blech vorgenommen. Dieses entstammte einer Reihe 68 und 62% Kupfer enthaltender Legierungen, und die Ergebnisse bestätigen im großen und ganzen die von Smalley. In einigen der Proben zeigten sich beträchtliche Unregelmäßigkeiten in ihren Eigenschaften. Sie wurden den Gießverfahren entstammenden Mängeln oder einer Walzursache zugeschrieben.

Schon früher ist auf die Eigenschaft des Aluminiums hingewiesen worden, das Entwickeln von Zinkdampf aus dem geschmolzenen Messing deutlich zu vermindern. Reines 70/30 Messing entwickelt bei einer Temperatur von 1100° C reichliche Wolken von Zinkdampf, aber schon durch Zugabe einer so kleinen Aluminiummenge wie 0,1% wird diese Entwicklung stark vermindert. Wird das die Oberfläche bedeckende Häutchen aus Aluminiumoxyd verletzt, so kann man sehen, wie sofort wieder Zinkdampf ausgestoßen wird. Aber in einigen Sekunden bildet sich ein neues Häutchen über der zerstörten Stelle, und das Verdampfen des Zinks läßt nach. Man sieht daraus, daß die Dampfspannung des Zinks nicht groß von der Gegenwart des Aluminiums in der Legierung berührt wird, und daß die Wirkung der Aluminiumoxydhaut eine mechanische ist. Der Überzug auf der geschmolzenen Legierung muß also unter offensichtlicher Spannung stehen.

Zahlentafel 18.

Zugfestigkeitswerte, Härte und Dichtebestimmungen an Aluminium enthaltenden Messingen.

Probestücke dem Gußblock entnommen.

Legierung Nr.	Analyse Aluminium %	Analyse Kupfer %	Dichte g/ccm	Streckgrenze kg/mm² σ 0,15 %	Zugfestigkeit kg/mm²	Dehnung % auf 50 mm Meßlänge	Einschnürung %	Gefüge
1	Nichts	70,1	8,50	6,30	23,18	46	41	α
2	0,09	69,8	8,50	6,30	25,64	69	58	α
3	0,25	69,3	8,48	7,56	26,58	69	57	α u. Spur β
4	0,4	70,1	8,47	6,30	24,73	56	47	α u. Spur β
5	1,1	68,1	8,36	9,45	32,00	60	59	α + β
6	2,0	68,0	8,21	12,60	41,70	45	42	α + β
7	1,9	70,0	8,27	11,02	34,08	58	58	α + β
8	1,8	74,3	8,33	6,93	27,02	84	74	α
9	2,1	78,1	8,37	6,30	27,78	83	57	α
10	4,7	73,6	7,91	39,37	54,96	23	24	α + β
11	4,7	76,7	7,93	18,42	49,14	41	36	α + β
12	4,8	79,7	7,98	14,80	42,52	42	38	α + β
13	4,6	82,0	8,00	10,23	35,91	65	55	α
14	5,6	74,0	7,80	48,35	64,26	2	7	α + β
15	5,6	76,2	7,82	25,35	55,44	15	18	α + β
16	5,7	79,2	7,86	19,00	50,08	33	32	α + β
17	5,8	81,1	7,87	15,59	43,94	28	26	α + β
18	5,9	85,0	7,91	10,71	37,80	44	42	α
19	6,8	73,5	7,69	—	37,80	1	3	β u. Spur α
20	6,8	76,4	7,71	38,4	57,33	2	5	α + β
21	6,8	79,7	7,74	18,90	54,96	19	36	α + β
22	7,1	82,3	7,76	14,96	52,97	27	28	α + β
23	6,9	85,2	7,82	14,80	47,40	44	22	α + β
24	6,3	88,9	7,95	8,03	32,60	82	57	α
25	7,5	76,3	7,63	10,71	38,43	4	5	β u. Spur α
26	7,6	79,2	7,64	20,79	47,88	2	5	α + β
27	7,5	82,3	7,68	15,44	51,81	13	20	α + β
28	7,4	85,2	7,72	13,54	51,03	31	36	α + β
29	7,5	87,9	7,75	13,86	48,03	48	44	α + β

Das bisher in Messinggießereien übliche, allgemeine Vorurteil gegen Aluminium beruht nicht allein auf Schwierigkeiten beim Gießen und auf behaupteter wachsender Empfindlichkeit gegen Aufreißen, sondern auch auf dem Glauben, daß aluminiumhaltige Legierungen nicht von Zeit zu Zeit ohne Verschlechterung der Beschaffenheit wieder eingeschmolzen werden könnten. Für reines Aluminium ist die Furcht vor einer solchen Entartung durch Untersuchungen des National Physical Laboratory *(10)* als unbegründet festgestellt worden.

Gleiche Versuche erstreckten sich auf Messing mit 68% Kupfer und 2% Aluminium. Sie bestanden in Gießen, Walzen und Wiedergießen. Dies wurde so lange wiederholt, bis das Material zehnmal umgeschmolzen worden war. Man verwendete dabei kein Flußmittel, und es wurden auch keine Vorsichtsmaßregeln gegen Oxydation während des Schmelzens ergriffen. Die Legierung wurde aus dem Tiegel gegossen, und das Walzmaterial erhielt nach den Zwischenglühungen zwischen den Walzstufen keine Beizung.

An gewalztem, nach jeder Walzstufe planmäßig untersuchten Material ist zu ersehen, daß mehrmaliges Wiederschmelzen keinen Einfluß auf die Eigenschaften von Aluminiummessing hat. Zugfestigkeit und Dehnung blieben praktisch durchaus unveränderlich. Der Zinkverlust beim Schmelzen ist bemerkenswert gering, außer wenn das Metall überhitzt wurde. Der Aluminiumgehalt bleibt nahezu derselbe.

Die Eigenschaften von Aluminiummessingen (Kokillengußbarren 203 × 25 mm Durchmesser) sind über einen weiten Bereich der Zusammensetzung in Zahlentafel 18 angegeben. Die ausgewählten Zusammensetzungen sind auf sechs Gruppen verteilt. Die erste behandelt den Einfluß wachsenden Aluminiumgehaltes in Messing von etwa 70/30 Zusammensetzung, und die übrigen besitzen in allen Fällen gleichbleibenden Aluminiumgehalt mit wechselnden Hundertteilen Kupfer. Einige der Legierungen zeigen eine bemerkenswert hohe Dehnung. Im allgemeinen scheinen demnach die Aluminiummessinge bestimmte mechanische Vorteile aufzuweisen. Bei einer Anzahl der Legierungen ist die Dehnung bei der Zugprobe gleich oder höher als die des 70/30 Messings und ist von einer erhöhten Zugfestigkeit begleitet.

Zahlentafel 19 gibt die mechanischen Eigenschaften einer Anzahl Legierungen im stranggepreßten Zustande wieder.

Der Einfluß von Aluminium auf die Verfestigung von Messing durch Kaltwalzen ist aus den Härtewerten der Zahlentafel 20 zu ersehen. Diese Werte wurden an den 229 × 51 × 25 mm großen, in der Kokille gegossenen Blöcken der Legierungen Nr 1—9 gewonnen, deren Zusammensetzungen und Eigenschaften schon in Zahlentafel 18 aufgezählt worden sind. Man erkennt, daß die Walzeigenschaften von 70/30 Messing durch den Gehalt an Aluminium in den gebräuchlichen Ausmaßen nicht groß beeinflußt werden. Die Dehnung hoch kupferhaltiger, 2% Aluminium enthaltender Messinge ist als außergewöhnlich hoch zu ersehen. Das Verhalten der Aluminiummessinge bei der sehr schweren Beanspruchung durch kaltes Abwalzen von 97% ohne Zwischen-

Zahlentafel 19.
Zerreißproben von Aluminium enthaltenden Messingen.
Probestücke von stranggepreßten Barren entnommen.

Legierung Nr.	Analyse Aluminium %	Analyse Kupfer %	Dichte g/ccm	Streckgrenze kg/mm²	Zugfestigkeit kg/mm²	Dehnung % auf 50 mm Meßlänge	Einschnürung %	Gefüge
30	Nichts	69,9	8,524	7,88	33,39	75	70	α
31	Nichts	64,9	8,448	8,97	31,81	62	78	α
32	Nichts	60,0	8,380	10,39	40,47	54	62	$\alpha+\beta$
33	2,2	75,7	8,301	8,19	35,75	82	72	α
34	2,2	70,7	8,242	13,54	39,53	66	79	α u. Spur β
35	2,2	65,8	8,159	16,06	49,14	44	44	$\alpha+\beta$
36	3,9	81,1	8,130	8,50	37,32	78	66	α
37	3,9	76,7	8,062	15,44	43,78	54	55	α u. Spur β
38	3,9	71,9	7,994	17,01	50,71	35	33	$\alpha+\beta$

Zahlentafel 20.
Einfluß des Aluminiums auf die Verfestigung der Messinge durch das Kaltwalzen.
Härte nach aufeinanderfolgenden Abwalzungen ohne Zwischenglühungen.

Analyse		Brinell Härtezahlen $\frac{L}{D^2} = 10$ — Abwalzgrad in Hundertteilen						
Kupfer %	Aluminium %	Null %	20%	40%	60%	80%	90%	97%
70,1	Null	45	126	140	167	183	186	198
69,8	0,09	48	118	155	160	181	—	—
69,3	0,25	45	109	152	161	183	—	—
70,1	0,4	46	106	135	163	187	—	—
68,1	1,1	61	124	155	167	195	—	—
68,0	2,0	84	156	181	197	208	—	—
70,0	1,9	68	140	165	186	204	205	216
74,3	1,8	54	116	137	174	200	201	212
78,1	2,1	50	121	139	181	195	200	208

glühung war sehr zufriedenstellend. Einige Randrisse kamen in den Bändern vor, aber nur nach 80% betragender Abwalzung.

Der Einfluß des Aluminiums auf die Warmverarbeitbarkeit der Messinge wurde durch Versuche erforscht, die denen von Doerinckel und Trockels *(11)* ähnelten. Bei 500°, 600°, 700° und 800° C vorgenommene Druckproben an Zylindern (Legierungen 30—38 der Zahlen-

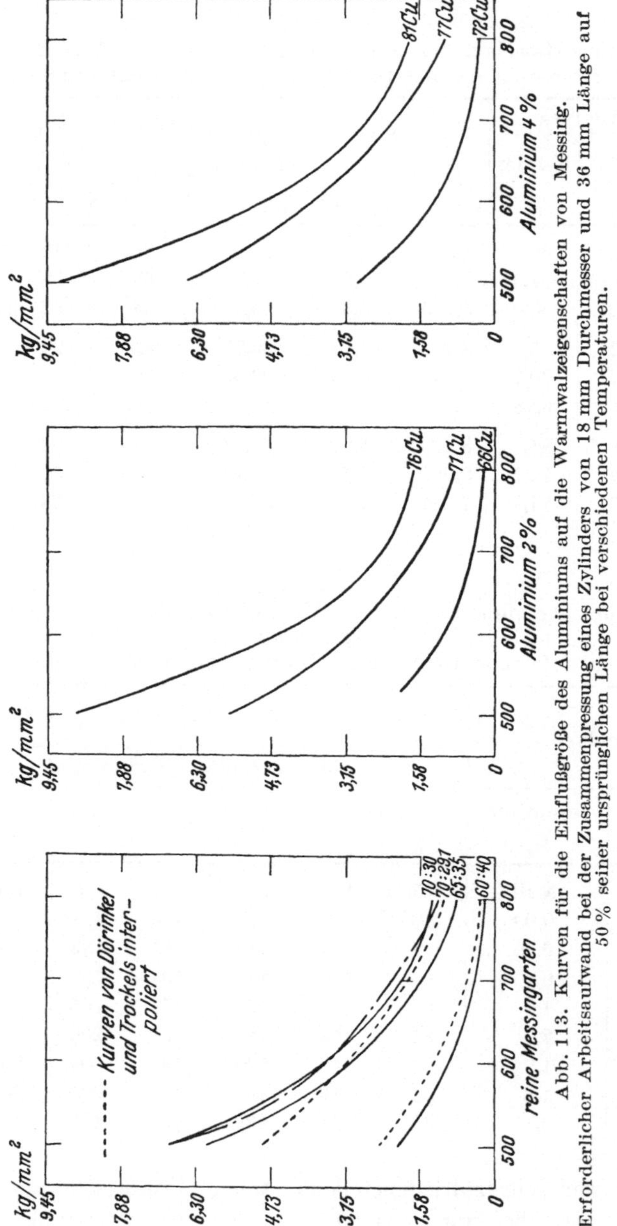

Abb. 113. Kurven für die Einflußgröße des Aluminiums auf die Warmwalzeigenschaften von Messing. Erforderlicher Arbeitsaufwand bei der Zusammenpressung eines Zylinders von 18 mm Durchmesser und 36 mm Länge auf 50 % seiner ursprünglichen Länge bei verschiedenen Temperaturen.

tafel 19) führten zu den in Abb. 113 aufgeführten Ergebnissen. Sie stellen den Einfluß wechselnder Temperaturen auf den Arbeitsaufwand dar, der erforderlich ist, um die Zylinder auf die Hälfte ihrer ursprünglichen Länge zusammenzudrücken.

An reinen Messingen stehen die Feststellungen im allgemeinen in enger Übereinstimmung mit den Ergebnissen von **Doerinckel** und **Trockels**. Die rund 2 und 4% Aluminium enthaltenden Messingsorten mit gesteigerten Kupfergehalten von 76 bezw. 81% (um eine feste Lösung reinen α-Gefüges zu ergeben) sind bei 500° C bemerkenswert härter als 70/30 Messing. Mit wachsender Temperatur nimmt aber der Arbeitsaufwand für das Zusammendrücken rasch ab, und bei 800° C gibt es nur noch wenig Unterschied in der Arbeitsaufnahme der drei Legierungen. In allen diesen bis zu 800° C aus α-Gefüge zusammengesetzten Legierungen fällt mit steigender Temperatur von 500—800° C der für das Zusammendrücken erforderliche Arbeitsaufwand in den untenstehenden Verhältnissen ab. Die verschiedenen Arbeitsbeträge, die die drei Legierungen bei 500° C erfordern, sind dabei gleich 100 angenommen worden.

	500° C	600° C	700° C	800° C
Reinmessing. α-Gefüge	100	55	29	19
2% Aluminiummessing. α-Gefüge	100	51	26	19
4% Aluminiummessing. α-Gefüge	100	53	30	19

Aluminiummessinge von geringerem Kupfergehalt zeigen im genannten Temperaturbereich das gleiche Verhalten wie die reinen Messingsorten ähnlicher Zusammensetzung. Aluminiummessing von 71% Kupfer- und 2% Aluminiumgehalt und solches von 77% Kupfer mit 4% Aluminium gleichen dem reinen 65/35 Messing, wie die 66% kupfer- und 2% aluminium- und die 72% kupfer- und 4% aluminiumhaltigen Legierungen dem reinen 60/40 Messing gleichen. Die bei 800° C ganz aus β-Gefüge bestehende Legierung in jeder Reihe erfordert bei gleicher Wirkung nur gegen ein Sechstel des Arbeitsaufwandes, der bei einer ganz aus der α-Phase bestehenden Legierung von gleicher Temperatur aufgebracht werden muß.

Obgleich anscheinlich über das Aufreißen der Aluminiummessinge keine veröffentlichten Angaben bestehen, so fand sich doch die Ansicht, daß Aluminium die Empfänglichkeit des Messings für diesen Mangel vergrößere. Eine von den Verfassern durchgeführte Untersuchung bestätigt diese Anschauung aber nicht.

Drei Legierungen wurden dazu benutzt. Sie hatten die nebenstehende Zusammensetzung.

Kupfer %	Aluminium %	Zink %
76,26	2,10	Rest
69,11	Spur	„
68,45	Null	„

Zu Versuchen mit äußeren Beanspruchungen wurden aus kalt gewalzten Bändern verschiedener Härte flache Probestücke herausgeschnitten. Nachdem man die Bruchlast für jede Sorte Band von jeder Legierung bestimmt hatte, wurden die Probestücke gebeizt und in der Zerreißmaschine Beanspruchungen unter der Bruchlast unterworfen, während die Oberfläche jedes Stückes durch Behandlung mit Quecksilbernitratlösung von Quecksilber überzogen war *(12)*. Es wurde die bis zum Reißen vergehende Zeit bestimmt. Zu Feststellungen über den Einfluß innerer Spannungen wurden kleine, gedrückte Näpfe mit Quecksilber belegt oder der Einwirkung von Ammoniak ausgesetzt. Die Ergebnisse erweisen deutlich, daß Aluminium die Empfänglichkeit des Messings für das Aufreißen („season-cracking") nicht steigert. In allen Fällen gab es keine abschätzbare Abweichung zwischen den aluminiumhaltigen und den aluminiumfreien Messingarten.

Korrosionsprüfungen haben die wesentliche Steigerung der Widerstandsfähigkeit des Messings durch Zugabe von Aluminium bewiesen. Dabei sind Aluminiummessinge hohen Kupfergehaltes (α-Messinge) denen niedrigen Kupfergehaltes (β-Messinge)[1] überlegen und bestimmt widerstandsfähiger als aluminiumfreie Messingsorten.

Angesichts der von den Verfassern erhaltenen Ergebnisse wurden weitere Versuche über die Korrosion von Aluminiummessing durch die Forschungsarbeiten des Corrosion Research Committee des Institute of Metals im Laboratorium der Royal School of Mines in London aufgegriffen.

Gewählt ward eine 76% Kupfer, 2% Aluminium und 22% Zink enthaltende Legierung, weil sie die gleichen mechanischen Eigenschaften wie 70/30 Messing zugleich mit dem geringsten Hundertsatz Aluminium aufweist, der hohen Korrosions- und Oxydationswiderstand bei erhöhter Temperatur zu geben vermag[2].

In den von R. May ermittelten Angaben wird die bemerkenswerte Widerstandsfähigkeit dieses Materials gegen Gegenprallangriff („impingement attack") bestätigt. Die Ergebnisse sind im achten Bericht des Corrosion Research Committee des Institute of Metals *(13)* enthalten.

Eine hervorragende Eigenschaft des Aluminiummessings ist seine Befähigung, ein von selbst wieder ausheilendes Oberflächenhäutchen beim Korrosionsangriff zu bilden. Die Legierung hat sich daher für die Herstellung von Kondensatorrohren usw. für den Handel ganz allgemein eingeführt.

Im Lager, unter Dach und Fach, widerstehen aluminiumhaltige Messingsorten der Korrosion wirksamer als reines Messing, ob die Oberfläche nun roh gegossen, oder poliert, oder geätzt ist.

---

[1] Es ist auch in den geschmolzenen Legierungen beobachtet worden daß das Aluminiumoxydhäutchen in den hoch kupferhaltigen Legierungen größere Stärke besitzt, als bei geringerem Kupfergehalte.

[2] Britisches patent 308647.

Eins, der am meisten die Beachtung verdienenden Merkmale beim Vergleich des Verhaltens verschiedener Legierungen ist, daß die aluminiumhaltigen der Oxydation bei gewöhnlichen sowohl, wie bei höheren Temperaturen beachtenswert zu widerstehen scheinen. Ein Block oder ein Dauerformenguß von Aluminiumbronze oder aluminiumhaltigem Messing zeigt unveränderlich eine metallisch reine Saugstelle. Selbst wenn er sofort nach dem Gießen aus der Form genommen wurde, so besitzt er während der Abkühlung auf atmosphärische Temperatur einen reinen, matten, metallischen Glanz. Ein nützlicher Gebrauch von dieser Eigenschaft ist schon während der Untersuchung des Großgefüges gegossener Metalle, besonders in Verbindung mit der Behandlung der entleerten („bled") Blöcke gemacht worden, bei denen die Gestalt der vom ausgeflossenen Metall in der festen Masse hinterlassenen Höhlung von beachtenswerter Wichtigkeit ist. Auf diese Weise hergestellte Hohlräume blieben viele Monate lang unverändert, obwohl sie durch keinen Überzug geschützt waren.

Wo die durch Aluminium zu erzielenden Oberflächenvorteile verlangt werden, wie z. B. beim Dauerformenguß, oder bei den beschriebenen für die Untersuchung ausgewählten Probestücken, genügt erfahrungsgemäß eine ganz kleine Zugabe (0,1% oder weniger), die zu klein ist, um die Eigenschaften der Legierung merklich zu ändern.

Die Oberfläche von in Berührung mit der Luft gegossenem Aluminiummessing zeigt keine Oxydationsanzeichen des Kupfers. Weil nun aber Kupferoxyd eine wesentliche Bedingung für die Bildung der roten Flecken („red stain") beim Beizen des Messings ist, so möchte man folgern, daß die Zugabe von Aluminium zu Messing auf ein Verfahren zur Vermeidung der roten Flecken hinführen könnte, ohne daß man besonderes Ausglühen oder Beizen zu Hilfe nehmen müßte. Die Oberflächenoxydation von Aluminiummessing ist an warm gewalztem 70/30 Messing mit 0, 0,1, 0,2, 0,4, 1 und 2% Aluminiumgehalt untersucht worden, und zwar in einer oxydierenden Atmosphäre von 650° C. Bei dieser Temperatur tritt in jedem Falle Oxydation ein, aber es besteht ein deutlicher Unterschied zwischen weniger als 1% Aluminium enthaltenden Messingsorten, die stark oxydiert werden und beim Beizen rote Flecke ergeben, und solchen, die 1 und 2% Aluminium enthalten, und nur bis zum Blindwerden der Oberfläche oxydieren, und auch nach dem Beizen blank und frei von roten Flecken bleiben. Die Art des gebildeten Oxyds hängt zum großen Teil von der Beschaffenheit der ursprünglichen Oberfläche ab. Die nützliche Wirkung des Aluminiums zeigt sich in weitestem Ausmaße bei gewalztem und polierten Flachmessing.

In Fortsetzung dieser Untersuchung hat J. S. Dunn *(14)* innerhalb einer erschöpfenden Arbeit über die Oxydation des Messings zahlenmäßig das Maß der Oxydation an Aluminiummessingen untersucht. Seine Ergebnisse bestätigen den bemerkenswerten Unterschied in dem Verhalten reinen Messings und Aluminiummessings, wenn sie dem Sauerstoff bei höheren Temperaturen ausgesetzt werden. Die Oxydation

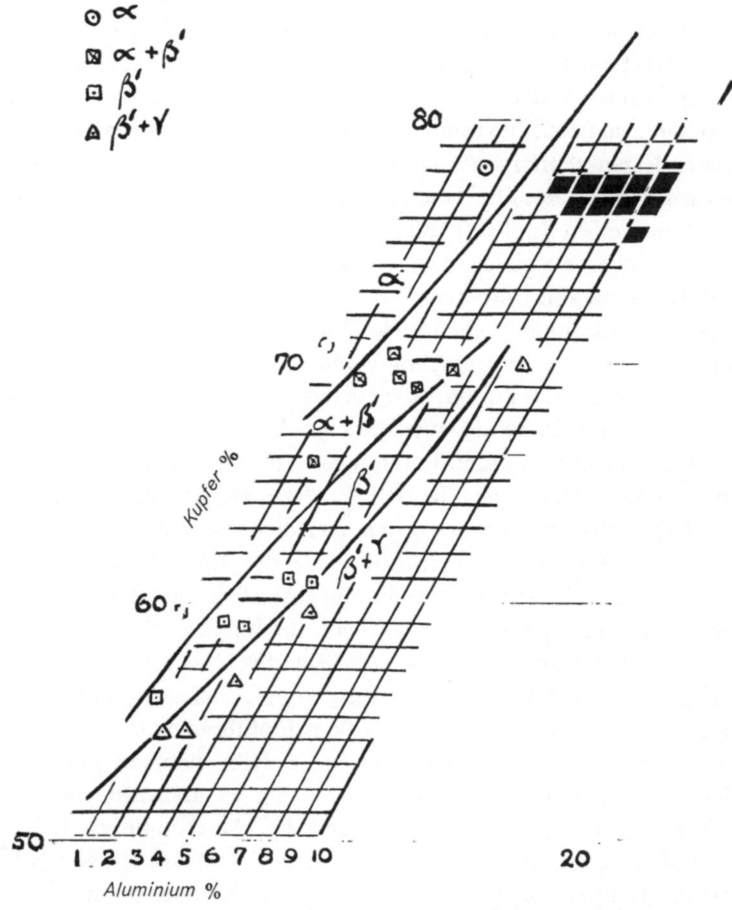

Abb. 114. Gefüge von in der Kokille gegossenen Aluminiummessingen.

von 2% Aluminium enthaltendem Messing beträgt nur etwa ein Vierzigstel gegenüber der des reinen 70/30 Messings.

Das Kleingefüge der Aluminiummessinge, wie es in der letzten Spalte von Zahlentafel 18 und 19 angegeben wird, gleicht im allgemeinen dem der reinen Messingsorten gleichen Phasenzustandes. Die Abb. 114 und 115 bringen angenäherte Zustandschaubilder im Bereiche der behandelten Legierungen. Sie sind durch mikroskopischen Aufschluß der Legierungen in gegossenem und in bearbeitetem und geglühten Zustande zusammengestellt worden. Die Ergebnisse dieser vorläufigen

Untersuchung stehen in naher Übereinstimmung mit denen der späteren und vollständigen Erforschung durch Bauer und Hansen *(15)*.

Die beschriebenen Beobachtungen zeigen, wie von mehreren Seiten aus gesehen, durch einen Aluminiumzusatz zu den knetbaren Messingsorten auffallende praktische Vorteile sichergestellt werden. Die willkommenen Einflüsse werden dem Aluminium als metallischem Bestandteil der Legierung, als auch der Bildung eines die Oberfläche überziehenden Schutzhäutchens zugeschrieben.

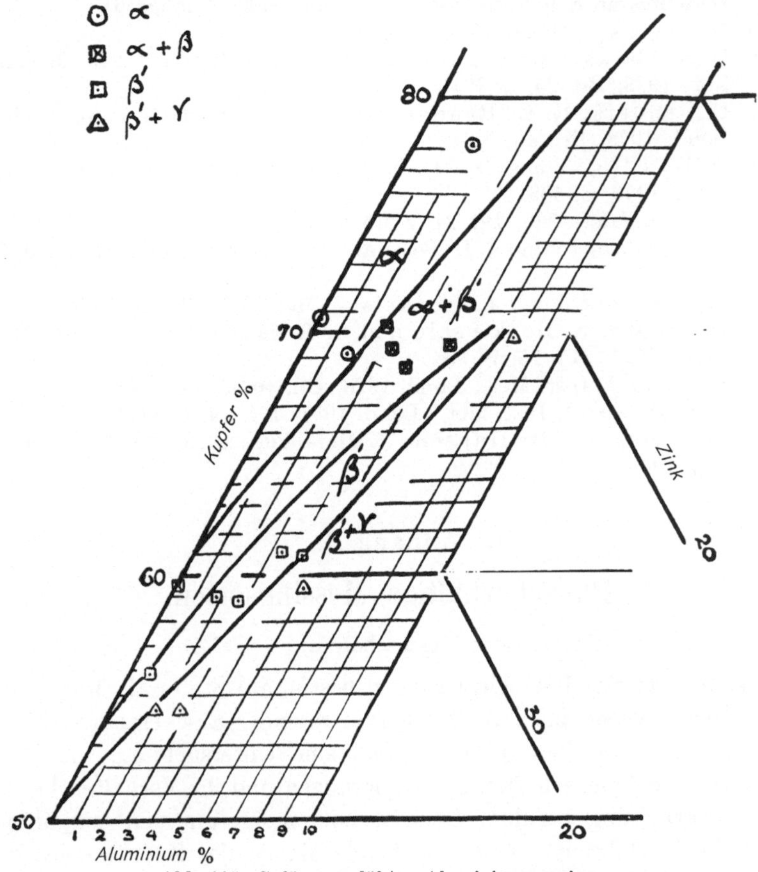

Abb. 115. Gefüge geglühter Aluminiummessinge.

Die einzige Schwierigkeit, die dem Messing durch Aluminium zu verleihenden Eigenschaften voll in Besitz zu nehmen, liegt im Gießverfahren. In den Gießereien hat lange ein starkes Vorurteil gegen den Gebrauch des Aluminiums gewaltet, und das hat unzweifelhaft auf gesunder praktischer Beobachtung beruht. Die aber jetzt mit dem Durville-Gießverfahren in der Handelspraxis erhaltenen Erfolge zeigen, daß die mit der Verwendung von Aluminium verbundenen Schwierigkeiten doch überwindbar sind.

Schrifttum.

1. R. Genders: J. Inst. Met., Lond. 1930, Bd. 43, S. 163.
2. L. Guillet: Rev. Métallurg. 1905, Bd. 2, S. 97.
3. H. C. H. Carpenter und C. A. Edwards: Int. Z. Metallogr. 1912, Bd. 2, S. 209.
4. M. Thibaud, Met. Ind., Lond. 1925, Bd. 27, S. 435. (Abriß eines Berichtes an den französisch-belgischen Gießereikongreß).
5. O. Smalley, ebenda 1922, Bd. 21, S. 75.
6. E. R. Thews, Canad. Chem. and Met. 1928, Bd. 12, S. 246. Gießerei-Ztg. 1928, Bd. 25, S. 391.
7. R. Genders, R. C. Reader und V. T. S. Foster, J. Inst. Met., Lond. 1928, Bd. 40, S. 187.
8. O. W. Ellis, Trans. Amer. Inst., min. metallurg. Engr. Inst. Met. Div., 1929, S. 508.
9. Z. Metallkde. 1929, Bd. 21, S. 152—59.
10. W. Rosenhain und J. D. Grogan: J. Inst. Met., Lond. 1922, Bd. 28, S. 197.
11. F. Doerinckel und J. Trockels: Z. Metallkde. 1920, Bd. 12, S. 340.
12. H. Moore, S. Beckinsale und C. E. Mallinson: J. Inst. Met., Lond. 1921, Bd. 25, S. 35.
13. R. May: J. Inst. Met., Lond. 1928, Bd. 40, S. 141—85.
14. J. S. Dunn: J. Inst. Met., Lond. 1931, Bd. 46, S. 25.
15. O. Bauer und M. Hansen: Z. Metallkde. 1932, Bd. 24, S. 1, 73 und 104.

Anhang D.

Phosphorhaltige Messingsorten.

Mechanische Eigenschaften. — Gefüge.

Wenn man zu Messinglegierungen bestimmte Stoffe als Mittel zum Abändern gewisser, beim Gießen hervortretender Erscheinungen hinzufügt, so erfordert dies auf jeden Fall eine Untersuchung, wie dieses Vorgehen die Eigenschaften der Legierungen und ihr Verhalten bei der Weiterbearbeitung berührt. Dies ist notwendig, um den endgültigen Wert des Verfahrens, die beizugebende Menge des Zusatzstoffes und etwaige Abänderungen in der Behandlung oder der Zusammensetzung bestimmen zu können. Ganz besonders betrifft dies den Phosphor, da er bekanntlich selbst in kleinen Mengen einen ausgesprochenen Einfluß auf andere Kupferlegierungen ausübt.

Eine frühere Untersuchung über den Einfluß des Phosphors auf Messing ist im 11. Bericht der Zentralstelle für wissenschaftliche technische Untersuchungen zu Neubabelsberg *(1)* enthalten, und eine solche findet sich auch bei A. Portevin *(2)*. Die erhaltenen Werte zeigen, daß Beigaben in der Größenordnung von 0,05% Phosphor nur einen leichten Einfluß auf die Härte des 70/30 Messing haben. Die Gegenwart von Eisen in Verbindung mit Phosphor ergibt eine beträchtliche Steigerung der Härte, wie dies die unten stehende Zahlentafel 21 zeigt, die dem 11. Bericht der Zentralstelle entnommen ist.

Zahlentafel 21.
Einfluß des Eisens auf die Härte von phosphorhaltigem Messing.

Zusammensetzung des Messings	Eisengehalt %	Brinellhärte
Kupfergehalt 72% . . . . . . Phosphorgehalt 0,04% . . . . Geglüht bei 700° C	Null	54
	0,02	68
	0,04	74
	0,07	78

In Hinblick auf die vorteilhafte Veränderung der Oberflächengestaltung, die eine Phosphorbeigabe zu geschmolzenem Messing bewirkt, haben die Verfasser eine vollständigere Untersuchung der mechanischen Eigenschaften und der Gefügebildungen bei phosphorhaltigen Messingsorten vorgenommen.

Die in Zahlentafel 22 zusammengestellten Ergebnisse zeigen, daß die Beigabe bis zu 0,1% Phosphor gegossenes 70/30 Messing nur gering berührt, und daß beim Glühen keine abschätzbare Wirkung eintritt. Das Ansteigen des Phosphorgehaltes bis zu 0,4% steigert die Härte und vermindert erheblich die Dehnbarkeit der Legierung. Immerhin können bis zu 0,4% Phosphor enthaltende Blöcke ohne Schwierigkeit auf dem gewöhnlichen Fabrikationswege zu Flachmessing kalt gewalzt werden. Dabei kann eine Abwalzung bis zu 50% der Stärke stattfinden, ohne

Zahlentafel 22.
Festigkeitsprüfungen von gegossenen Phosphormessingen.

Zusammensetzung %			Zustand	Streckgrenze kg/mm² σ 0,15 %	Zugfestigkeit kg/mm²	Dehnung %	Einschnürung %	Brinellhärte
Kupfer	Phosphor	Eisen						
71,1	0,41	0,01	Gußzustand	9,13	29,77	44	—	63
			Geglüht . . .	8,98	25,67	33	28	63
70,7	0,09	0,03	Gußzustand	6,93	28,19	68	54	55
			Geglüht . . .	9,13	27,41	58	43	53
70,9	0,045	0,02	Gußzustand	7,40	25,83	72	63	54
			Geglüht . . .	6,61	26,15	76	53	55
72,2	Null	0,02	Gußzustand	7,56	27,25	80	64	49
			Geglüht . . .	6,77	26,78	72	54	47

daß eine Zwischenglühung nötig wird. Die Ergebnisse von Festigkeitsprüfungen verschiedener Phosphormessinge in gewalztem Zustande

Zahlentafel 23.

Phosphormessinge. Eigenschaften des Walzmessings.

Analysen				Messingband 13 mm stark um 50% abgewalzt				Messingband 6 mm stark um 75% abgewalzt				Messingband 3,17 mm stark um 87,5% abgewalzt				Messingband 1,52 mm stark um 94% abgewalzt
Kupfer %	Phosphor %	Eisen %	Zustand	Zugfestigkeit kg/mm²	Dehnung %	Einschnürung %	Brinellhärte	Zugfestigkeit kg/mm²	Dehnung %	Einschnürung %	Brinellhärte	Zugfestigkeit kg/mm²	Dehnung %	Einschnürung %	Brinellhärte	Brinellhärte
71,1	0,41	0,01	Gewalzt	64,10	1	2	182	71,98	6	30	191	69,62	10	32	192	196
			Geglüht	39,38	60	50		38,43	72	63		38,27	81	60		
70,7	0,09	0,03	Gewalzt	57,33	12	32	165	66,94	12	39	188	63,00	11	44	181	191
			Geglüht	37,64	64	68		37,01	66	70		36,23	70	70		
70,9	0,045	0,02	Gewalzt	55,13	15	44	162	61,11	14	51	178	51,96	14	33	165	183
			Geglüht	34,65	68	73		32,45	80	76		32,45	82	75		
72,3	Null	0,02	Gewalzt	54,34	15	43	163	60,32	16	51	177	60,48	15	42	168	176
			Geglüht	31,97	76	75		31,66	80	72		32,92	88	67		

sowohl als nach dem Glühen sind in Zahlentafel 23 gegeben. Nur das 0,41% Phosphor enthaltende Messing zeigt deutlich eine größere Härte im verarbeiteten Stück als 70/30 Messing.

In Zahlentafel 24 wird das Maß der Verfestigung verglichen, die Blöcke aus reinem Messing gegenüber solchen mit 0,04% Phosphorgehalt durch Kaltwalzen erleiden. In beiden Fällen wird sowohl vom Gußzustand („as cast“) wie vom geglühten Zustand ausgegangen. Zahlentafel 24 enthält die Brinellhärten der ohne Zwischenglühen stufenweise um 23, 41, 59, 68, 78, 89 und 94% abgewalzten Proben. Die Höhe der durch das Abwalzen hervorgerufenen Härte des Messings mit niedrigem Phosphorgehalte ist fast auf allen Stufen die gleiche wie beim reinen 70/30 Messing. Glühen des Blockes vor dem Walzen

Zahlentafel 24.

Einfluß von 0,04% Phosphor auf den Grad der Verfestigung (Härte) von 70/30 Messing.

Material		Brinellhärtezahlen für verschiedene Stufen des Kaltwalzens							
Ausgangszustand	Zusammensetzung	Abwalzung Null	23%	41%	59%	68%	78%	89%	94%
Gußzustand	70,4% Cu, Phosphor Null	57	112	151	168	182	190	199	207
	70,9% Cu, 0,04% P, 0,02% Fe	60	107	157	175	184	193	203	210
Gegossen u. 1 Stunde bei 650° C geglüht	70,4% Cu, Phosphor Null	59	104	146	172	184	190	197	206
	70,9% Cu, 0,04% P, 0,02% Fe	60	110	152	168	176	190	201	209

hat keinen merkbaren Einfluß auf das Verhalten des Materials. Die Verarbeitungseigenschaften des 0,04% Phosphor enthaltenden Messings sind allgemein zufriedenstellend. Das erhellt aus der Tatsache, daß daraus kleine Patronenhülsen in den gleichen Ziehstufen und mit denselben Zwischenglühungen, wie sie bei 70/30 Messing im Gebrauch sind, hergestellt werden können. Der einzige Unterschied zwischen den beiden Stoffen ist eine, ein wenig höhere Endhärte der fertigen, aus Phosphormessing hergestellten Hülsen. Die an verschiedenen Stellen der fertigen Hülsen aus Phosphormessing (0,04% Phosphor), und solcher aus 70/30 Messing bestimmte Brinellhärte ist untenstehend gegeben.

Brinellhärte.

Abstand vom Flansch mm. . .	3,81	5,08	7,62	17,78	27,94	38,10
Phosphormessing	151	151	158	171	161	114
70/30 Messing	142	134	146	153	153	100

Der Einfluß des Phosphors auf die Härte des geglühten Messings im Gußzustande und nach dem Walzen ist aus den in Zahlentafel 25 gegebenen Versuchszahlen zu ersehen. Die Gegenwart von Phosphor ergibt eine fühlbar höhere Härte nach dem Glühen. Die erhaltenen Werte weisen darauf hin, daß eine Erhöhung der Glühtemperatur um 50° C notwendig ist, um die Härte des Phosphormessings auf die des reinen, bei 650° C geglühten Messings zu bringen. Höhere Temperaturen führen dann zu weiterer Enthärtung.

Zahlentafel 25.

Einfluß des Phosphors auf die Härte geglühten Walzmessings.

Material	Kaltabwalzung % in	Brinellhärte				
		Nur gewalzt	Geglüht 1 Stunde bei			
			600° C	650° C	700° C	750° C
70/30	41	151	63	61	—	—
Kokillenguß	68	182	59	59	—	—
Phosphormessing . . .	41	157	76	71	—	—
Kokillenguß	59	175	—	—	58	51
(P 0,04 %, Fe 0,02 %) . .	68	184	73	73	—	—
70/30	41	146	59	58	—	—
Kokillenguß und 1 Stunde bei 650° C geglüht . .	68	184	56	56	—	—
Phosphormessing (P 0,04 %, Fe 0,02 %) .	41	152	74	72	—	—
Kokillenguß und bei 650°C 1 Stunde geglüht	68	176	71	71	—	—

Einige neuere Arbeiten von Cook und Miller *(3)* über den Einfluß verschiedener Stoffe auf das Glühen und auf die Korngröße des α-Messings enthalten auch phosphorhaltige Messingsorten. Die Ergebnisse stimmen im allgemeinen mit den hier angegebenen überein. Abb. 116 zeigt den Untersuchungen von Cook und Miller entnommene Kurven. Sie erweisen die Einwirkung des Glühens auf die Härte von phosphorlosem und phosphorhaltigen 70/30 Messing. Das Abweichen der Kurve für das phosphorhaltige Messing nach dem Beginn des Erweichens und der Rekristallisation ist auch für Messing mit Gehalt an anderen Stoffen kennzeichnend. Es stellt eine Verzögerung des Enthärtens dar, als die Wirkung eines widerstrebenden und wahrscheinlich mit der Beschleunigung der Härtung in Beziehung stehenden Einflusses.

Legt man Schnitte durch 0,04% Phosphor enthaltendes, in der Kokille mit träger Formenauskleidung durch Ruß gegossenes 70/30

Messing, so zeigen diese die gleiche Art Gefüge, wie unter gleichen Bedingungen gegossene Blöcke aus reinem 70/30 Messing. Sie besteht aus einer Mittelschicht gleichachsiger Kristalle und einer sich bis zur Oberfläche erstreckenden Außenzone von Stengelkristallen. In wassergekühlten Kupferformen gegossene Blöcke bestehen fast ganz aus feinen Stengelkristallen, ausgenommen in der Nähe des Blockkopfes. Abb. 117 und 118 zeigen geätzte Schnitte von Musterblöcken aus Phosphormessing. Die am ganzen Block durch Dichtebestimmungen gemessene Undichtheit ist von gleichem Größengrade wie die in 70/30 Messing-

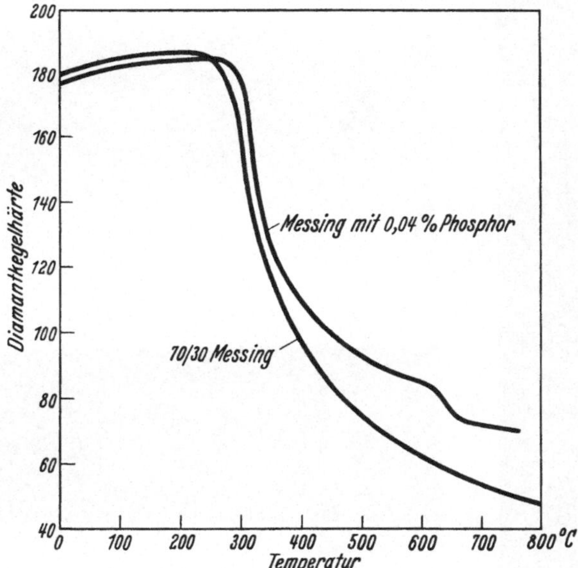

Abb. 116. Einfluß des Glühens auf die Härte von Messing mit und ohne Phosphorgehalt [Cook und Miller *(3)*].

blöcken, wenn diese unter gleichen Verhältnissen, aber mit einer reduzierenden Schutzflamme gegossen wurden.

Die Gegenwart des Phosphors wirkt auf das Gefüge des gegossenen Messings durch erhöhte Kristallseigerung („coring“) und durch das Auftreten freier Phosphide ein. Bei einem Phosphorgehalt von 0,045% ist der Gehalt an freien Phosphiden sehr gering und zeigt sich nur als dünnes Häutchen. Anwachsen des Phosphorgehaltes auf 0,41% ergibt ein merkliches Zunehmen der Phosphidflächen an Zahl und Größe. Die Abb. 119, 120 und 121 zeigen Musterbeispiele für das Gefüge von 70/30 Messing mit 0,41, 0,09 und 0,045% Phosphorgehalt. Das Glühen des Gusses hat den Zweck, die Kristallseigerung („coring“) durch Diffusion zu vermindern, und bei Messing mit 0,045% Phosphorgehalt werden alle freien Phosphide durch einstündiges Glühen bei 650° C

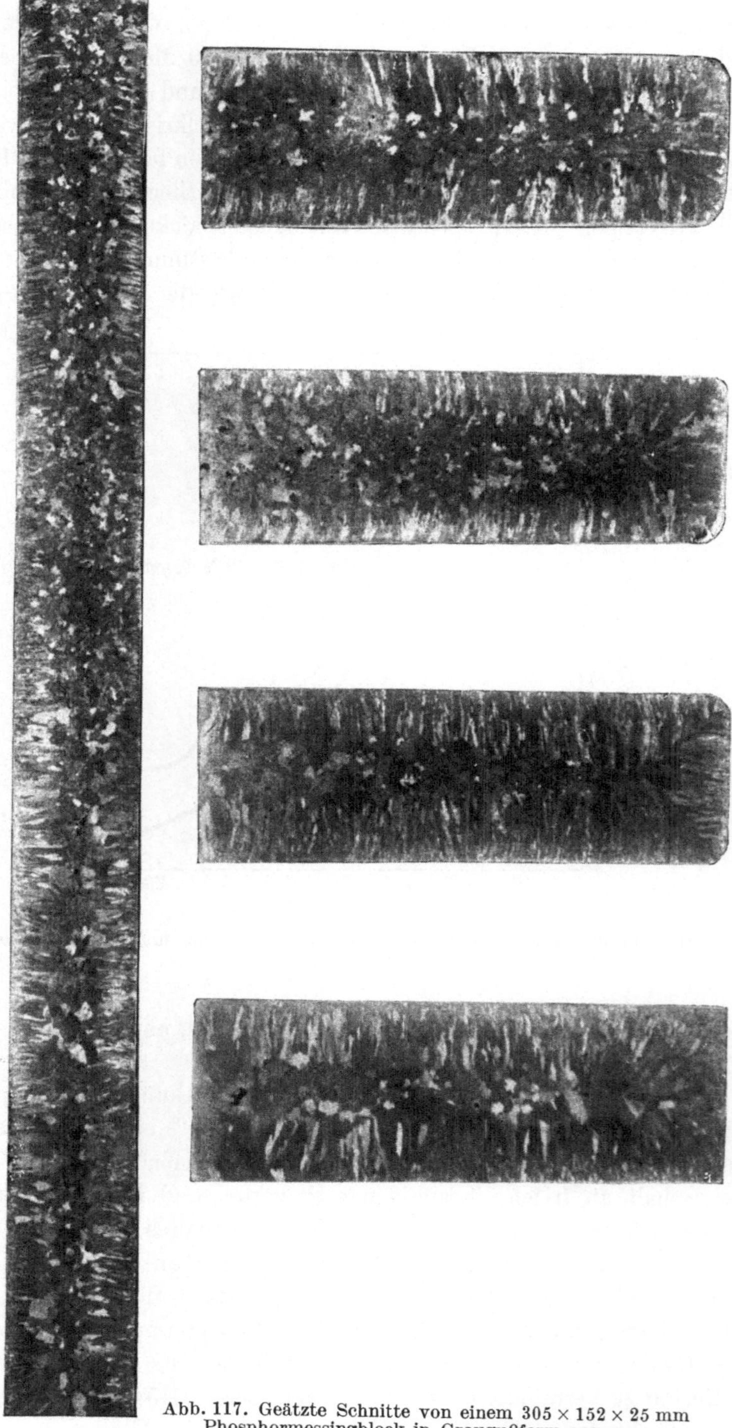

Abb. 117. Geätzte Schnitte von einem 305 × 152 × 25 mm Phosphormessingblock in Graugußform gegossen.

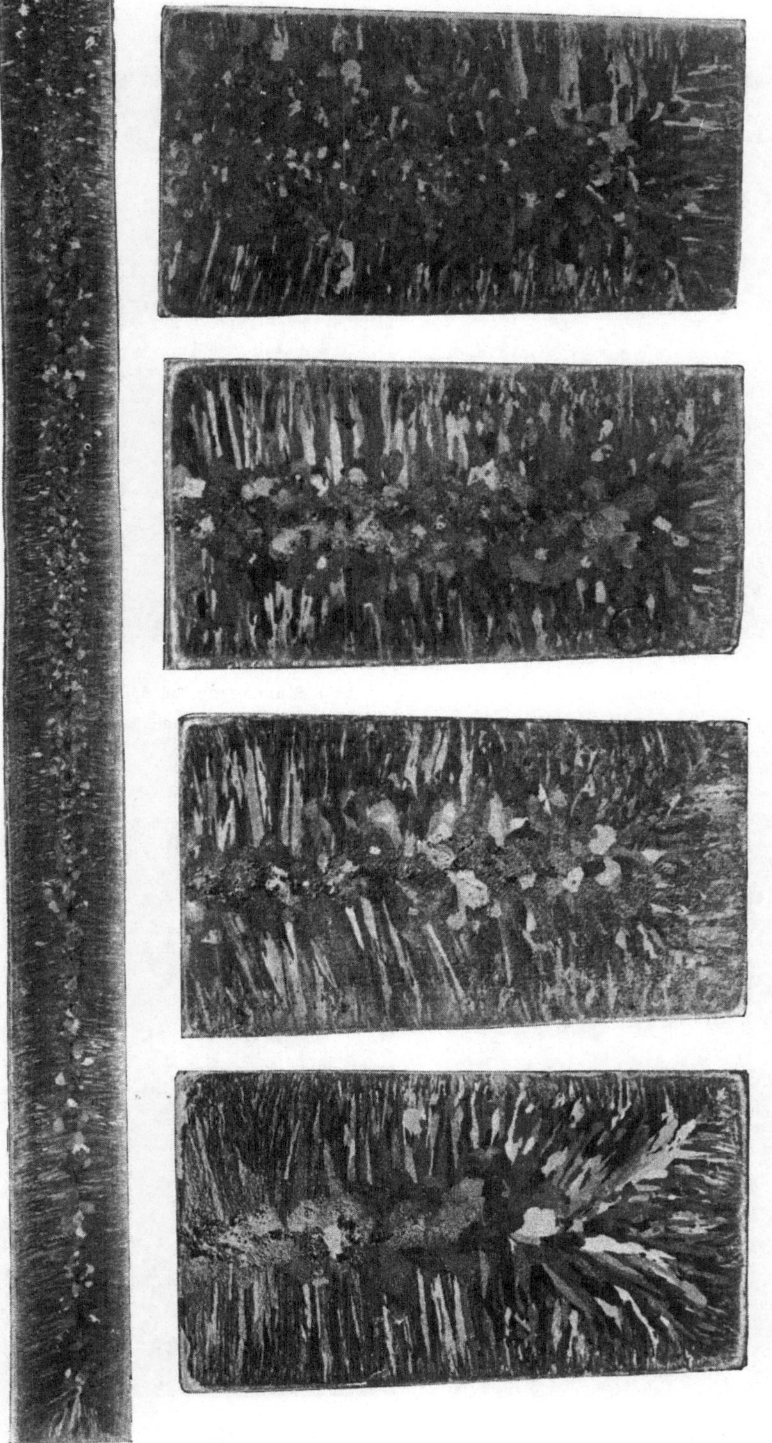

Abb. 118. Geätzte Schnitte von einem 610 × 152 × 38 mm Phosphormessingblock in starkwandiger Kupferform gegossen.

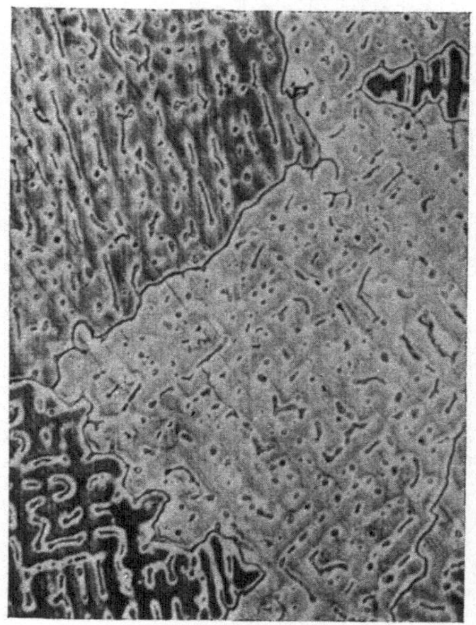

a) Gußzustand.

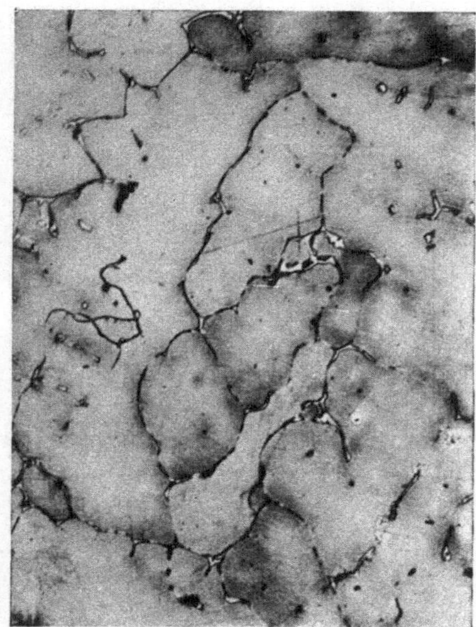

b) 1 Stunde lang bei 650° C geglüht.

Abb. 119. Kleingefüge von 70/30 Messing mit 0,41 % Phosphor. × 100.

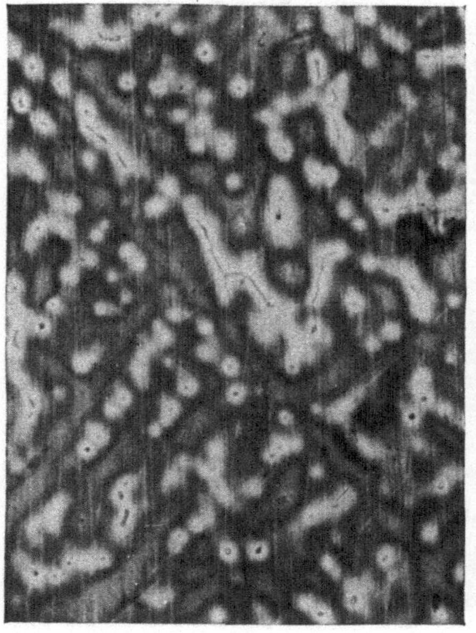

Abb. 120. Kleingefüge von 70/30 Messing mit 0,09 % Phosphor. Gußzustand. × 100.

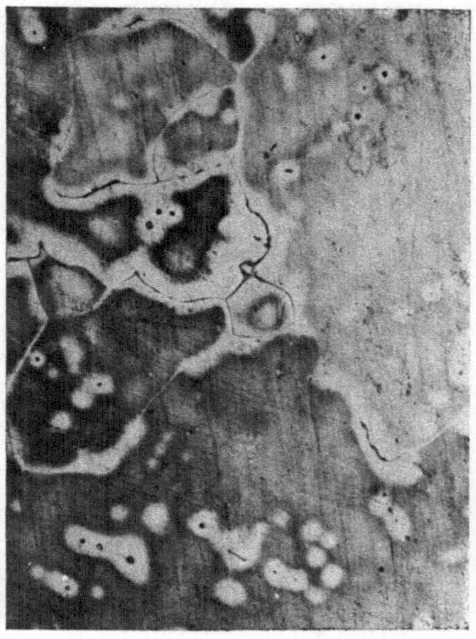

Abb. 121. Kleingefüge von 70/30 Messing mit 0,045 % Phosphor. Gußzustand. × 100.

a) Reines 70/30 Messing. b) 70/30 Messing mit 0,04 % Phosphor.

b. 122. Einfluß des Phosphors auf die Korngröße von kalt gewalztem und 1 Stunde lang bei 600° C geglühten 70/30 Messing. × 100.

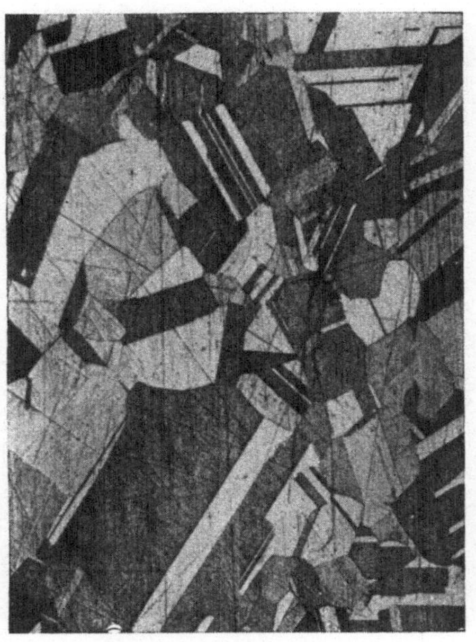

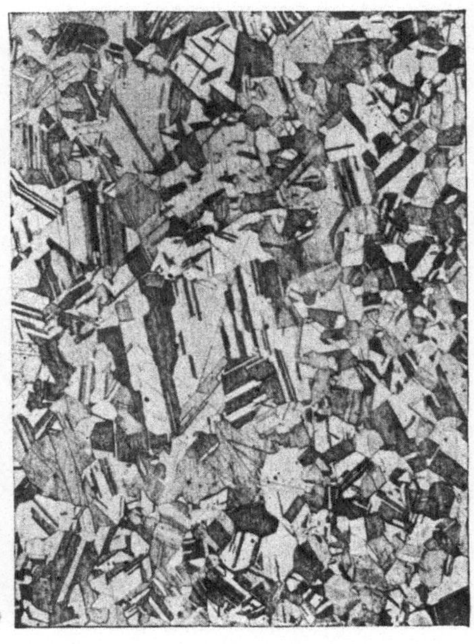

a) Reines 70/30 Messing. b) 70/30 Messing mit 0,04 % Phosphor.

b. 123. Einfluß des Phosphors auf die Korngröße von kalt gewalztem und 1 Stunde lang bei 650° C geglühten 70/30 Messing. × 100.

zur Lösung gebracht. Danach besteht das Gefüge aus reinen α-Kristallen gleich wie beim reinen 70/30 Messing. Bei 0,09% Phosphor wird das freie Phosphid fast, aber nicht vollständig durch das gleiche Glühen entfernt, während bei 0,41% Phosphor beträchtliche Mengen zurückbleiben und zwar in der Hauptsache als geschlossene Häutchen.

Die Prüfung gewalzten und geglühten Materials zeigt beim Vergleich mit reinem 70/30 Messing unter gleichlautenden Bedingungen, daß Phosphormessing unverändert ein feineres Gefüge besitzt. Die Abb. 122 und 123 lassen die Gefüge von phosphorfreiem 70/30 Messing und von solchem mit 0,04% Phosphor vergleichen. Beide sind 1 Stunde lang bei 600° C bez. 650° C geglüht worden, nachdem sie in einigen Stichen abgewalzt worden waren. Die geringere Korngröße des Phosphormessings entspricht seiner größeren Härte.

Schrifttum.

1. Jahresbericht XI, Zentralstelle für wissenschaftlich-technische Untersuchungen zu Neubabelsberg-Berlin, 1909, S. 178–181.
2. A. Portevin: La Fonderie Moderne, 1922 (Dezember), S. 109–114.
3. M. Cook und H. J. Miller: J. Inst. Met., Lond. 1932, Bd. 49, S. 247.

Sachverzeichnis.

Druck von Carl Ritter G. m. b. H., Wiesbaden.